煤炭高等教育"十四五"规划教材

大学计算机

主 编　史明　邓越萍　安政

中国矿业大学出版社

·徐州·

内 容 简 介

本书以教育部高等学校大学计算机课程教学指导委员会制定的《大学计算机基础课程教学基本要求》为指导,按照"新工科"的理念来组织内容,以"基本概念的理解、重点知识的讲授、思想方法的培养"来构建知识体系结构。全书共分7章,主要内容包括计算机基础知识、操作系统基础、计算机网络、算法与程序设计、数据库基础、信息安全、计算机学科前沿技术等。

本书为新形态教材,内容丰富、知识新颖、语言简略、易学易教,可作为高等学校大学计算机基础课程的教材,也可供学习计算机技术的工程和技术人员参考。

图书在版编目(CIP)数据

大学计算机 / 史明,邓越萍,安政主编. —徐州：
中国矿业大学出版社,2022.6
ISBN 978 - 7 - 5646 - 5447 - 4

Ⅰ. ①大… Ⅱ. ①史… ②邓… ③安… Ⅲ. ①电子计
算机－高等学校－教材 Ⅳ. ①TP3

中国版本图书馆 CIP 数据核字(2022)第 112282 号

书　　名	大学计算机
主　　编	史　明　邓越萍　安　政
责任编辑	王美柱
出版发行	中国矿业大学出版社有限责任公司
	（江苏省徐州市解放南路　邮编 221008）
营销热线	(0516)83884103　83885105
出版服务	(0516)83995789　83884920
网　　址	http://www.cumtp.com　E-mail:cumtpvip@cumtp.com
印　　刷	江苏淮阴新华印务有限公司
开　　本	787 mm×1092 mm　1/16　印张 16.75　字数 429 千字
版次印次	2022 年 6 月第 1 版　2022 年 6 月第 1 次印刷
定　　价	47.80 元

（图书出现印装质量问题,本社负责调换）

前　言

随着人工智能、云计算、大数据、物联网、区块链等新技术的快速发展和广泛应用,社会经济、人文科学、自然科学等众多领域发生了一系列变革,人们对于计算机技术的认识进入了更深的层次,对计算机教育提出了更高的要求。

大学计算机基础是普通高等学校开设的计算类通识课程,也是计算机课程体系的前导课程。大学计算机基础课程目标是全面培养学生的信息素养、计算科学修养和计算思维能力,提高学生的计算机应用水平和计算机问题求解能力,进一步加强同其他学科专业交叉融合,增强学生的计算思维理念和利用信息技术解决专业领域实际问题的能力。本书作为大学计算机基础课程内容和知识体系的重要载体,对人才培养起着重要的作用。

本书以教育部高等学校大学计算机课程教学指导委员会制定的《大学计算机基础课程教学基本要求》为指导,按照"新工科"的理念来组织内容,以"基本概念的理解、重点知识的讲授、思想方法的培养"来构建知识体系结构。同时,本书注重课程思政元素的挖掘,在每章中形成数个思政课堂单元,将价值塑造、知识传授和能力培养融为一体。

本书主要内容如下:

第1章 计算机基础知识。主要介绍了计算机概述、计算机系统的组成及原理、计算机中信息的表示与存储、计算机技术在能源领域的应用等计算机基础知识。

第2章 操作系统基础。主要介绍了操作系统的概念、分类、发展、组成和功能等基本知识以及常用的国内外操作系统。

第3章 计算机网络。主要介绍了计算机网络的发展历程、定义、功能、性能指标等基础知识;Internet概述、IP地址、IPv6概述、域名服务、移动互联网等Internet相关知识;计算机网络体系结构、ISO/OSI参考模型、TCP/IP协议等计算机网络原理的相关知识;以及局域网基础、虚拟局域网、无线局域网等局域网相关知识。

第4章 算法与程序设计。主要介绍了计算思维的定义,计算思维的特点,计算思维与问题求解,算法与数据结构,程序控制的基本结构,程序设计语言的历史与分类,程序设计语言的功能,程序设计方法,软件开发的一般过程。

第5章 数据库基础。主要介绍了数据库系统的基本概念及组成、数据库管理系统的功能、数据库系统的模式结构、数据模型的概念和分类、关系数据库的特点及设计步骤、关系数据库标准语言SQL、分布式数据库和非关系型数据库、大数据概述及应用等内容。

第6章 信息安全。主要介绍了信息安全相关概念、目标、机制、意义等基础知识;密码学中基本概念和密码体制、对称加密算法DES和公钥算法RSA的原理和应用;数字签名的概念、作用、意义和实现方法;认证技术的基本概念、分类和实现方法;防火墙技术和入侵检测技术;黑客进行入侵的基本过程、网络安全防范的策略和个人网络信息安全防范措施等。

第7章 计算机学科前沿技术。主要介绍了计算机学科前沿技术,如人工智能、云计算、区块链、物联网、虚拟现实等技术的概念及应用。

本书所有编者由从事高等教育,在教学一线担任大学计算机课程教学工作、经验丰富的骨干教师组成。史明、邓越萍、安政任主编,负责本书的组织、策划、编写、统稿、审核、校对等工作。参与编写工作的还有闫斐、李芳、王纪程、郭琦、李慧姝。具体编写分工为:第 1 章由史明编写,第 2 章由郭琦编写,第 3 章由安政编写,第 4 章由李芳编写,第 5 章由李慧姝编写,第 6 章由王纪程编写,第 7 章的 7.1、7.2、7.3 节由闫斐编写,第 7 章的 7.4、7.5 节由邓越萍编写。

在本书规划和编写过程中,山西能源学院计算机与信息工程系其他老师提出了许多宝贵意见和建议,山西能源学院教务部和学院相关领导给予大力支持,中国矿业大学出版社给予鼎力支持,在此一并表示诚挚的感谢。

本书得到了山西省高等学校教学改革创新项目"新工科背景下大学计算机基础课程建设探索与实践"(项目编号:J2021815)的支持,为该教学改革创新项目的成果。

由于作者水平所限,书中难免有不足之处,恳请读者批评、指正!

编 者

2022 年 5 月

目　　录

第 1 章　计算机基础知识

内容与要求：

本章内容主要包括计算机概述、计算机系统的组成及原理、计算机中信息的表示与存储、计算机技术在能源领域的应用等。在计算机概述部分，介绍了人类从古至今在计算工具领域的不懈探索以及未来计算机的发展趋势，总结了计算机的特点、分类和现代计算机的主要应用领域；在计算机系统的组成及原理部分，介绍了计算机的基本工作原理以及软、硬件系统的组成；在计算机中信息的表示与存储部分，介绍了数据与信息、信息的存储单位、计算机的数制转换以及计算机中数值的表示方法和字符的编码方式；在计算机技术在能源领域的应用部分，重点介绍了计算机技术在智慧矿山、能源互联网和能源数字化等方面的应用。

通过本章的学习，学生应了解计算机的发展历程及趋势，理解计算机的组成及工作原理；掌握计算机中信息的表示与存储方法；掌握二进制、八进制、十进制和十六进制数的相互转换方法；了解计算机技术在能源领域的应用情况。

知识体系结构图：

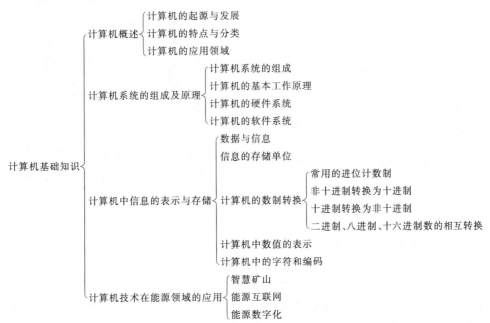

1.1　计算机概述

计算机是一种能够按照事先存储的程序自动、高速地进行大量数据计算和各种信息处理的现代化智能电子设备。现今,计算机已成为人们分析和解决问题的重要工具,对人类的政治、经济、文化和生活等各方面产生了巨大的影响。

1.1.1 计算机的起源与发展

1.1.1.1 17 世纪前——古人的智慧

远古的人类习惯用手指计数,人有两只手,十个手指头,所以自然而然地采用十进制计数法。用手指进行计算虽然很方便,但计算范围有限,计算结果也无法存储。于是人们用绳子、石子等作为工具来延伸手指的计算能力,如中国古书中记载的"上古结绳而治",拉丁文中"Calculus"的本意是用于计算的小石子。

距今 6000 年前,在两河流域(今伊拉克境内)的苏美尔文明(Sumerian Civilization)是人类已知的最早文明。苏美尔人创造了人类第一种文字——楔形文字,还发明了人类第一个"计算器"——算盘。如图 1-1 所示,苏美尔算盘是用手指计数的产物,即用左手大拇指依次触击其余四指的三个关节,可以数到 12,因此苏美尔算盘采用的是十二进制计数。

中国古代算筹采用的是"十进制"和"位值制"计数法,如图 1-2 所示。用算筹进行的计算称作"筹算",相较其他进制的计数法,十进制计数法在表示任意自然数方面更加快捷方便。马克思在他的《数学手稿》一书中称十进制计数法为"最妙的发明之一"。算筹的发明时间不可考,但在春秋战国时期已普遍使用,直到 15 世纪的明代算盘推广之后才逐渐被取代。中国古代著名的数学家祖冲之借助算筹计算出圆周率 π 的值介于 3.1415926 和 3.1415927 之间。

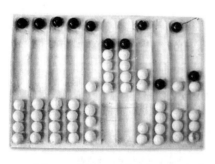

图 1-1 苏美尔人发明的算盘

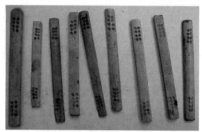

图 1-2 算筹计数法

算盘是中国古代劳动人民发明创造的一种简便的计算工具,如图 1-3 所示。珠算是以算盘为工具进行数字计算的一种方法,凭借口诀指导拨珠而成,珠算口诀是最早的体系化算法,因而珠算有"世界上最古老的计算机"之誉。目前普遍认为珠算的发明者是被后世尊为"算圣"的东汉杰出的天文学家和数学家刘洪(约公元 129—210 年),如图 1-4 所示。珠算一词,最早见于汉代徐岳撰写的《数术记遗》,其中有云:"珠算,控带四时,经纬三才"。从宋代《清明上河图》中可以清晰地看到"赵太承家"药店柜台上放着一把算盘。现代珠算起于元明之间。元朝朱世杰撰写的《算学启蒙》载有的 36 句口诀,和现今通行的口诀大致相同。明朝时珠算先后传到日本、朝鲜、东南亚各国,后在美洲也逐渐流行。2013 年 12 月 4 日,联合国教科文组织在阿塞拜疆首都巴库宣布,正式批准中国珠算项目列入教科文组织人类非物质文化遗产名录。

图 1-3　算盘

图 1-4　东汉天文学家和数学家刘洪

 思政课堂

　　在人类文明的发展史上,我们的祖先在早期计算工具的发明和算法化思想方面取得过辉煌的成就,这充分表明了中华文化在世界文化之林中占有一席之地。中华民族是一个伟大的、优秀的民族,只要觉醒就能够赶超任何一个国家。我们要树立文化自信,通过不懈奋斗,一定能够在计算机领域全面赶超发达国家。

　　除中国外,其他国家也发明了各式各样的计算工具,如罗马人的"算盘",古希腊人的"算板",印度人的"沙盘",英国人的"刻齿本片"等。这些计算工具的原理基本上是相同的,均通过对某种代表数的物体机械操作来进行运算。

1.1.1.2　约 17 世纪到 19 世纪后期——机械式计算机

　　伽利略(G. Galilei)在 1597 年左右发明的比例规,如图 1-5 所示,它的外形像圆规,两脚上各有刻度,是利用比例的原理进行乘除比例等计算的工具。1612 年,英国数学家纳皮尔(J. Napier)发明了"纳皮尔筹",又叫"纳皮尔计算尺",如图 1-6 所示,它可以迅速地运算乘法,同时具备了对数计算雏形。

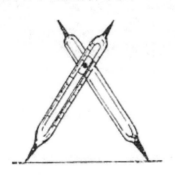

图 1-5　伽利略的比例规

图 1-6　纳皮尔筹

大约 1620—1630 年，在纳皮尔的对数概念发表后不久，牛津的甘特(E. Gunter)将有对数刻度的尺子与常规直尺配合使用来计算乘除法；剑桥的数学家奥特瑞德(W. Oughtred)发明了圆算尺，可执行加、减、乘、除、指数、三角函数等运算。1642 年，法国数学家、物理学家和思想家帕斯卡(B. Pascal)利用齿轮的工作原理发明了加法机，如图 1-7 所示，当拨动代表"加数"数字的齿轮时，代表"和"的齿轮会跟着转动，进位的原理和钟表的原理类似。它的工作原理对后来的计算机械产生了一定的影响，因此，加法机被认为是人类历史上第一台机械式计算机。

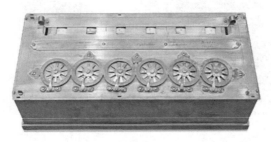

图 1-7　帕斯卡加法机

德国著名的数学家和哲学家莱布尼茨(G. W. Leibniz)(见图 1-8)，对帕斯卡加法机很感兴趣，于是也开始了对计算机的研究。莱布尼茨是第一个认识到二进制计数法重要性的人，并系统地提出了二进制数的运算法则。二进制对 200 多年后计算机的发展产生了深远的影响。1674 年，莱布尼茨在巴黎与著名的钟表匠奥利韦合作完成了被认为是第一台可以运行完整四则运算的计算机，如图 1-9 所示，它由不动的计数器和可动的定位机构两部分组成。整个机器由一套齿轮系统来传动，它的重要部件是阶梯形轴，便于实现简单的乘除运算。由于在计算设备方面的出色成就，莱布尼茨被选为英国皇家学会会员。1700 年，他被选为巴黎科学院院士。

图 1-8　德国数学家和哲学家莱布尼茨

图 1-9　莱布尼茨乘法器

莱布尼茨在法国定居时，和在华的传教士白晋有密切联系。白晋曾为康熙皇帝讲过数学课，他对中国的易经很感兴趣，曾在 1701 年寄给莱布尼茨两张易经图，其中一张就是有名的"伏羲先天六十四卦方圆图"。莱布尼茨惊奇地发现,这六十四卦正好与 64 个二进制数相对应。莱布尼茨认为中国的八卦是世界上最早的二进制计数法。为此,他于 1716 年发表了《论中国的哲学》一文,指出二进制与八卦有共同之处。莱布尼茨非常向往和崇尚中国的古代文明,他把自己研制的乘法器的复制品赠送给中国皇帝康熙,以表达他对中国的敬意,并得到了康熙皇帝的称赞。

1822 年,英国数学家巴贝奇(C. Babbage)(见图 1-10)发明了差分机,如图 1-11 所示,它是最早采用寄存器来存储数据的计算设备。这台机器历经十年才得以制作完成,可以处理 3 个 5 位数,计算精度较高,能精确到小数点后 6 位。巴贝奇差分机具有三个重要特征:使用齿轮式的"存储库"来保存数据;通过被巴贝奇命名为"作坊"的齿轮结构,以累加法来实现乘法的运算;使用杰卡德穿孔卡中的"0"和"1"来控制运算操作的顺序,类似于电脑里的控制器。巴贝奇于 1812 年和 1834 年设计了差分机和分析机。分析机体现了现代电子计算机的结构、设计思想,因此被称为现代通用计算机的雏形。

图 1-10　巴贝奇

图 1-11　巴贝奇差分机

1.1.1.3　19 世纪后期至 20 世纪中期——从机械式计算机到电子计算机的飞跃

19 世纪,电在计算机中的应用主要有两大方面:一是提供动力,靠电动机(俗称马达)代替人工驱动机器运行;二是提供控制,靠一些电动器件实现计算逻辑。这样的计算机被称为机电计算机。

从 1790 年开始,美国的人口普查基本每十年进行一次,但当时采用人工进行的统计工作效率低下,1880 年开始的第十次人口普查,历时 8 年才最终完成。当时的美国人口调查办公室赶紧征集能减轻手工劳动强度的发明。1888 年,美国人霍利里思(H. Hollerith)发明了制表机,在方案招标中脱颖而出。霍利里思制表机采用穿孔卡片进行数据处理,并用电气控制技术取代了纯机械装置,运算准确,速度快。1890 年,美国人口普查全部采用了霍利里思制表机,全部统计处理工作只用了 1 年零 7 个月时间。霍利里思于 1896 年创立了制表机公司,1911 年该公司并入 CTR(计算制表记录)公司,1924 年,沃森(T. J. Watson)(见图 1-12)把 CTR 更名为 IBM(国际商业机器公司)。

1936 年,英国数学家图灵(A. M. Turing)提出了一种抽象的计算模型——图灵机,如图 1-13 所示,该模型将人们使用纸笔进行数学运算的过程进行抽象,由想象的控制器、传送

图 1-12　沃森

带和读写头三个部分构成。控制器内部存储着有限个状态程序,包括初始状态、终止状态等,并可以对读写头发出指令进行控制。传送带是一条左右两端无限长的带子,上面按顺序划分为一个一个的单元格,每一个单元格上可以被写上一个特定符号,也可以是空白的。读写头只能对着传送带上的一个单元格,其动作由控制器根据机器当时所处的状态和当下单元格中的符号这两个因素决定,可以是左移或右移,也可以是擦掉当前符号,或者是写上新符号覆盖旧符号。图灵机可以作为计算的一般模型,可编程图灵机可以模拟任意一个图灵机,这也是将图灵机作为现代计算机的形式模型的根本原因。

图 1-13　图灵和图灵机模型

　　1938 年,德国工程师祖思(K. Zuse)将巴贝奇的可编程计算机的思想变成了现实,建造了第一台由电动马达驱动的可编程计算机——祖思机 Z1。Z1 在组成上已初具现代计算机的特点,主要包括控制器、存储器、运算器、输入设备(穿孔带读取器和十进制输入面板)和输出设备(十进制输出面板)五大部分。和制表机一样,Z1 也用到了穿孔技术,使用的是由废旧的 35 mm 电影胶卷制成的穿孔带。

　　Z1 是世界上第一台二进制可编程计算机,其设计将数据存储和指令处理分开,引入了实现二进制计算的基本要素——逻辑门,并发明了浮点数的二进制规格化表示方法,明确了机器周期概念,这些理念都被现代计算机所沿用。

　　之后,祖思不断研发 Z 系列计算机,其中 Z3 还支持运行预先编好的程序。祖思还设计了历史上第一款高级编程语言 Plankalkül(Plankalkül 是"Plan Calculus"即计划计算的意思),并精心编制了一个示例程序——历史上第一个自动下棋程序。Plankalkül 在一定程度上启发了后来 ALGOL 语言的设计。1949 年 11 月 8 日,祖思成立了一家名为 Zuse KG 的新公司,该公司将 Z 系列产品持续迭代至 Z43,在 1967 年被西门子公司收购之前,共生产了 251 台计算机。

同一时期,美国的贝尔实验室为了处理通信信号的振幅和相位的叠加问题,开发了由继电器控制的复数计算机——Model Ⅰ。Model Ⅰ 引入了二进制和十进制的混合编码——BCD 编码(Binary-Coded Decimal,二-十进制码)。Model Ⅰ 是第一台多终端的计算机,也是第一台可以远程操控的计算机,其设计思想启发了冯·诺依曼(J. von Neumann)。二战期间,贝尔实验室陆续推出了 Model 系列计算机用于美国军方研制高射炮自动瞄准装置。

1.1.1.4 20 世纪中期至今——数字化电子计算机的发展

(1) 电子管计算机(1946—1954 年)

1904 年,英国人弗莱明(J. A. Fleming)发明了真空二极管;1906 年,美国人福雷斯特(L. de Forest)发明了真空三极管。三极管具有检波、放大和振荡三种功能,它被称为电子设备的心脏,是电子工业真正的起点。

1939 年,时任美国艾奥瓦州立大学数学物理教授的阿塔纳索夫(J. V. Atanasoff)提出计算机三原则:采用二进制进行运算;采用电子技术实现控制和运算;采用把计算功能和二进制存储功能相分离的结构。1942 年,阿塔纳索夫与研究生贝瑞(C. Berry)组装了著名的 ABC(Atanasoff-Berry Computer),该计算机共使用了 300 多个电子管,这也是世界上第一台具有现代计算机雏形的计算机,但是它不可编程,且非图灵完全,只能进行线性方程组的计算。它的价值是确定了一些现代计算机设计思想,如采用二进制、可重用的存储器等。

1946 年 2 月 14 日,世界上第一台通用数字电子计算机 ENIAC(Electronic Numerical Integrator And Computer,即电子数字积分计算机)在美国问世,如图 1-14 所示,承担开发任务的人员由科学家冯·诺依曼和"莫尔小组"的工程师埃克特(J. P. Eckert)、莫克利(J. W. Mauchly)、戈尔斯坦(H. H. Goldstine)以及华裔科学家朱传榘(Jeffrey Chuan Chu)(见图 1-15)组成。

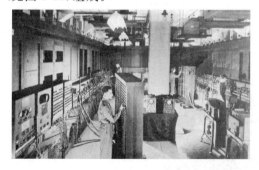

图 1-14　ENIAC

图 1-15　朱传榘

ENIAC 长 30.48 m,宽 6 m,高 2.4 m,占地面积约 170 m²,共 30 个操作台,重达 30 t,耗电量 150 kW·h,造价 48 万美元。它包含 17468 根真空管(电子管)、7200 根晶体二极管、1500 个中转站、70000 个电阻器、10000 个电容器、1500 个继电器、6000 多个开关,计算速度是每秒 5000 次加法或 400 次乘法,是使用继电器运转的机电式计算机的 1000 倍、手工计算的 20 万倍。

思政课堂

朱传榘(Jeffrey Chuan Chu),1919年出生于天津,1939年赴美留学。1946年在美国宾夕法尼亚大学与4名美国人共同发明了世界上第一台计算机(ENIAC)。朱传榘将二进制逻辑与电子线路结合,设计出了二进制逻辑,使得计算机具有了逻辑运算能力,可当时的美国却刻意隐瞒朱传榘的研究成果。直到1981年,美国出于种种压力,终于承认了朱传榘在研制计算机中的巨大贡献,给朱传榘颁发了"电脑先驱奖"。

20世纪80年代后,朱传榘经常到内地大专院校及非营利组织推动公益事业,他曾在母校上海交通大学设立"朱传榘英文奖",后来又推动在上海交通大学成立中国最早的商学院,并设立"朱传榘精神文明奖"。

垂暮之年的朱传榘依然热衷于国家的建设,热爱自己的工作,依然保持一颗赤子之心。即使他的成果被别人刻意隐瞒,属于自己的荣誉迟到了35年,但是他没有丝毫的怨言,他认为科学无国界,只要能为人类作出贡献,金钱名利都可以不在乎。2011年朱传榘因病去世。

第一代计算机主要采用电子管作为基本逻辑部件,没有系统软件,主要采用机器语言、汇编语言进行程序设计。它具有体积大、内存容量小、耗电量大、可靠性差、成本高、速度慢等特点,主要应用于军事、科学研究领域。

(2) 晶体管计算机(1955—1964年)

1955年,贝尔实验室研制出世界上第一台全晶体管计算机 TRADIC,它装有800个晶体管,功率只有100 W,占地也仅有3 ft³(1 ft³≈0.028 3 m³),如图1-16所示。由于采用晶体管代替电子管,晶体管计算机的体积变小,耗电量减少,可靠性提高,运算速度提高(几十万次/秒),存储部分以磁鼓和磁盘为辅助存储器,综合性能比第一代计算机有很大的提高。与此同时,计算机软件技术也有了较大发展,开始使用高级语言进行程序设计,并开始出现操作系统。在编程语言方面,除了汇编语言外,还开发了 Ada、Fortran、Cobol 等高级程序设计语言。第二代计算机的工作效率大大提高,应用领域由军事和科学研究领域扩展到数据处理、事务处理以及工业过程控制等方面。

图1-16　晶体管计算机

（3）中、小规模集成电路计算机（1965—1970 年）

第三代计算机主要采用中、小规模集成电路作为基本逻辑部件。

1958 年，美国的基尔比（J. Kilby）发明了集成电路（Integrated Circuit，IC），它是一种把晶体管、三极管、电阻、电容、电感及布线都加工到一片小小的硅片上的电子器件，不久科学家们又把更多的电子元件集成到了单一的半导体芯片上。第三代计算机体积更小型化、耗电量更少、可靠性更高、运算速度更快（几十万次/秒至几百万次/秒），IBM 360 是最为著名的集成电路计算机，如图 1-17 所示。

图 1-17　IBM 360

软件技术进一步发展，一些小型计算机在程序设计技术方面形成了三个独立的系统——操作系统、编译系统和应用程序，出现了多种高级程序设计语言，总称为软件。值得一提的是，操作系统中"多道程序"和"分时系统"等概念的提出，结合计算机终端设备的广泛使用，使得用户可以在自己的办公室或家中使用远程计算机进行科学计算、信息管理、自动控制等工作。

（4）大规模、超大规模集成电路计算机（1971 年至今）

第四代计算机主要采用大规模集成电路或超大规模集成电路作为基本逻辑部件，在硅半导体上集成了大量的电子元器件，集成度很高的半导体存储器也取代了磁芯存储器。例如，常用的酷睿系列微处理器，在单个芯片上集成大约几十亿个晶体管。2021 年 8 月，Intel（英特尔）公司发布了集成度达 1000 亿个晶体管的 SoC 芯片。第四代计算机的一个重要分支是以大规模、超大规模集成电路为基础发展起来的微处理器和微型计算机。

同时，操作系统不断发展和完善，数据库系统与各类应用软件等争相出现，软件已形成一个新型产业。第四代计算机各方面性能都得到极大提高，微型计算机的运算速度可达亿次/秒以上。特别是超级计算机运算速度可达亿亿次/秒，我国的超级计算机神威太湖之光，峰值运算速度达 20 亿亿次/秒。

微型计算机大致经历了如下几个发展阶段：

第一阶段（1971—1973 年），是 4 位和 8 位低档微处理器时代。其典型产品是 Intel 4004 和 Intel 8008 微处理器和分别由它们组成的 MCS-4 和 MCS-8 微机。该阶段产品的基本特点是采用 PMOS（Positive Channel Metal Oxide Semiconductor，即 P 型金属氧化物半导体)工艺,集成度低,系统结构和指令系统都比较简单,主要采用机器语言或简单的汇编语言,指令数目较少,多用于家电和简单控制场合。

第二阶段(1974—1977年),是8位中高档微处理器时代。典型微处理器有Intel公司的Intel 8080/8085、Motorola公司的MC6800及Zilog公司的Z80等。还有各种8位单片机,如Intel公司的8048、Motorola公司的MC6801、Zilog公司的Z8等。初期微机产品有Intel公司的MCS-80型计算机[CPU(Central Processing Unit,即中央处理器)为8080],后期微机产品有TRS-80型计算机(CPU为Z80)和APPLE-Ⅱ型计算机(CPU为6502)(见图1-18)。

该阶段产品的基本特点是采用NMOS(N-Metal-Oxide-Semiconductor,即N型金属氧化物半导体)工艺,集成度提高约4倍,运算速度提高约10~15倍,指令系统比较完善,具有典型的计算机体系结构和中断、直接存储器访问(Direct Memory Access,DMA)等控制功能。软件方面除了汇编语言外,还有Basic、Fortran等高级语言和相应的解释程序和编译程序,在后期还出现了操作系统,如CP/M就是当时流行的操作系统。

第三阶段(1978—1984年),是16位微型计算机的发展阶段。1978年6月,Intel公司推出主频为4.77 MHz的字长16位的微处理器芯片Intel 8086,标志着第3代微处理器问世。该阶段的典型产品包括Intel公司的8086/8088/80286,Motorola公司的M68000,Zilog公司的Z8000等微处理器。其特点是采用HMOS(High Density Metal Oxide Semiconductor,即高密度金属氧化物半导体)工艺,集成度和运算速度都比第2代提高了一个数量级。指令系统更加丰富、完善,采用多级中断、多种寻址方式、段式存储结构、硬件乘除部件,并配置了软件系统。

这一时期的著名微机产品有IBM公司的个人计算机IBM-PC。1981年IBM公司推出的IBM-PC采用8088 CPU。紧接着1982年IBM公司又推出了扩展型的个人计算机IBM-PC/XT,它对内存进行了扩充,并增加了一个硬盘驱动器。1984年IBM公司推出了以80286处理器为核心组成的16位增强型个人计算机IBM-PC/AT。IBM公司在发展个人计算机时采用了技术开放的策略,使个人计算机风靡世界。该阶段的顶峰产品是APPLE公司的Macintosh(1984年)和IBM公司的PC/AT 286(1986年)微型计算机,IBM PC/AT 286型计算机如图1-19所示。

图1-18 APPLE-Ⅱ型计算机

图1-19 IBM PC/AT 286型计算机

第四阶段(1985—1992年),是32位微处理器时代。1985年10月,Intel公司推出了80386DX微处理器,标志着进入了字长为32位的数据总线时代。该阶段典型产品包括

Intel 公司的 80386/80486，Motorola 公司的 M68030/68040 等微处理器。其特点是采用
HMOS 或 CMOS(Complementary Metal Oxide Semiconductor，即互补金属氧化物半导体)
工艺，集成度高达 100 万个晶体管/片，具有 32 位地址线和 32 位数据总线，每秒钟可完成
600 万条指令。微机的功能已经达到甚至超过超级小型计算机，完全可以胜任多任务、多用
户的作业。同期，其他一些微处理器生产厂商(如 AMD、TEXAS 等)也推出了 80386/80486
系列的芯片。

第五阶段(1993 年以后)，是 64 位计算时代。典型产品是 Intel 公司的奔腾(Pentium)
系列芯片及与之兼容的 AMD 公司的 K6 系列微处理器芯片。该阶段产品内部采用超标量
指令流水线结构，并具有相互独立的指令和数据高速缓存。随着 MMX 微处理器的出现，微
机的发展在网络化、多媒体化和智能化等方面跨上了更高的台阶。2001 年，Intel 公司发布
了第一款 64 位的产品 Itanium(安腾)微处理器。2003 年 4 月，AMD 公司推出了基于 64 位
运算的 Opteron(皓龙)微处理器。2003 年 9 月，AMD 公司的 Athlon(速龙)微处理器问世，
标志着 64 位计算时代的到来。

2006 年，Intel 公司发布了酷睿系列多核处理器，标志着微处理器进入了多核时代。多
核处理器是指在一枚处理器中集成两个或多个完整的内核。多核技术能够带来强大的计算
性能以及满足多任务计算的要求。此后，Intel 公司以每一到两年发布一代处理器的速度进
行换代，现在最新的是第 12 代酷睿处理器，并且形成了 Core i9、Core i7、Core i5、Core i3 四
个级别，满足用户对性能的不同需求。

1.1.1.5　计算机的未来展望

计算机从出现至今，体系结构和技术均有了巨大的改进和提高。计算机应用领域也由
军事科研发展到个人事务处理，它的强大应用功能已产生巨大的市场需求，未来计算机将向
着巨型化、微型化、网络化、人工智能化和多媒体化的方向发展。

在新型材料的运用上，目前科学家已经制造出由一个单分子碳组成的双晶体管元件构
成的世界上最小的计算机逻辑电路。构成这一个双晶体管的材料为碳纳米管，它最有可能
取代硅，成为制造电脑芯片的主要材料，并由此衍生出三维计算机，出现透明的三维电脑桌
面系统，从而可以让人们以操作普通桌面上实物的方式操作网页、文档和视频资料，并借助
手势和眼球活动实现更为复杂的功能。

未来在人工智能(Artificial Intelligence，AI)的参与下，有望实现计算机、网络、通信技
术的三位一体化，进而衍生出以下一系列未来超级计算机。

分子计算机：分子计算机的运算速度是目前计算机的 1000 亿倍，最终将会取代硅芯片
计算机。

量子计算机：量子力学证明，个体光子通常不相互作用，但是当其与光学谐腔内的原子
聚在一起时，它们相互之间会产生强烈的影响。光子的这种特性可用来发展量子力学效应
的信息处理器件——光学量子逻辑门，进而制造出量子计算机。

DNA 计算机：科学家研究发现，脱氧核糖核酸(Deoxyribonucleic Acid，DNA)有一种特
性，即能够携带生物体的大量基因物质。数学家、生物学家、化学家以及计算机专家从中获
得启迪，正在合作研制液晶 DNA 计算机。

神经元计算机：未来，人们将制造能够完成类似人脑功能的计算机系统，即人造神经元
网络。神经元计算机最有前途的应用在国防领域，它可以识别物体和目标，处理复杂的雷达

信号,决定要击毁的目标。神经元计算机的联想式信息存储、对学习的自然适应性、数据处理等性能都异常有效。

生物计算机:生物计算机主要是以生物电子元件构建的计算机。它利用蛋白质的开关特性,用蛋白质分子作为元件从而制成生物芯片。其性能是由元件与元件之间的电流启闭速度决定的。由蛋白质构成的集成电路,其运行速度非常快,大大超过了人脑的思维速度。

1.1.2 计算机的特点

计算机的出现使得人类可以更好地处理各种各样的数据,它的主要特点如下。

(1)运算速度快

运算速度是衡量计算机性能的重要指标之一。计算机的运算速度通常是指每秒钟所能执行指令的数目。2021 年,国际组织"TOP500"发布的全球超级计算机 500 强,位列榜首的超级计算机峰值运算速度超过 100 亿亿次/秒,这使得许多过去无法处理的问题都能得以解决。例如,大数据、人工智能、航空航天、高速铁路轨道等的计算,使用超级计算机能瞬息完成。

(2)计算精度高

科学技术的发展,特别是尖端科学技术的发展,需要高度精确的计算。现代计算机的运算精度可达百万分之一,计算机控制的机器人可以准确地做出各种智能动作,这与计算机的精确计算是分不开的。

(3)存储容量大

计算机可以存储大量的信息,这些信息不仅包括各类数据信息,还包括加工这些数据的程序信息。存储容量通常分为内存容量和外存容量,其中,内存容量越大,计算机所能运行的程序就越大,处理能力就越强。尤其是当前多媒体应用涉及的图像、音视频以及 3D 信息处理,要求存储容量越来越大,甚至没有足够大的内存容量就无法运行某些软件。目前大多数微机的内存容量已达 8 GB 以上。

(4)可靠性高

现代计算机采用的大规模和超大规模集成电路具有非常高的可靠性,长时间运行也可以无故障地正常工作。

(5)逻辑运算能力强

计算机的运算器除了能进行精确计算外,还具有逻辑运算功能,能对信息进行比较和判断,甚至可以完成逻辑推理等任务。

(6)自动化程度高

计算机的操作过程是由程序控制的。根据计算机的存储记忆能力和逻辑判断能力,程序员将预先编好的程序存放于计算机内存中,在程序的控制下,计算机可以自动、连续地工作,完成预定处理的任务。

(7)通用性强

随着科学技术的不断发展,计算机不仅应用于科学计算、数据处理和过程控制等,还被广泛地应用到其他领域,几乎可以被应用于求解自然科学和社会科学中的一切问题。

1.1.3 计算机的分类

计算机的分类方法很多,下面简单介绍以下三种。

1.1.3.1　按性能分类

（1）巨型计算机

巨型计算机也称为超级计算机，是指用于科学与工程计算的高性能计算机，其速度极快、处理能力极强、存储容量巨大、结构复杂、价格昂贵。

（2）大型计算机

大型计算机是指功能齐全完整、事务处理能力处于所在时期最高端的通用计算机，其功能、速度等仅次于巨型计算机。大型计算机一般作为大型系统的服务器或主机。

（3）小型计算机

小型计算机是指结构紧凑，通常不超过一个机柜，并且性能适中的通用计算机。它可以为多个用户执行任务，可靠性高、价格便宜、对运行环境要求低、易于操作和维护。

（4）微型计算机

微型计算机又称微机、个人计算机（Personal Computer，PC）、平板电脑等，是指用微处理器芯片作为中央处理器的小尺寸通用计算机。微型计算机有体积小、价格便宜、灵活性好、可靠性高、使用方便等特点，主要在办公室和家庭中使用，是使用最广泛的计算机。现在一般用户接触的计算机（台式计算机、笔记本电脑、掌上电脑等）基本上都是微型计算机。

1.1.3.2　按工作原理分类

（1）数字计算机

数字计算机通过电信号的两种状态来表示数据，其处理的数据是二进制数字。其基本运算部件是数字逻辑电路，具有精度高、存储容量大、通用性强等优点。

（2）模拟计算机

模拟计算机通过电压的高低来表示数据，其处理的数据是连续的模拟量。其基本运算部件是微分器、积分器和通用函数运算器等，具有精度低、电路结构复杂、抗干扰能力弱等缺点。

（3）数字模拟混合计算机

数字模拟混合计算机兼有数字计算机和模拟计算机的优点，既能接收、输出和处理模拟量，又能接收、输出和处理数字量。

1.1.3.3　按用途分类

（1）专用计算机

专用计算机功能专一，配置特定，算法高效，应用于特定领域，如银行专用计算机、电子付款机（POS 机）、导弹和火箭上使用的计算机等。

（2）通用计算机

通用计算机适应性强，应用领域广，功能全面，其系统结构和软件系统能适合不同用户的需求。人们日常生活和办公中使用的计算机大部分都是此类计算机。

1.1.4　计算机的应用领域

目前，计算机的应用非常广泛，已经渗透到社会生活的各个领域，并产生了巨大的经济效益和社会影响。计算机的应用主要有以下几方面。

（1）科学计算

科学计算是指利用计算机完成和解决科学研究及工程技术中的数学计算问题。它的计算量大，逻辑关系简单，目前仍然是计算机应用的一个重要领域，如高能物理、工程设计、地震预测、气象预报、航天技术等。

（2）自动控制

利用计算机在工业生产过程中自动采集信号以及分析、存储、处理数据等，能高效推动工业自动化的发展。计算机自动控制已经广泛应用于机械、电力、人工智能等领域。

（3）数据处理

数据处理即信息处理，利用计算机可对大量的数据进行加工、分析和处理，从而实现办公自动化，如企业管理、物流管理、银行出入账管理、报表统计等。

（4）计算机辅助系统

计算机辅助系统是计算机的另一个重要应用领域。它主要包括计算机辅助设计（Computer Aided Design，CAD），如服装设计 CAD 系统；计算机辅助制造（Computer Aided Manufacture，CAM），如机器手臂的辅助制造系统；计算机辅助教学（Computer Assisted Instruction，CAI），如多媒体教学；计算机辅助测试（Computer Aided Testing，CAT）和计算机辅助质量控制（Computer Aided Quality Control，CAQC）等。

（5）人工智能

人工智能是指利用计算机模拟人类的智能活动，如感知、推理、学习、理解等，是计算机应用的一个崭新领域。人工智能的表现形式多种多样，如辅助疾病诊断、人机对话、密码破译、逻辑推理等。

（6）大数据

大数据在于对海量数据进行分布式数据挖掘。利用计算机进行大数据处理可以适应海量、高增长率和多样化的信息资产，如云计算的分布式处理、分布式数据库、云存储和虚拟化技术等。

（7）多媒体技术

多媒体技术是指通过计算机对文字、数据、图形、图像、动画、声音等多种媒体信息进行综合处理和管理，使用户可以通过多种感官与计算机进行实时交互的技术，它将文字、图像、视频等信息集中在一起成为一个交互式的系统。多媒体技术目前已经广泛应用于教育培训、家庭娱乐、商业展示、虚拟现实等领域。

1.2　计算机系统的组成及原理

计算机系统是指按人们的要求接收和存储信息，自动进行数据处理和计算，并输出结果的机器系统。计算机的出现使得人类社会文明迈进一大步，但是没有任何系统支撑的计算机只是一堆材料，只有在其内建立起计算机系统，计算机才能为人们正常使用。而且根据科学技术的发展和人们日益增长的需求，计算机系统必须能进行精确、快速的计算和判断，而且通用性好，使用容易，还能联成网络。

计算机系统的组成及原理

1.2.1　计算机系统的组成

一个完整的计算机系统由硬件系统和软件系统两部分组成。硬件系统是计算机系统中由电子、机械和光电元件组成的各种计算机部件和设备的总称,属于实体物理设备,是计算机完成各项工作的物质基础。软件系统是为计算机运行、管理和维护而编写的程序以及文档,使得计算机能够充分发挥其功能和效率。硬件为软件提供运行的平台,软件使硬件的功能充分发挥,两者相辅相成、缺一不可。计算机系统的组成,如图 1-20 所示。

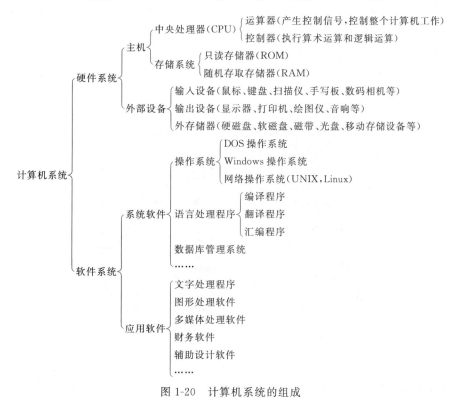

图 1-20　计算机系统的组成

1.2.2　计算机的基本工作原理

1.2.2.1　指令和程序

指令是指指挥机器工作的指示和命令,是能被计算机识别并执行的二进制代码。程序是由指令组成的,是指为完成某项特定任务,用计算机语言编写的一组指令集合。

1.2.2.2　指令的执行过程

计算机指令的执行可以分为两个主要阶段:取指令和执行指令。CPU 从主存储器中取出指令,并对所取的指令进行分析,根据指令分析结果,确定计算机应进行何种操作。控制器发出完成操作所需的信号,以便指挥计算机有关部件完成这一操作。之后返回处理下一条指令。

1.2.2.3　程序的执行过程

计算机的工作过程就是执行程序的过程。计算机按照程序设定的流程依次执行指令,步骤可以归结为:取指令→分析指令→执行指令→取下一条指令,如此反复循环直到程序结束。计算机的这种工作原理是由冯·诺伊曼提出的"存储程序"基本思想来确定的。

程序由程序开发人员编写,如果一条指令实现的功能有限,可以编写一系列的指令组成的程序,实现既定功能。

1.2.3　计算机的硬件系统

怎样组织程序,涉及计算机的基本结构。第一台计算机 ENIAC 的诞生仅仅表明人类发明了计算机,从而进入了"计算"时代。对后来的计算机在体系结构和工作原理上具有重大影响的是在同一时期由冯·诺依曼和他的同事们研制的 EDVAC 计算机,如图 1-21 所示。在 EDVAC 中采用了"存储程序"的思想,以此思想为基础的各类计算机统称为冯·诺依曼机。

图 1-21　冯·诺依曼和 EDVAC 计算机

冯·诺伊曼提出了计算机体系结构,如图 1-22 所示,其主要特点可以归结为以下几点。
① 计算机由五个基本部分组成:运算器、控制器、存储器、输入设备和输出设备。
② 程序和数据以同等地位存放在存储器中,并要按地址寻访。
③ 程序和数据以二进制表示。

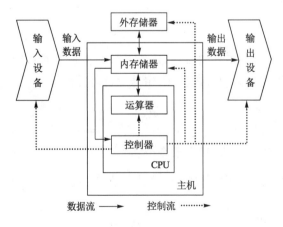

图 1-22　冯·诺依曼计算机体系结构

尽管如今计算机系统在性能指标、运算速度、工作方式、应用领域和价格等方面较当时的计算机有很大改变,但基本结构没有变,仍然采用冯·诺伊曼计算机体系结构,因而冯·诺伊曼被称为"现代计算机之父"。冯·诺伊曼机在数据处理和程序控制方面得到了广泛的应用,其核心是存储和程序控制,但也存在一定的不足之处:

① 存储的指令和数据没有加以区分,都存储在同一内存中,这导致运行过程容易出错,不方便修改。

② 数据以二进制表示,不方便人们阅读和理解。

③ 输入设备和输出设备、内存中的数据指令必须经过运算器,而计算机以运算器为核心,从而使得运算器负载较重。如果运算器出现故障,则所有指令都不能执行。

现代计算机中的运算器、控制器、存储器、输入设备和输出设备五大基本部分依靠三组总线连接,其总线结构如图 1-23 所示。

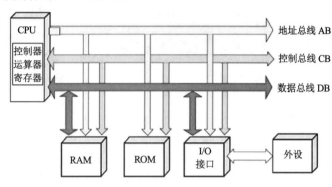

图 1-23　计算机总线结构

总线(Bus)是一组能为多个功能部件服务的公共信息传送线。按功能不同,可将总线划分为地址总线(Address Bus,AB)、数据总线(Data Bus,DB)和控制总线(Control Bus,CB)三类。

① 地址总线。地址总线用于传送 CPU 向内存、I/O 接口发出的地址信息,是单向总线。地址总线的数目越多,计算机系统的内存容量越大。

② 数据总线。数据总线用于传送 CPU 向内存、I/O 接口发出的数据信息,是双向总线。计算机一次可以传送 32/64 位的数据。

③ 控制总线。控制总线用于传送 CPU 向内存、I/O 接口发出的命令信号,或者反向传送内存、I/O 接口向 CPU 发出的状态信息。

1.2.3.1　主板

主板一般安装在计算机的主机箱内,是一块较大的电路板,如图 1-24 所示。主板上主要包括芯片组、BIOS 芯片、I/O 控制芯片、硬盘和面板控制开关接口、指示灯插接件、扩充插槽等元件。计算机在运行时,主机和外部设备(又称外设)之间的控制都依靠主板来实现,所以主板会影响计算机整体的运行速度和稳定性,是计算机基本的也是重要的部件之一。

1.2.3.2　CPU

CPU 作为计算机系统的运算和控制核心,是实现信息处理、程序运行的一组超大规模集成电路芯片,如图 1-25 所示。CPU 芯片包括控制器、运算器和寄存器等。

图 1-24　计算机主板　　　　　　图 1-25　计算机 CPU 芯片

（1）控制器

控制器是计算机系统的指挥和控制中心，其主要任务是按照计算机程序安排的指令序列，从存储器中取出指令，并分析指令、翻译指令、执行指令。控制器向其他部件发出控制信号，并接收指令执行过程中的反馈信息，从而指挥并控制计算机软、硬件资源协调工作。

（2）运算器

运算器是对信息或数据进行加工处理的部件。运算器不断地从存储器中得到要加工的数据，进行加、减、乘、除等算术运算，或者进行与、或、非、比较等逻辑运算，并将最后的结果返回存储器中。

（3）寄存器

寄存器是 CPU 内部的组成部分，是用来存放数据的一些小型存储区域，用来暂时存放参与运算的数据和运算结果等信息。

1.2.3.3　存储器

存储器是计算机的记忆仓库，是用来存放程序和数据的部件。存储器通常分为内存储器和外存储器两种，而随着计算机技术的快速发展，在 CPU 和内存储器之间又设置了高速缓冲存储器。

图 1-26　计算机内存储器

（1）内存储器

内存储器又称内存或主存，如图 1-26 所示，用来存放正在执行的程序和正在处理的数据，可直接与 CPU 交换信息，所以内存储器的存取速度直接影响计算机的运算速度。内存储器按功能划分为只读存储器和随机存储器两类。

① 只读存储器

只读存储器存储的信息只能读取，不能写入，断电后信息不会丢失，可靠性高。

② 随机存储器

随机存储器存储的信息可以进行读和写的操作,断电后信息会全部丢失。计算机正常运行时使用的主要是随机存储器,故编辑文件时应养成随时保存数据的习惯。

（2）外存储器

外存储器又称外存,用来保存大量的、需要长期保存的程序和数据。外存储器中的程序和数据不能与 CPU 和 I/O 设备直接交换信息,所以它的存储速度相对较慢,但存储容量大、可扩展、价格便宜。目前广泛使用的外存储器有硬盘、光盘、U 盘等。一些计算机外存储器如图 1-27 所示。

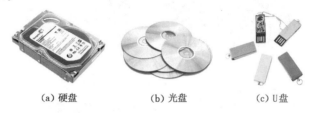

　　　(a) 硬盘　　　　　　　(b) 光盘　　　　　　　(c) U盘

图 1-27　计算机外存储器

（3）高速缓冲存储器

高速缓冲存储器(简称高速缓存)是安装在主存与 CPU 之间的一种高速小容量存储器,存储速度接近 CPU 的速度,由静态存储芯片组成。由于 CPU 执行指令的速度远远高于主存的读写速度,所以,引入高速缓冲存储器是为了减小或消除 CPU 与主存之间的速度差异对系统性能带来的影响。

1.2.3.4　输入设备

输入设备是人或外部与计算机进行交互的一种装置,用于把原始数据和处理这些数据的程序输入计算机中存储和处理,是计算机与用户或其他设备通信的桥梁。常见的输入设备有键盘、鼠标、扫描仪、照相机、摄像头、麦克风、手写输入板和语音输入装置等。计算机输入设备如图 1-28 所示。

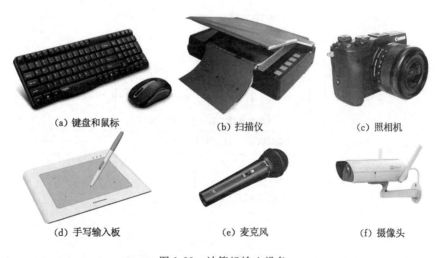

　　(a) 键盘和鼠标　　　　　　(b) 扫描仪　　　　　　(c) 照相机

　　(d) 手写输入板　　　　　　(e) 麦克风　　　　　　(f) 摄像头

图 1-28　计算机输入设备

1.2.3.5 输出设备

输出设备是计算机硬件系统的终端设备,其功能是将计算机处理后的结果数据或信息以人们能接受的形式表现出来。常见的输出设备有显示器、打印机、绘图仪、音响、影音输出系统等。一些输出设备如图1-29所示。

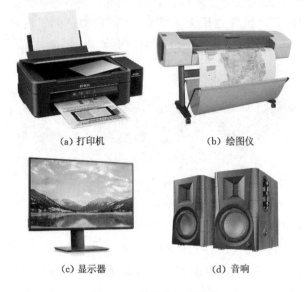

(a) 打印机　　　　　　　　(b) 绘图仪

(c) 显示器　　　　　　　　(d) 音响

图1-29　计算机输出设备

1.2.4 计算机的软件系统

软件是计算机的灵魂,没有安装任何软件的计算机称为"裸机",无法完成任何工作。按用途,可将计算机软件划分为系统软件和应用软件两大类。计算机系统的层次结构如图1-30所示。

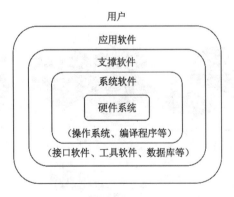

图1-30　计算机系统的层次结构

1.2.4.1 系统软件

系统软件(System Software)由一组控制计算机系统并管理计算机系统资源的程序组成,是用户操作、管理、监控和资源维护所必需的软件。只有在系统软件的支持下,用户才能运行各种应用软件。系统软件通常分为操作系统、语言处理程序、数据库管理系统三类。

（1）操作系统（Operating System,OS）

计算机系统的所有软、硬件资源需要协调一致,才能有条不紊地工作,所以需要有一个软件对资源进行统一管理和调度。而操作系统由一系列具有不同控制和管理功能的程序组成,它可以直接运行在计算机硬件上,对计算机软、硬件资源的协调运行进行管理、控制和监督。所以操作系统是最基本的系统软件,也是系统软件的核心。目前常见的计算机操作系统有 Windows、UNIX、Linux,以及基于以上几种操作系统发展起来的移动端操作系统（iOS、Android、Mac OS、Chrome OS 等）。

（2）语言处理程序

用程序设计语言编写的程序称为源程序;把一种语言编写的程序翻译成与之等价的另一种语言的程序,称为语言处理程序;源程序通过语言处理程序产生的目标语言程序称为目标程序。

应用软件是由高级语言编写的,不能直接在计算机上运行,只有机器语言才能够在计算机上直接运行。语言处理程序将由程序设计语言编写的源程序转换成机器语言的形式,以便计算机能够运行,这一转换是由翻译程序来完成的。翻译程序统称为语言处理程序,共有三种:汇编程序、编译程序和解释程序。

（3）数据库管理系统（Database Management System,DBMS）

数据库是一个长期存储在计算机内的、有组织的、共享的、统一管理的数据集合。数据库管理系统则是操纵和管理数据库的大型软件,用于建立、使用和维护数据库。数据库管理系统不但能够存放大量的数据,还可以迅速、自动地对数据进行检索、修改、统计、排序和合并等操作。有了数据库管理系统,就可以保证数据库的安全性和完整性。常见的计算机数据库管理系统有 Access、SQL Server、My SQL、Oracle、DB2、Sybase 系列等。

1.2.4.2　应用软件

应用软件是用户为了解决实际应用问题而编制开发的专用软件。应用软件的使用一定要注意系统环境,必须有操作系统的支持才能正常运行。应用软件的种类很多,如办公自动化软件、图像处理软件、辅助设计软件、娱乐软件等。计算机的推广应用促进了应用软件的研制开发,而应用软件的发展使人们的生活与工作简单、方便和有效率。

1.3　计算机中信息的表示与存储

计算机可以存储和处理数字、文字、声音、图形、图像、视频、动画等信息,但这些信息都要转换成数字,才能与计算机和通信设备进行传播和交流。用数字表示各种信息,称为信息的数字化,也叫作信息的编码。二进制数运算简便,与电子元件的逻辑判断容易搭配实现,所以在计算机系统内部,信息的存储、处理和传递等数字化过程均采用二进制代码,也被称为机器语言。

1.3.1　数据与信息

1.3.1.1　数据

数据是用来记录客观事物或者事实的性质、状态以及相互关系等的可识别的、抽象的物理符号或这些物理符号的组合。数据存在的形式有很多种,可以是连续的声音、图像等模拟数据,也可以是离散的符号、文字等数字数据。

在计算机系统中,数据以"0"和"1"的二进制编码表示和存放。采用二进制编码的优势在于:

① 计算机中使用的电子元器件大都具有两种稳定状态,如电压的高和低、晶体管的导通和截止、电容的充电和放电等。正好可以用"0"和"1"来表示这两种状态。

② 二进制的运算规则简单,且二进制的"0"和"1"也能表示逻辑量的"假"和"真",便于进行逻辑运算。

1.3.1.2 信息

信息是对数据进行加工、解释后的结果,反映客观事物或事实的运动状态和变化,以及表达客观世界之间的相互联系和相互作用。

同一信息可以用不同形式数据表示。例如,文字信息是"时间是下午三点整",数字信息可以是"15:00"。

思政课堂

中国传统经典《易经》中使用"- -""—"两个符号表示事物的两种状态"阴"和"阳",这与二进制中使用 0 和 1 的组合表示复杂事物的思想是一致的。这种使用高度抽象的符号表示和解决复杂问题的方法,体现出古代中华文明对于自然世界的深度思考,也是我国传统文化天人合一思想的精髓,我们要树立中华文化自信。

1.3.1.3 数据与信息的区别和联系

数据和信息是不可分离的。数据是基础,是没有意义的。数据承载信息,如符号、文字、数字、声音、图像、视频等。信息是内涵表现,对数据的含义作出解释,是有意义的。例如,若测量一个人的体温是 40 ℃,记录在病历上的 40 ℃ 是数据,本身是没有意义的。只有对该数据进行解释,即此人体温是 40 ℃,意味着发烧了,这就是有意义的信息。

1.3.2 信息的存储单位

在计算机系统内,信息都是采用二进制的形式进行存储、运算、处理和传输的。信息存储单位有位、字节和字等。

1.3.2.1 位(Bit,b)

位,是计算机存储信息的最小单位,用小写字母"b"表示。1 位存放一位二进制数,即 0 或 1。

1.3.2.2 字节(Byte,B)

字节,是计算机存储信息的基本单位,用大写字母"B"表示。字节与位的关系为:1 字节=8 位。

在计算机系统内,一个 ASCII 码占 1 字节(8 位)的存储容量,一个中文字占 2 字节(16 位)的存储容量。

生活中常见存储设备(内存、硬盘、光盘、U 盘等)通常使用千字节(KiloByte)、兆字节

(MegaByte)、千兆字节(GigaByte)、兆兆字节(TrillionByte)等单位,这些扩展的存储单位之间的换算率为1024,其换算关系为:

$$1\ KB=2^{10}\ B=1024\ B,1\ MB=2^{20}\ B=1024\ KB,$$
$$1\ GB=2^{30}\ B=1024\ MB,1\ TB=2^{40}\ B=1024\ GB$$

可以通过这些换算关系快速计算出各种存储设备的容量关系,如2 TB的移动硬盘的容量是16 GB的U盘容量的128倍(2×1024 GB÷16 GB=128)。

生活中常见的MP3音频文件的数据量可以用式(1-1)计算。

$$音频数据大小=采样频率×(采样位数/8)×声道数×时间 \qquad (1-1)$$

式中,各数据单位分别为:音频数据大小单位为字节(Byte,B);采样频率单位为赫兹(Hz);采样位数单位为位(Bit,b);时间单位为秒(s)。

【例1-1】　采样频率为44.1 kHz,分辨率(采样位数)为16 b,立体声,采样时间为300 s,这样一个音频文件的大小是多少?　一个32 GB的优盘可以存储多少个这样的音频文件呢?

解:采样频率44.1 kHz=44100 Hz,立体声的声道数是2,代入式(1-1):

$$音频文件大小=44100×(16/8)×2×300=52920000(Byte)≈50(MB)$$

一个32 GB的优盘换算成MB的容量为32 GB×1024=32768 MB,可存储这样的音频文件数为32768 MB/50 MB≈655。

因此,符合上述要求的音频文件大小为50 MB,一个32 GB的优盘可以存储655个这样的音频文件。

1.3.2.3　字(Word)

字,是计算机进行数据存储和处理的运算单位。中文字的存储单位是一个字,字与字节的关系为:2字节=1字。

1.3.2.4　字长

字长,是CPU的主要技术指标,指CPU一次能并行处理的二进制位数。现代计算机的字长通常为16位、32位和64位。例如,64位(2^{64})的计算机,CPU一次能并行处理64位的二进制数。

1.3.3　计算机的数制转换

1.3.3.1　进位计数制简介

计算机的
数制转换

数制也称计数制,是指用一组标准的符号和规则来表示数值的方法。按进位的方法进行计数,称为进位计数制。在日常生活中,大多采用十进制计数,除此外,还有其他的进位计数制。例如,一周有七天;俗话说半斤八两指的是一斤有16两,即十六进制。计算机中存放的是二进制数,为了弥补二进制数过于冗长的缺点,还引入了八进制数和十六进制数。不同数制之间的对应关系如表1-1所示。

每种进位计数制有数码、基数、权等三个基本要素,各种进位计数制中的权的值是基数的某次幂。对任何一种进位计数制表示的数,都可以写出按其权展开的多项式之和。三个基本要素的表示如图1-31所示。

表 1-1　不同数制的对应关系

十进制	二进制	八进制	十六进制	十进制	二进制	八进制	十六进制
0	0000	0	0	8	1000	10	8
1	0001	1	1	9	1001	11	9
2	0010	2	2	10	1010	12	A
3	0011	3	3	11	1011	13	B
4	0100	4	4	12	1100	14	C
5	0101	5	5	13	1101	15	D
6	0110	6	6	14	1110	16	E
7	0111	7	7	15	1111	17	F

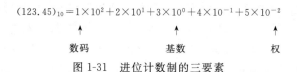

$$(123.45)_{10}=1\times10^2+2\times10^1+3\times10^0+4\times10^{-1}+5\times10^{-2}$$

数码　　　　基数　　　　权

图 1-31　进位计数制的三要素

① 数码:用来表示某种数制的一组符号。例如,十进制的数码是0、1、2、3、4、5、6、7、8、9;二进制的数码是0、1。

② 基数:一种数制的数码个数。例如,十进制有10个数码,所以它的基数是10。

③ 权:不同位置的数码对应的基数的幂。以小数点为界,左侧基数的幂依次为0、1、2、3、4、5、…右侧基数的幂依次为−1、−2、−3、−4、−5、…

1.3.3.2　常用的进位计数制

为了区分不同进制数,可以在数值后面加上进制数相关的字母,或者采用括号和下标的方式表示;如果什么都不加,就默认该数值为十进制数。

（1）十进制

十进制的英文名称是"Decimal",一般用大写字母"D"表示。十进制数由0、1、2、3、4、5、6、7、8、9十个不同数码组成,逢十进一,配合基数10和相应的权,把十进制数321.56 D按权展开为:

$$(321.56)_{10}=3\times10^2+2\times10^1+1\times10^0+5\times10^{-1}+6\times10^{-2}$$

（2）二进制

二进制的英文名称是"Binary",一般用大写字母"B"表示。二进制数由0、1两个不同的数码组成,逢二进一,配合基数2和相应的权,把二进制数1011.01 B按权展开为:

$$(1011.01)_2=1\times2^3+0\times2^2+1\times2^1+1\times2^0+0\times2^{-1}+1\times2^{-2}$$

（3）八进制

八进制的英文名称是"Octal",一般用大写字母"O"表示。八进制数由0、1、2、3、4、5、6、7八个不同数码组成,逢八进一,配合基数8和相应的权,把八进制数12.34 O按权展开为:

$$(12.34)_8=1\times8^1+2\times8^0+3\times8^{-1}+4\times8^{-2}$$

（4）十六进制

十六进制的英文名称是"Hexadecimal",一般用大写字母"H"表示。十六进制数由0、

1、2、3、4、5、6、7、8、9、A、B、C、D、E、F 十六个不同数码组成，逢十六进一，配合基数 16 和相应的权，把十六进制数 89A.B2 H 按权展开为：

$$(89A.B2)_{16}=8\times16^2+9\times16^1+A\times16^0+B\times16^{-1}+2\times16^{-2}$$

1.3.3.3　数制之间的相互转换

（1）非十进制转换为十进制

非十进制转换成十进制的基本法则是：将非十进制数按权展开，然后求和，即得到对应的十进制数。

【例 1-2】

$$(111011.011)_2=1\times2^5+1\times2^4+1\times2^3+0\times2^2+1\times2^1+1\times2^0+0\times2^{-1}+1\times2^{-2}+1\times2^{-3}$$
$$=32+16+8+0+2+1+0+0.25+0.125$$
$$=(59.375)_{10}$$

$$(32.67)_8=3\times8^1+2\times8^0+6\times8^{-1}+7\times8^{-2}$$
$$=24+2+0.75+0.109375$$
$$=(26.859375)_{10}$$

$$(789.AB)_{16}=7\times16^2+8\times16^1+9\times16^0+A\times16^{-1}+B\times16^{-2}$$
$$=1792+128+9+0.625+0.04296875$$
$$=(1929.66796875)_{10}$$

（2）十进制转换为非十进制

将十进制数转换为非十进制数时，可将十进制数分成整数与小数两部分分别转换，然后拼接起来即可。

整数部分：采用除以基数取余法，即将十进制整数不断除以基数取余数，直到商为 0，余数从右到左排列，首次取得的余数在最右。

小数部分：采用乘以基数取整法，即将十进制小数不断乘以基数取整数，直到小数部分为 0 或达到所求的精度为止（小数部分可能永远不会达到 0）；所得的整数从小数点自左往右排列，取有效精度，首次取得的整数在最左。

【例 1-3】　将 $(138.296)_{10}$ 转换成二进制数，转换过程如图 1-32 所示。

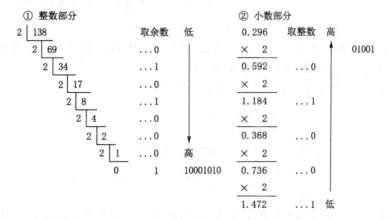

图 1-32　十进制数转换成二进制数过程举例

转换结果为$(138.296)_{10} \approx (10001010.01001)_2$。

【例1-4】 将$(298.358)_{10}$转换成八进制数,转换过程如图1-33所示。

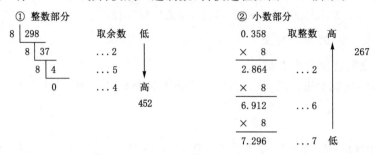

图1-33 十进制数转换成八进制数过程举例

转换结果为$(298.358)_{10} \approx (452.267)_8$。

注意:

① 小数部分转换结果可能是不精确的,要保留多少位小数,主要取决于用户对于数据精度的要求。

② 十进制数小数取近似时采用四舍五入,八进制数则采用三舍四入。

(3) 二进制、八进制、十六进制数的相互转换

二进制、八进制和十六进制之间存在如下关系:$8^1 = 2^3$、$16^1 = 2^4$,即1位八进制数相当于3位二进制数,1位十六进制数相当于4位二进制数。因此,在将二进制数转换为八进制数时,可以小数点为界,向左右两边取每3位二进制数为一组,两头不足3位补0,算出每组相应的八进制数即可。同样,将二进制数转换成十六进制数时,只要取4位为一组进行分组计算即可。

【例1-5】 将二进制数$(10111011.11001)_2$转换成八进制数。

$\underbrace{010}_{2} \ \underbrace{111}_{7} \ \underbrace{011}_{3}.\underbrace{110}_{6} \ \underbrace{010}_{2})_2 = (273.62)_8$　　(整数高位和小数低位补0)

【例1-6】 将二进制数$(11011011.11001)_2$转换成十六进制数。

$\underbrace{1101}_{D} \ \underbrace{1011}_{B}.\underbrace{1100}_{C} \ \underbrace{1000}_{8})_2 = (DB.C8)_{16}$　　(整数高位和小数低位补0)

反之,将八(十六)进制数转换成二进制数只要1位转3(4)位即可。转换后的二进制数整数前的高位0和小数后的低位0可取消。

【例1-7】 将八进制数$(316.12)_8$转换成二进制数。

$(3 \quad 1 \quad 6 \ . \ 1 \quad 2)_8 = (11001110.00101)_2$

011 001 110　　001 010

【例1-8】 将十六进制数$(2AC.6)_{16}$转换成二进制数。

$(2 \quad A \quad C \ . \ 6)_{16} = (1010101100.011)_2$

0010 1010 1100　　0110

八进制和十六进制没有直接的转换方法,只能通过中间进制进行转换。例如,要把八进制数转换成十六进制数,可以先把八进制数转换成为二进制(十进制)数,再把二进制(十进制)数转换成十六进制数即可。

1.3.4　计算机中数值的表示

在计算机中,采用数字化方式表示数据,数据有无符号数和有符号数之分。

无符号数(Unsigned Number)是相对有符号数而言的,是指整个机器字长的全部二进制位均表示数值位,相当于数的绝对值。例如,二进制码 1010 表示 10。

有符号数(Signed Number)的最高位表示符号位,而不再表示数值位。例如,二进制码 1101 中第一个数码"1"表示负数符号"-",后面三个数码均为数值位,所以该二进制码的十进制结果是-5。

1.3.4.1　机器数

在生活工作中,人们表达各种数据用"+"表示正数,用"-"表示负数。但是计算机无法识别正负符号,所以需要把数的符号进行数字化。国际标准规定,一个带符号的二进制数中最高位为符号位,其中"0"表示正号、"1"表示负号,而除了符号位剩下的数值称为真值。例如,带符号的二进制码 01110 表示正数、11110 表示负数。添加了数字化符号的二进制数称为机器数。常见的机器数表示方式有原码、反码和补码三种。

(1)原码

如果机器数是正数,则最高位为 0,其他数值位保持不变;如果机器数是负数,则最高位为 1,其他数值位保持不变。

(2)反码

如果机器数是正数,则最高位为 0,其他数值位保持不变;如果机器数是负数,则最高位为 1,其他数值位按位取反(0 取反为 1,1 取反为 0)。

(3)补码

如果机器数是正数,则最高位为 0,其他数值位保持不变;如果机器数是负数,则最高位为 1,其他数值位按位取反后再加 1。

【例 1-9】　以 8 位机为例,分别写出十进制数+68 和-68 的原码、反码、补码。

经过数制转换,$(68)_{10}=(1000100)_2$,加上符号位之后可以得出:

原码:$[+68]_原=01000100$　　　　原码:$[-68]_原=11000100$

反码:$[+68]_反=01000100$　　　　反码:$[-68]_反=10111011$

补码:$[+68]_补=01000100$　　　　补码:$[-68]_补=10111100$

1.3.4.2　数值型数据

在计算机中,根据小数点的位置是否固定,可以将数值型数据分为定点数和浮点数两种。

(1)定点数

① 定点整数

定点整数是纯整数,小数点的位置隐含固定在最低有效数位之后,实际上和普通整数一样。例如,125。

② 定点小数

定点小数是纯小数,小数点的位置固定在最高小数位之前以及符号位之后。

定点小数的第一个数码固定为符号位,在任何情况下都不作为数值部分,数值部分均在小数点之后。当符号位为 0 时,表示一个正小数,如 0.1011。当符号位为 1 时,表示一个负小数,如 1.1011。

（2）浮点数

定点数无法表示范围更大的数据,只有浮点数才能满足计算的需要。浮点数指小数点的位置根据需要而浮动的数。

浮点数的表示形式类似十进制的科学计数法,就是前半部分为一个整数,后半部分为一个小数。浮点数的表示形式是 $A＝M×B^E$,M 叫作尾数,为纯小数,E 叫作阶码,为纯整数,B 叫作基数。例如,十进制数 $1234.5＝0.12345×10^4$,其中,0.12345 是尾数,4 是阶码,10 是基数。如果是二进制的浮点数,则基数为 2。浮点数的组成形式如图 1-34 所示。

$$1234.5＝0.12345×10^4$$

浮点数　　尾数　　阶码

图 1-34　浮点数的组成形式

1.3.5　计算机中的字符和编码

在计算机处理的数据中,除了有机器数和数值型数据外,还有非数值型数据,如字符。人们生活工作中使用的字符,是指大小写英文字母、符号和汉字等。但是计算机中信息是由 0 和 1 两个基本符号组成的,所以无法识别字符,而需要对字符进行各种编码才能传送、存储和处理。常用的编码包括 BCD 码、ASCII 码和汉字编码。

1.3.5.1　BCD 码

BCD(Binary-Coded Decimal)码用 4 位二进制数表示 1 位十进制数。BCD 码分为有权码和无权码两类。其中,常见的 BCD 有权码有 8421 码、2421 码和 5421 码等,BCD 无权码有余 3 码、余 3 循环码和格雷码等。

8421BCD 码是最基本和最常用的 BCD 码,用 0000～1001 分别代表它所对应的十进制数。十进制数和 8421BCD 码的对应关系如表 1-2 所示。

表 1-2　十进制数和 8421BCD 码的对应关系

十进制数	8421BCD 码	十进制数	8421BCD 码	十进制数	8421BCD 码
0	0000	5	0101	10	00010000
1	0001	6	0110	11	00010001
2	0010	7	0111	12	00010010
3	0011	8	1000	13	00010011
4	0100	9	1001	14	00010100

8421BCD 码与二进制数之间无法直接转换,要先把 8421BCD 码转换为十进制数,再把十进制数转换成相应的二进制数。

【例 1-10】已知 8421BCD 码 $(1001001101010110)_{BCD}$,求其二进制数,转换过程如下。

$$(1001001101010110)_{BCD}＝(9356)_{10}＝(10010010001100)_2$$

1.3.5.2　ASCII 码

ASCII(American Standard Code for Information Interchange)是基于拉丁字母的一套计算机编码系统,主要用于显示现代英语和其他西欧语言字符。

ASCII 码使用 7 位或 8 位二进制数组合来表示 128 种或 256 种可能的字符。其中,7 位 ASCII 码是国际标准 ASCII 码,其表示所有的大小写英文字母、数字 0～9、标点符号,以及一些控制字符。标准 ASCII 码字符集见附录 A。

ASCII 码在表中的位置分布为,位置 0～31 和 127 是 33 个控制字符;位置 32 是空格;位置 48～57 是 10 个数字 0～9;位置 65～90 是 26 个大写英文字母;位置 97～122 是 26 个小写英文字母;其余为一些标点符号、运算符号等。

根据 ASCII 码的位置确定其大小,一般规则有:

① 0～9＜A～Z＜a～z,即数字＜大写英文字母＜小写英文字母。

② 数字 0＜9,并从 0 到 9 顺序递增。

③ 字母 A＜Z,并从 A 到 Z 顺序递增;字母 a＜z,并从 a 到 z 顺序递增。

④ 同一字母的大小写相差 32 个位置,即小写字母的码值＝大写字母的码值＋32。

【例 1-11】　已知英文字母 A 的 ASCII 码值为 65,求字母 e 的 ASCII 码值。

已知小写字母的码值＝大写字母的码值＋32,则字母 a 的 ASCII 码值＝65＋32＝97。又因为 e＞a,并且两者位置相差 4,所以,e 的 ASCII 码值＝97＋4＝101。

1.3.5.3　汉字编码

汉字是无法直接输入计算机内的,将汉字输入计算机的三种途径如下。

① 机器自动识别汉字:计算机通过"视觉"装置(光学字符阅读器或其他),用光电扫描等方法识别汉字。

② 通过语音识别输入:计算机利用人们给它配备的"听觉器官",自动辨别汉语语音要素,从不同的音节中找出不同的汉字,或从相同音节中判断出不同汉字。

③ 通过汉字编码输入:根据一定的编码方法,由人借助输入设备将汉字输入计算机。

关于机器自动识别汉字和汉语语音识别,国内外都在研究,虽然取得了不少进展,但由于难度大,预计还要经过相当一段时间才能得到解决。在现阶段,比较现实的就是通过汉字编码方法将汉字输入计算机。

汉字编码(Chinese Character Encoding)是指为汉字设计一种便于输入计算机的代码。由于电子计算机现有的输入键盘与英文打字机键盘完全兼容,如何输入非拉丁字母的文字(包括汉字)便成了多年来人们研究的课题。

汉字信息处理系统一般包括编码、输入、存储、编辑、输出和传输等部分。根据应用目的的不同,可将汉字编码分为外码、交换码、机内码和字形码。汉字信息处理流程如图 1-35 所示。

(1) 输入码(外码)

输入码即外码,是在输入汉字时对汉字进行识别编码的一组键盘符号。常用的输入码有拼音码、五笔字型码、自然码、表形码、认知码、区位码和电报码等,一种好的编码应具有编码规则简单、易学好记、操作方便、重码率低、输入速度快等优点,每个人可根据自己的需要进行选择。

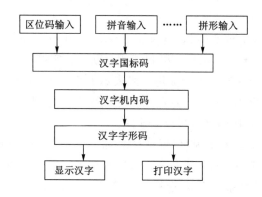

图 1-35　汉字信息处理流程

（2）国标码（交换码）

计算机内部处理的信息，都是用二进制代码表示的，汉字也不例外。而二进制代码使用起来是不方便的，于是需要采用信息交换码。原国家标准总局于 1981 年制定了中华人民共和国国家标准《信息交换用汉字编码字符集　基本集》（GB 2312—80），即国标码。2005 年，国家标准化管理委员会发布了国家标准《信息技术　中文编码字符集》（GB 18030—2005）。

区位码是国标码的另一种表现形式，把国标 GB 2312—80 中的汉字、图形符号组成一个 94×94 的方阵，分为 94 个"区"，每区包含 94 个"位"，其中"区"的序号由 01 至 94，"位"的序号也从 01 至 94。94 个区中位置总数＝94×94＝8836 个，其中汉字 6763 个，图形字符682 个，剩下的 1391 个位置保留下来以备未来使用。区位码是用来确定该汉字或字符在方阵中的位置的，国标码并不等于区位码，而需要将区位码进行转换才行。国标码和区位码的转换关系为：

$$国标码＝区位码 H＋2020 H$$

【例 1-12】　已知汉字"国"的区位码是 2590，求汉字"国"的国标码。

由已知条件得，区码：25 D＝19 H，位码：90 D＝5A H；

区码＋20 H：19 H＋20 H＝39 H；位码＋20 H：5A H＋20 H＝7A H；

所以"国"字的国标码是 397A H。

（3）机内码（内码）

机内码又称内码，指计算机内部存储、处理加工和传输汉字时所用的代码，是沟通输入、输出与系统平台之间的交换码。通过内码可以达到通用化和高效率传输文本的目的。比如 Microsoft Word 中所存储和调用的是内码而非图形文字。英文 ASCII 字符采用一个字节的内码表示；中文字符如国标字符集中，《信息交换用汉字编码字符集　基本集》（GB 2312—80）、《信息交换用汉字编码字符集　辅助集》（GB/T 12345—90）、《信息技术通用多八位编码字符集（UCS）》（GB 13000—2010）皆用双字节内码，《信息技术　中文编码字符集》（GB 18030—2005）（27533 个汉字）中双字节内码汉字有 20902 个，其余 6631 个汉字用四字节内码。

字符编码以二进制的数字对应字符集的字符，用得最普遍的字符集是 ANSI 字符集，对应 ANSI 字符集的二进制编码称为 ANSI 码，DOS 和 Windows 系统都使用了 ANSI 码，但在系统中使用的字符编码要经过二进制转换,称为系统内码。ANSI 码是单字节(8 位二进制数)的编码集,最多只能表示 256 个字符,不能表示众多的汉字字符。各个国家和地区在 ANSI 码的基础上又设计了各种不同的汉字编码集,以便能够处理数量众多的汉字字符。这些编码使用单字节表示 ANSI 码的英文字符(即兼容 ANSI 码),使用双字节表示汉字字符。一个系统只能有一种汉字内码,不能识别其他汉字内码的字符,这造成了交流的不便。以下是常见的汉字编码。

GB 码:GB 码是 1980 年国家公布的简体汉字编码方案,在中国大陆、新加坡得到广泛的使用,也称国标码。国标码对 6763 个汉字集进行了编码,涵盖了大多数正在使用的汉字。

GBK 码:GBK 码是 GB 码的扩展字符编码,对多达 2 万多个简繁汉字进行了编码,简体版的 Windows 95 和 Windows 98 都使用 GBK 码做系统内码。

BIG5 码:BIG5 码是针对繁体汉字的汉字编码,在中国台湾、中国香港地区的电脑系统中得到普遍应用。

HZ 码:HZ 码是在 Internet 中广泛使用的一种汉字编码。

ISO-2022 CJK 码:ISO-2022 是国际标准化组织(International Organization for Standardization,ISO)为各种语言字符制定的编码标准。它采用双字节编码,其中汉语编码称 ISO-2022 CN,日语、韩语的编码分别称 ISO-2022 JP、ISO-2022 KR。一般将三者合称 CJK 码。CJK 码主要在 Internet 中使用。

Unicode 码:Unicode 码也是一种国际标准编码,采用双字节编码,与 ANSI 码不兼容。Unicode 码在网络、Windows 系统和很多大型软件中得到应用。

为了避免国标码和 ASCII 码同时使用时发生冲突,又为了在有限的存储空间内尽可能多地表示汉字,大部分汉字系统都采用将国标码每个字节最高位置 1 作为汉字机内码,这是汉字机内码对国标码的适当处理和变换。机内码和国标码、区位码的转换关系为:

$$机内码 = 国标码 H + 8080 H$$
$$机内码 = 区位码 H + A0A0 H$$

【例 1-13】　已知汉字"国"的国标码是 397A H,求汉字"国"的机内码。

国标码高位 + 80 H:39 H + 80 H = B9 H;国标码低位 + 80 H:7A H + 80 H = FA H;所以"国"字的机内码是 B9FA H。

(4) 输出码(字形码)

汉字输出码又称字形码、汉字字模,是点阵代码的一种。为了将汉字在显示器或打印机上输出,把汉字按图形符号设计成点阵图,就得到了相应的点阵代码(字形码)。汉字输出码一般采用(行×列)点阵的方式显示,例如,16×16 点阵、24×24 点阵、32×32 点阵和 48×48 点阵。16×16 点阵是最简单的汉字字形点阵,基本上能表示国家标准规定中所有简体汉字的字形,汉字"你"的点阵图如图 1-36 所示。

用 16×16 点阵表示一个汉字,就是将每个汉字用 16 行,每行 16 个点表示。根据汉字点阵的大小,可以得出一个汉字在计算机内占用的字节存储空间。一个点需要 1 位二进制代码,16 个点需要 16 位二进制代码(即 2 字节),共 16 行,即字节数 = 点阵行数×点阵列数/8。例如,图 1-36 中的"你"字点阵是 16×16,所占的字节数 = 16×16/8 = 32。

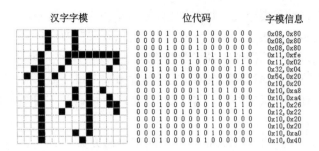

图 1-36 "你"字的 16×16 点阵图

1.4 计算机技术在能源领域的应用

在当今信息时代下,计算机技术正处于迅猛发展的阶段,它正被应用于各行各业,对我们的生产与生活产生了巨大的影响,尤其是在能源领域。我国是能源消耗大国,但能源的利用率还有待提高。节能工作已经成为制约企业降低成本、提高效益的重要环节。把先进的计算机技术应用到能源管理和节能技术中,是经济发展的需要,也是技术进步的需要。我国已将能源系统的智能化发展提升为国家战略,将新一代信息技术与现代能源生产、能源消纳、用户交易深度融合,形成一种具有数字化、信息化、自动化、互动化、智能化、自律控制等功能的全新能源形式,通过对各类能源的开发、利用、相互转换,以及多种形式能源资源的协调配合和优化互补等方面技术的革新,满足系统、安全、清洁和经济要求,建立和完善符合生态文明和可持续发展要求的能源技术和能源制度体系。

目前,在能源领域常用的计算机技术包括以下方面。

机器学习:机器学习理论主要是设计和分析一些让计算机可以主动"学习"的算法。在能源行业,可应用于实现电网工程的可视化,辅助电厂优化电网内部设置等。

自然语言处理:自然语言处理让计算机把输入的语言数据变成有意思的符号和关系,然后进行再处理。在能源行业,自然语言处理可以用于自动获取能源数据,为进一步的情况分析做准备。

大数据技术:大数据技术指对各种来源的大量非结构化或者结构化数据进行分析,利用人工智能从数据中挖掘信息,帮助决策。在能源行业,对电厂的管理与运营是大数据技术的应用之一。

深度学习:深度学习是使用包含复杂结构或由多重非线性变换构成的多个处理层对数据进行高层抽象的算法。在能源行业,利用深度学习优化钻井工艺,可以将生产效率提高20%并减少40%的成本。也可以将深度学习用于处理不完整的油气田地质数据,从而优化勘测模型,推理出更精细的地质构造情况。

计算机视觉:计算机视觉是研究如何使机器实现人眼"看"的功能的技术。计算机视觉中的图像识别在能源行业常应用于资源勘探,根据收集的信息描绘地层结构等。

1.4.1 智慧矿山

智慧矿山,是指基于现代煤矿智能化理念,将物联网、云计算、大数据、人工智能、自动控制、工业互联网、机器人等技术与现代矿山开发深度融合,形成矿山全面感知、实时互联、分析决策、自主学习、动态预测、协同控制的完整智能系统,实现矿井开拓、采掘、运通、分选、安全保障、生态保护、生产管理等全过程的智能化运行,如图 1-37 所示。智慧矿山的核心是利用数字化技术,包括测绘技术、遥感技术、全球定位技术、地理信息系统等,对真实矿产资源的数字化三维数据模型进行再现。

(a)　　　　　　　　　　　(b)

图 1-37　智慧矿山

智慧矿山的八大系统包括:

① 基于北斗系统的精准地质信息系统。煤矿地质信息是一种随着采掘活动在时间与空间上不断发生变化的四维动态资料。随着信息技术、遥感技术、网络技术等数据采集、储存、管理与传输技术的发展,以北斗系统定位导航、地理信息系统(Geographic Information System,GIS)、三维地质建模、虚拟现实等为基础的实时空间-地质信息技术将形成天地一体化的智能信息传感网,从而实现矿山地质信息的实时智能采集、存储与应用。

② 智能矿井通风运输系统。智能矿井通风系统利用现代通信技术、监测监控技术及自动化控制技术进行矿井通风网络及其实施方案的优化以及风量、风速的智能实时控制。智能矿井运输系统能实现对带式输送机的带速、运量、滚筒温度、胶带状态等进行远程集中智能控制。

③ 危险源智能预警和消灾系统。危险源智能预警和消灾系统以风险预警为核心,对不同类型的危险源进行实时在线监测,利用危险源风险指数评价算法对矿井各区域发生灾害的风险性进行实时在线评估,确定风险类型、等级及解决方案。

④ 智能快速掘进系统。实现智能快速掘进是解决采掘接续矛盾、快速形成采准系统和智能化开采的先决条件,智能快速掘进需要解决"掘、行统一""掘、支一体"和"掘、运连续"三大核心难题。

⑤ 机器人化智能开采系统。机器人化智能开采系统采用多工种机器人协同工作,机器人群组的控制、联动及协同是智能开采的核心。通过构建物联网系统,保证采、装、运、支等工序环节各机器人群组自动化运行,实现煤矿无人值守、远程监控、自主决策。

⑥ 矿井全工位设备设施健康智能管理系统。矿井全工位设备设施健康智能管理系统一般由现场监测终端和远程监测中心组成。现场监测终端通过在矿井设备关键部件处布置传感器提取关键特征,并计算给出维护维修提醒与指导建议;远程监测中心对于现场监测的特征数据进行健康评估与诊断,对比特征数据库,模拟设备失效机理,提出维修维护的建议。矿井全工位设备设施健康智能管理系统对于不同设备的精准控制,尤其是对于设备运行过程各项参数的实时记录,不仅能够给予维修人员较多便利,也能为设备的升级、改造、保养提

供充足的数据支持帮助。

⑦ 矿山绿色开发与生态再造系统。矿山绿色开发与生态再造主要是指在煤炭开采过程中,最大限度地开发煤炭资源与伴生资源,并且将煤炭开采对地表生态环境、地下水资源等的影响、破坏降至最低,实现资源效益、生态效益、经济效益和社会效益的协调统一。

⑧ 智能煤矿集中管理系统。智能煤矿集中管理系统是以云计算数据中心为基础,以安全管控平台和四维综合管理平台为核心的智慧煤矿系统,对矿井各个子系统进行有效整合、集中管控,及时处理、指导和调节各生产系统和环节的运行。其主要包括生产计划管理系统、矿山能耗管理系统等。

上述八大系统形成了基于四维多变量的"透明开采"系统,各个运行的子系统在矿井的所有空间剖面和时间剖面上都能够实现信息的相互关联、控制的相互协同,不但能够掌控生产过程的状态,而且可实现对各个系统变化的全要素"透视",进而执行下一步控制策略,真正实现矿山信息化和智能化控制的深度融合。

上述智慧矿山系统需要如下新技术支持:

(1) 基于互联网＋的物联网平台

基于互联网＋的物联网是智慧矿山的信息高速公路,承担大数据的稳定、可靠传输任务,能起到精确、及时上传下达的作用,决定智慧矿山系统整体的稳定性和可靠性。因此,智慧矿山的物联网平台必须具有能精确定位、协同管控、综合管控及与地理信息一体化的特点。

(2) 大数据及人工智能技术

智慧矿山的核心技术之一便是大数据的挖掘与知识发现。大量传感器的应用必将产生海量的数据,数据的规模效应给存储、管理及分析带来了极大的挑战。因此,需要充分利用大数据技术挖掘数据背后的规律和知识,为安全、生产、管理及决策提供及时有效的依据。

人工智能是近年来迅速发展的科技领域之一,它是在大数据的基础上研究、开发用于模拟、延伸和扩展人的智能的理论、方法和技术。深度学习是人工智能的核心,能够实现系统自主更新和升级是其显著特征。智慧矿山要成为一个数字化智慧体就必须有深度学习能力。

未来,在云平台和大数据平台上,融合多源在线监测数据、专家决策知识库进行数据挖掘与知识发现,采用人工智能技术进行计算、模拟仿真及自学习决策,基于 GIS 的空间分析技术实现设备、环境、人员及资源的协调优化,实现开采模式的自动生成和动态更新。

(3) 云计算技术

智慧矿山物联网使得物和物之间建立起连接,伴随着互联网覆盖范围的增大,整个信息网络中的信源和信宿越来越多;信源和信宿数目的增长,必然使网络中的信息越来越多,即在网络中产生大数据;大数据技术广泛而深入的应用将数据所隐含的内在关系更及时、清晰地揭示出来。而这些大数据内在价值的提取、利用则需要超大规模、高可扩展性的云计算技术支撑。高维的智慧矿山模型需要计算能力高且具有弹性的云计算技术。

将上述物联网、大数据及人工智能、云计算技术与生产、安全及保障系统的现有技术装备结合,共同发展和建立智慧矿山的八大系统。

(4) 5G 技术

随着煤矿生产智能化程度的提高,井下无人机、智能 VR(虚拟现实)/AR(增强现实)等设备必将大量应用,以便能够对现场进行及时巡查,对设备故障进行远程会诊,而无论是无人机飞行控制、无人机巡检视频回传,还是 VR/AR 智能远程设备故障诊断与维修,不仅需要极大地消耗网络带宽资源,更需要快速的信息反馈和实时的状态控制。具有高速率、低时延和广连接特点的 5G 技术,在智慧矿山系统中具有广阔的应用前景。

（5）VR/AR 技术

VR 与 AR 是能够彻底颠覆传统人机交互方式的变革性技术,在矿山的应用可期。其应用可分为 3 个阶段:

① 主要用于三维建模和虚拟展示,如现在的裸眼 3D 等技术,其基本需求为 20 Mb/s 带宽＋50 ms 时延,现有的 4G＋Wi-Fi 基本可以满足要求。

② 主要用于互动模拟和可视化设计等,如多人井下培训系统,其基本需求为 40 Mb/s 带宽＋20 ms 时延,Pre5G 基本可以满足要求。

③ 主要用于混合现实、云端实时渲染和虚实融合操控,如虚拟开采、协同运维等,其基本需求为 100 Mb/s～10 Gb/s 带宽＋2 ms 时延,需 5G 或更先进技术才可满足要求。

1.4.2　能源互联网

能源互联网可理解为综合运用先进的电力电子技术、信息技术和智能管理技术,将大量由分布式能量采集装置、分布式能量储存装置和各种类型负载构成的新型电力网络、石油网络、天然气网络等能源节点互联起来,以实现能量双向流动的能量对等交换与共享网络,如图 1-38 所示。

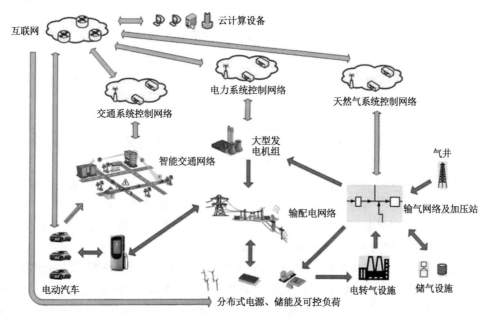

图 1-38　能源互联网

2016 年,由国家发展改革委、国家能源局、工业和信息化部联合制定的《关于推进"互联网＋"智慧能源发展的指导意见》提出,能源互联网建设近中期将分为两个阶段推进,先期开展试点示范,后续进行推广应用,并明确了 10 大重点任务。

① 推动建设智能化能源生产消费基础设施。鼓励建设智能风电场、智能光伏电站等设施及基于互联网的智慧运行云平台,实现可再生能源的智能化生产;鼓励煤、油、气开采加工

及利用全链条智能化改造,实现化石能源绿色、清洁和高效生产;鼓励建设以智能终端和能源灵活交易为主要特征的智能家居、智能楼宇、智能小区和智能工厂。

② 加强多能协同综合能源网络建设。推动不同能源网络接口设施的标准化、模块化建设,支持各种能源生产、消费设施的"即插即用"与"双向传输",大幅提升可再生能源、分布式能源及多元化负荷的接纳能力。

③ 推动能源与信息通信基础设施深度融合。促进智能终端及接入设施的普及应用,促进水、气、热、电的远程自动集采集抄,实现多表合一。

④ 营造开放共享的能源互联网生态体系。培育售电商、综合能源运营商和第三方增值服务供应商等新型市场主体。

⑤ 发展储能和电动汽车应用新模式。积极开展电动汽车智能充放电业务,探索电动汽车利用互联网平台参与能源直接交易、电力需求响应等新模式;充分利用风能、太阳能等可再生能源资源,在城市、景区、高速公路等区域因地制宜建设新能源充放电站等基础设施,提供电动汽车充放电、换电等业务。

⑥ 发展智慧用能新模式。建设面向智能家居、智能楼宇、智能小区、智能工厂的能源综合服务中心;通过实时交易引导能源的生产消费行为,实现分布式能源生产、消费一体化。

⑦ 培育绿色能源灵活交易市场模式。建设基于互联网的绿色能源灵活交易平台,支持风电、光伏、水电等绿色低碳能源与电力用户之间实现直接交易;构建可再生能源实时补贴结算机制。

⑧ 发展能源大数据服务应用。实施能源领域的国家大数据战略,拓展能源大数据采集范围。

⑨ 推动能源互联网的关键技术攻关。支持直流电网、先进储能、能源转换、需求侧管理等关键技术、产品及设备的研发和应用。

⑩ 建设国际领先的能源互联网标准体系。

构建全球能源互联网需要在电源、电网、储能和信息通信等领域全面推动技术创新,从而提供技术支撑和保障。其重点技术创新领域包括:

电源技术:重点创新领域包括风电、太阳能发电、海洋能发电、分布式发电等清洁能源发电技术。其中,风电技术向着大型化、低风速、适应极端气候条件、深海风电,以及风功率精确预测、电网友好型风电场方向发展。太阳能发电技术主要研发高转化效率光伏材料;光伏电站并网控制技术向着更可控、更智能方向发展。

电网技术:进一步研究超远距离、超大容量输电技术,特高压电网将成为全球能源互联的骨干网架。重点研究交流特高压、直流特高压、海底电缆、超导输电、微电网、大电网运行控制等技术,未来电网形态、构建方式、运行控制等,以及恶劣环境条件下的电网建设、安装、运维等技术。

储能技术:提高储能装置的经济性和容量水平是未来储能技术创新、实现商业化应用的关键。提高功率密度与能量密度、储能和可再生能源联合运行技术是储能技术创新的重点。

信息通信技术:先进的信息通信技术是全球能源互联网安全高效运行的重要保障。全球能源互联网对应用信息通信技术,更好地适应未来电网形态变化、能源流和信息流双向流动等新趋势,实现电力调度运行、管理与决策和电力市场交易智能化,提出更高的技术创新要求。

1.4.3　能源数字化

近年来,移动互联网、大数据、云计算、物联网等数字信息技术日益融入能源产业,从世界范围看,世界各国能源企业纷纷开启数字化转型之路,能源数字化将重塑能源新业态,成为经济社会发展的新动力。

(1) 区块链技术应用

随着比特币的出现,区块链技术开始被人们知晓。区块链技术作为一种新的分布式数据库技术,可增加能源互联网中多利益主体的相互信任,其去中心化、公开、透明等特性与能源互联网的理念相符,并且在能源领域获得了越来越多的关注。区块链在能源领域的应用,目前主要集中在分布式能源系统与能源交易平台建设、电动汽车充电、碳追踪、智能设备连接和能源生产来源证书等方面。

① 促进分布式能源直接交易

分布式被视为区块链技术在能源行业最具前景的应用方向。现有的集中式多级管理能源系统不仅复杂,而且消耗资金。而区块链技术可以将能源生产商和能源消费者(首先是电力生产商和电力消费者)直接联系起来,从而简化各方的相互关系和相互影响。预计在这种新型的能源系统中,小型分布式电源(通常是指可再生能源的分布式电源)生产的电力将直接通过微电网供应给终端电力用户。利用区块链技术,发电量和用电量将通过智能电表计量,交易业务和支付业务将通过智能合约的控制以数字货币的形式实现。如此一来,电力公司或代理商将无须参与其中。能源大宗商品交易和分布式能源电力交易(P2P 交易)是目前区块链技术在能源行业的主要应用场景,尤其是分布式光伏发电,由于其电压等级较低无法远距离传输,而通过区块链技术可以实现用户和发电者之间的点对点交易。

② 优化能源大宗商品交易流程

能源产品交易可以作为信息打包成为区块,区块内的电力、油气交易基于共同的市场机制完成。数字化贯穿整个能源价值链,目前已有越来越多的大型能源公司和大宗商品交易商纷纷进军区块链领域。以石油交易为例,石油交易长期以来主要通过生产商、供应商、承包商、分包商、炼油商和零售商进行,追踪原油的实时转移基本无法实现。引入区块链技术不仅能够帮助企业实现前所未有的高效率,也能降低交易成本和风险。

③ 便利电动汽车充电与共享

在绿色、低碳、节能交通的背景下,越来越多的购车消费者选择电动汽车。但目前在电动汽车的即时充电应用场景中,面临着多家充电公司支付协议复杂、支付方式不统一、充电桩相对稀缺、充电费用计量不精准等问题。区块链技术为解决这些问题提供了方案。将其用于充电站运营平台,有利于改善电动汽车充电的不便之处,对充电基础设施进行有效管理,强化安保系统,促进共享电池和共享能量的共同作用。

④ 促进智能设备连接和智能化调控

运用区块链技术,可以实现智能化调控,智能设备与互联网信息可以由区块链连接在一起。当前,部分地区现有电力设施存在安全隐患和电能浪费现象,尤其一些偏远地区停电是常事。利用区块链智能合约搭建新的电网成为可行的解决方案,目前一些初创企业正在尝试和应用这一技术,如美国 LO3 公司开发的基于微电网、邻居间在区块链上的电能交易系统。此外,区块链技术还能够使公司建立一个生产者的等级制度并使能源分配过程自动化,如追踪可再生能源,该技术通过消除中间商帮助行业提高透明度,降低运营成本。

⑤ 支持气候行动,改进碳排放交易

对于气候行动,区块链技术能够改进碳排放权交易、促进清洁能源交易,如跟踪和报告温室气体排放量和避免重复计算、开发点对点的可再生能源交易平台等。在全球气候金融创新领域,消费者可以用代表一定数量的能源生产的代币或可交易的数字资产相互购买、销售或交换可再生能源。区块链技术还可以加强气候融资流动,如帮助发展众筹和 P2P 金融交易,以支持气候行动,同时确保融资以透明的方式分配给项目。

(2) 大数据与人工智能技术应用

近年来,人工智能技术应用于生产、生活的各个场景,人工智能＋家居、人工智能＋医疗、人工智能＋教育等随处可见。而智能化离不开大数据的支撑,在"大数据时代",数据将成为最有价值的资源。能源行业未来的发展主要在于优化和预测。人工智能在能源领域可以进行需求管理,通过对大量消费数据进行分析,了解消费者的习惯、价值观、动机和个性,预测消费行为,制定更有效的策略。对于能源企业来说,人工智能基于海量大数据分析可以为行业提供有价值的技术、经验和指导信息,大幅度提高能源利用效率和降低成本,从根本上提升行业竞争力。

① 石油勘探开发领域

人工智能是传统能源行业的重要技术领域,石油勘探开发自然也受到了这一波新技术革命浪潮的影响。利用由人工智能支持的传感器和物联网实时处理收集的数据,以及进行系统控制,可以降低现场作业的运营成本。一旦人工智能在石油领域应用成熟,将解禁地球上大量在过去无法开采的油气田。一些开采成本较高的油气田,也有望实现开采成本的大幅下降。

② 智能电网领域

电网的能量来源通常有很多,除了传统的发电以外,还有来自风能、太阳能等可再生能源的能量供应,这使得电网系统的运营过程变得更加复杂。借助人工智能技术实现智能电网的升级,从而使电网具有更高级、更深层的人工智能;对大规模数据集的分析,促使这个多源收集的过程更加稳定和高效。未来,人工智能将成为智能电网的大脑,通过接入数以百万计的传感器数据,可对电力进行实时分配、分析和决策,从而使能源分配与使用效率实现最大化。

③ 故障监测领域

2017 年 11 月,印度北部的一座燃煤电厂发生爆炸,原因是煤气管道堵塞导致锅炉爆炸。事故的原因是没有对设备进行经常性的检查,而且世界上许多地方都没有严格的监管规定,因此设备故障是很常见的。利用人工智能技术和传感器监测每一个设备的运营情况,结合以往机器出现的故障数据,可以更好地分析和决定应该在何时更换零部件,从而节约成本。美国通用电气公司利用数据分析和人工智能技术,使用无人机和机器人"爬虫"对炼油厂、工厂、铁路以及其他工业设施实施检测工作。在测试中,无人机和机器人能够在偏远区域或危险设施周围和内部移动,同时拍摄腐蚀环境或获取温度、振动等参数,这些数据将通过计算机算法和人工智能进行分析。

④ 预测和管理领域

人工智能在能源领域可以进行能源流的预测和管理,通过建立预测模型,收集大量有关天气、环境、大气条件以及新能源电站和电网运行情况的数据,解决能源流的预测和管理问题,确保供需始终处于均衡状态,以便实时匹配空间和时间的需求变化。比如太阳能和风能等可再生能源对天气状况有非常高的依赖度,因此,有效的天气预报是可再生能源生产中不可或缺的重要部分。

⑤ 生产运营和能耗管理领域

人工智能技术在能源行业的应用可大大提高能源行业的建设、运行、管理等水平,包括提升企业的用能管理效率,促进电厂实现生产运营管理的智能化等。

（3）物联网技术应用

物联网已经对能源行业产生了影响,其影响力还将继续增长。通过对智能电网的投资和对物联网的充分利用,我们将能够充分利用太阳能和风能等可再生能源技术,创造更加美好的未来。当前物联网在能源行业的应用主要集中在智能电网、智能家居、智慧建筑、智慧能源环保等方面。

① 提高能效

能源效率在很大程度上取决于能源使用高峰时间。对于工业企业来说,效率尤为重要,因为以更低的成本生产更多的产品,意味着更高的利润。利用物联网技术能够使个人和企业的能源使用量大幅降低,通过传感器可以监控照明、温度、能源使用情况等数据,并通过智能算法处理数据而实现实时管理。

② 智能家居和智能能源管理系统

随着人们生活水平不断提高和科技发展,家庭智能化已经成为一种全新的发展趋势。在智能家居中融入物联网技术可促使家居具有智慧功能,这些高科技家庭自动化系统自备感应功能,在数字化屏幕上清晰显示节能方案、账单等信息,可实现人对家居的实时控制。

③ 智能电表

智能电表是物联网流行的应用之一,可以实现远程抄表、监测,提升利用效率,减少能源损耗等。智能电表在智能电网发展和未来能源管理方面具有重要作用。

国际上能源数字化在多种场景下的前沿应用充分表明,数字化技术与能源产业相互渗透、深度融合,能源数字化应用越来越广泛,改变着能源生产、输送、交易、消费和组织管理等模式。国际能源企业正顺应能源数字化革命的大势,积极关注、研究和利用大数据、云计算、物联网、人工智能、区块链等新技术,并将这些技术进行组合应用于不同的场景,驱动自身转型升级和可持续发展。

从应用的细分领域看,目前数字化技术在油气勘探开发领域应用和创新较多,在中间贸易环节的应用正在起步,在下游环节的应用有限;在电力领域电网侧应用相对多,厂站侧应用相对尚少。随着分布式能源的发展,能源企业用数字化技术连接、智能管理分布式能源生产和消费单元,并促进交易的应用日益广泛。

在国内,能源行业已普遍高度关注能源数字化。油气勘探开发、智能电网、智慧电厂、电动汽车车联网以及原油贸易等领域均不同程度地应用数字化技术,并着手相关战略布局,但总体上尚在探索阶段,缺乏良好的商业示范。能源企业需要更加积极地拥抱数字化,认真吸收国外前沿应用经验,结合自身发展阶段、市场定位、比较优势等特点,找到适宜的数字化路径和着力重点。同时,能源主管部门需要提前研究数字化对制度设计、体制机制和监管等方面的可能影响,努力用新技术手段破解一些政策制定和监管中的困局,并有效推动国内能源数字化的发展。

习　题

一、单项选择题

1. 现代微型计算机中所采用的电子器件是_____。

A. 电子管　　　　　　　　　　　B. 晶体管

C. 小规模集成电路　　　　　　　D. 大规模和超大规模集成电路

2. 打印机在打印汉字时,系统使用的是汉字的_____。

A. 字形码　　　B. 机内码　　　C. 国标码　　　D. ASCII 码

3. 1946 年,世界上第一台计算机研制成功,该计算机的英文缩写名是_____。

A. EDVAC　　　B. ENIAC　　　C. ENACE　　　D. MARK-I

4. 在以下手机常用软件中属于系统软件的是_____。

A. QQ　　　　　B. 微信　　　　C. Android　　　D. 交警 12123

5. 计算机指令主要存放在_____中。

A. CPU　　　　　B. 内存　　　　C. 硬盘　　　　D. 键盘

6. 冯·诺依曼研制 EDVAC 计算机时,提出的两大重要改进意见是_____。

A. 引入 CPU 和内存储器的概念　　B. 采用二进制和存储程序控制的概念

C. 采用 ASCII 编码系统　　　　　D. 采用机器语言和十六进制

7. 已知某汉字的国标码是 4D72 H,则其机内码是_____。

A. 6D72 H　　　B. 4D72 H　　　C. 6DF2 H　　　D. CDF2 H

8. 下列说法中,错误的是_____。

A. 计算机系统由硬件系统和软件系统组成

B. CPU 主要由运算器和控制器组成

C. 计算机主机由 CPU 和内存储器组成

D. 计算机软件由各类应用软件组成

9. 下列设备组中,完全属于计算机输出设备的一组是_____。

A. 打印机,绘图仪,显示器　　　　B. 键盘,摄像头,扫描仪

C. 3D 打印机,显示器,键盘　　　　D. 激光打印机,条码阅读器,鼠标

10. 在下列字符中,其 ASCII 码值最小的一个是_____。

A. 空格字符　　　B. 0　　　　　C. a　　　　　D. A

11. ROM 中的信息_____。

A. 由计算机制造厂预先写入　　　B. 由程序临时存入

C. 在系统安装时写入　　　　　　D. 根据用户的需求,由用户随时写入

12. 十进制整数 243 转换为二进制整数等于_____。

A. 1011000　　B. 11110011　　C. 11010011　　D. 10111011

13. 已知英文字母 D 的 ASCII 码值为 44 H,那么字母 g 的 ASCII 码值是_____。

A. 47 H　　　　B. 14 H　　　　C. 67 H　　　　D. 76 H

14. 已知某计算机的内存储器容量是 8 GB,硬盘容量为 2 TB。硬盘的容量是内存容量的_____。

A. 20 倍　　　　　　B. 80 倍　　　　　　C. 256 倍　　　　　　D. 512 倍

15. 控制器的功能是_____。

A. 控制数据的输入和输出

B. 指挥、协调计算机各相关硬件和软件工作

C. 指挥、协调计算机各相关硬件工作

D. 指挥、协调计算机各相关软件工作

16. 当电源关闭后,下列关于存储器的说法中,正确的是_____。

A. 存储在 ROM 中的数据不会丢失　　　B. 存储在 RAM 中的数据不会丢失

C. 存储在 U 盘中的数据全部丢失　　　　D. 存储在硬盘中的数据全部丢失

二、填空题

1. 第二代计算机逻辑元件采用的是_____。

2. 计算机硬件系统主要由_____、控制器、存储器、输入设备和输出设备组成。

3. 计算机软件分为_____和应用软件。

4. 计算机所使用的 I/O 接口分为多种类型,从数据传输方式来看分为_____接口和并行接口。

5. CPU 主要由_____、控制器和寄存器等组成。

6. CPU 与存储器之间在速度的匹配方面存在着矛盾,一般采用多级存储系统层次结构来解决或缓解矛盾。按速度的快慢排列,它们是高速缓存、内存、_____。

7. 信息处理的主要功能是对各种_____进行采集、存储、组织、加工、提取和传输等操作。

8. $(213)_{10} = ($_____$)_2 = ($_____$)_{16} = ($_____$)_8$。

9. 已知某进制的运算满足 $3 \times 5 = 23$,则该进制的 32 表示的十进制数为_____。

10. 标准 ASCII 码使用_____位二进制代码。

三、简答题

1. 简述信息社会的特征。

2. 简述数据和信息的区别。

3. 简述计算机二进制编码的优点。

4. 给定一个二进制数,怎样能够快速判断出其十进制等值数是奇数还是偶数?

5. 浮点数在计算机中是如何表示的?

6. 假定某台计算机的机器数占 8 位,试写出十进制数 -67 的原码、反码和补码。

7. 如果 n 位能够表示 2^n 个不同的数,那么为什么最大的无符号数是 $2^n - 1$,而不是 2^n?

8. 如果一个有符号数占有 n 位,那么它的最大值是多少?

9. 什么是 ASCII 码?"D""d""3"和"空格"的 ASCII 码值是多少?

10. 简述汉字区位码、国标码和内码之间的关系。

第 2 章 操作系统基础

内容与要求：

本章主要介绍了操作系统的概念、分类、发展、组成和功能等基本知识。在此基础上，重点介绍了常见的操作系统以及国产操作系统。需要强调的是，在掌握基本概念的基础上，只有通过大量的上机实践才能真正掌握计算机操作系统的功能。

通过本章的学习，学生应了解操作系统的发展历史；理解操作系统的基本概念、分类和组成；掌握操作系统的基本功能；了解常见的操作系统，以及它们的特点；了解发展国产操作系统的重要性及国产操作系统的发展趋势；培养爱国情怀、勤奋刻苦精神，增强科技强国意识等。

知识体系结构图：

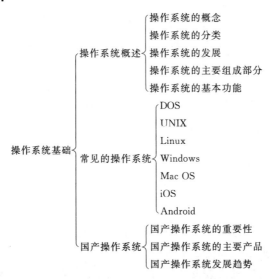

2.1 操作系统概述

计算机系统由硬件系统和软件系统两大部分组成。计算机的软件分为系统软件和应用软件两大类，其中，操作系统是计算机系统中不可缺少的重要的系统软件。无论计算机技术如何纷繁多变，为计算机系统提供基础支撑始终是操作系统永恒的主题。纵使计算机技术经历了几十年的巨变，操作系统始终是其华美乐章中多彩的主旋律。

本节主要介绍了操作系统的概念、分类、发展、主要组成部分和基本功能等基础知识，以期大家对操作系统有一个初步的了解，为后续内容的学习奠定基础。

2.1.1 操作系统的概念

操作系统是计算机系统中的一种软件,是具有特定功能的程序模块的集合,能有效管理软硬件资源,合理组织工作流程,向用户提供服务,使用户方便地使用计算机,使整个计算机系统能高效地运行。

操作系统
的概念、分
类及发展

计算机操作系统位于计算机硬件和用户之间,如图 2-1 所示。一方面,它采用科学合理的方法使用户方便地管理和使用计算机的各种资源,最大限度地提高资源利用率;另一方面,它为用户提供一个良好的使用计算机的环境,将裸机变成一台功能强、服务质量高、使用灵活、安全可靠的智能机。目前比较常用的操作系统有 Windows 操作系统、Linux 操作系统和 UNIX 操作系统,其中使用最为广泛的是 Windows 系列的操作系统。

图 2-1 操作系统所处位置示意

2.1.2 操作系统的分类

经过了多年的发展,操作系统种类繁多,功能也相差很大,已经能够适应不同的应用和不同的硬件配置。操作系统有以下不同的分类标准。

(1) 按与用户对话的界面分类

按与用户对话的界面,可将操作系统分为命令行界面操作系统和图形用户界面(Graphical User Interface,GUI)操作系统。例如,DOS 就是典型的命令行界面操作系统,Windows 是图形用户界面操作系统。

(2) 按应用领域分类

按应用领域,可将操作系统分为桌面操作系统、服务器操作系统、嵌入式操作系统。

桌面操作系统,又称客户端操作系统或个人操作系统,是专为单用户微机设计的。

服务器操作系统又称为网络操作系统,是专门为网络中作为服务器的计算机设计的。

嵌入式操作系统是一种支持嵌入式系统应用的操作系统软件。它把操作系统嵌入电子设备,以控制设备的运转。比如,全自动洗衣机的控制面板就是这样一个例子。由于基于硬件的不同,嵌入式操作系统与计算机操作系统有着明显的区别。与计算机操作系统相比,嵌入式操作系统在系统的实用性、硬件的相关依赖性、软件的固化以及专用性方面具有突出的特点。

嵌入式操作系统一般可以分为两类：一类是面向控制、通信等领域的实时操作系统；另一类是面向消费电子产品的非实时操作系统，包括个人数字助理（Personal Digital Assistant，PDA）、移动电话、机顶盒等。

（3）按系统的功能分类

按系统的功能，可将操作系统分为批处理系统、分时系统、实时系统三类。

（4）按存储器寻址宽度分类

按存储器寻址宽度，可将操作系统分为 8 位、16 位、32 位、64 位、128 位的操作系统。早期的操作系统一般只支持 8 位和 16 位存储器寻址宽度，现代的操作系统如 Linux 和 Windows 10 都支持 32 位和 64 位存储器寻址宽度。

（5）按源码开放程度分类

按源码开放程度，可将操作系统分为开源操作系统（如 Linux、FreeBSD）和闭源操作系统（如 Mac OS X、Windows）。

2.1.3　操作系统的发展

操作系统并不是与计算机硬件一起诞生的，它是在人们使用计算机的过程中逐步地形成和完善起来的。操作系统的发展可以简单地分为以下几个阶段。

2.1.3.1　手工操作

20 世纪 50 年代中期以前，没有操作系统，计算机工作采用手工操作方式。

程序员先将应用程序和数据的已穿孔的纸带（或卡片）装入输入机，然后启动输入机把程序和数据输入计算机内存，接着通过控制台开关启动程序运行数据；计算完毕，打印机输出计算结果；用户取走结果并卸下纸带（或卡片）后，才让下一个用户上机。

2.1.3.2　批处理操作系统

20 世纪 50 年代后期，手工操作的慢速度和计算机的高速度之间形成了尖锐矛盾，手工操作方式已严重损害了系统资源的利用率（使资源利用率降为百分之几，甚至更低）。为了摆脱手工操作，实现作业的自动过渡，人们研制了批处理操作系统（简称批处理系统）。

批处理系统也称为作业处理系统。在批处理系统中，用户将作业（包括程序、数据和命令）交给系统操作员，系统操作员将多个用户的作业成批地装入计算机，在系统中形成一个自动转接的连续的作业流，然后启动操作系统，由操作系统自动、依次执行每个作业。操作系统在计算机中某个特定区域（一般称为"输入井"）将作业组织好并按一定的算法选择其中的一个或几个作业，将其调入内存并运行。运行结束后，把结果放入"输出井"，经计算机统一输出后，由系统操作员将作业结果交给用户。

批处理操作系统的特点是多道和成批处理，保证系统有较高的吞吐能力，资源利用率高，用户不能直接干预作业的执行。

2.1.3.3　分时操作系统

所谓"分时"，是指在不同的时间间隔内，不同设备可以访问（共享）同一个其他设备。如果说推动批处理操作系统形成和发展的主要动力是提高资源利用率和系统吞吐量，那么，推动分时操作系统（简称分时系统）形成和发展的主要动力则是用户的需要。

分时系统通常采用时间片轮转策略为用户服务，允许多个用户同时使用一台计算机；不同用户通过各自的终端以交互方式使用计算机,共享主机的各种软、硬件资源。

分时系统的主要特点是:

(1) 同时性

同时性也称为多路性。若干用户同时与一台计算机相连,宏观上看各个用户在同时使用计算机,他们是并行的;微观上看各个用户在轮流使用计算机。

(2) 交互性

用户通过终端设备(如键盘、鼠标)向系统发出请求,并根据系统的响应结果再向系统发出请求,直至得到满意的结果。这种“你问,我答”式的人机交互方式是分时系统的显著特征,所以分时系统也称为交互式系统。

(3) 独立性

每个用户使用各自的终端与系统交互,彼此独立、互不干扰。从用户角度来说,好像独占整个计算机,其他用户根本就不存在。

(4) 及时性

及时性是指用户向系统发出请求后,应该在较短的时间内得到响应。这里响应时间是衡量分时系统性能的重要指标之一。所谓“响应时间”是指从用户发出命令到系统给予反应所经历的时间。该时间间隔的大小由用户所能接受的等待时间确定。影响响应时间的因素很多,主要有系统开销、用户数目、时间片的大小,以及系统和用户之间交换的数据量的多少等。

分时系统的出现提高了系统资源的利用率,减少了系统维护人员,节省了开支,促进了计算机的普及,显著地提高了研究、检查和调试程序的效率。

2.1.3.4　实时操作系统

实时操作系统(简称实时系统)是指使计算机能及时响应外部事件的请求,在规定的严格时间内完成对该事件的处理,并控制所有实时设备和实时任务协调一致工作的系统。实时系统要追求的目标是对外部请求在严格的时间范围内作出反应,具有高可靠性和完整性。

实时系统的主要特点是响应及时、处理快速、可靠性和安全性高。

实时系统在设计时力求简单而实用。一般的实时系统都拥有高精度的实时时钟;具有快速的中断响应和中断处理能力;支持多道程序设计,任务调度算法简单、实用,数据结构简洁、明了,任务切换速度快,能够处理时间驱动的任务(周期性任务)和事件驱动的任务;具有较强的系统再生能力。

在实时系统之前,虽然批处理系统和分时系统已获得较为令人满意的资源利用率和响应时间,从而使计算机的应用范围日益扩大,但它们仍然不能满足实时控制和实时信息处理方面的需求。而实时系统的出现满足了这两个方面的要求。根据具体应用领域的不同,可以将实时系统分成两类:实时控制系统(如导弹发射系统、飞机自动导航系统)和实时信息处理系统(如机票订购系统、联机检索系统)。

2.1.3.5　通用操作系统

通用操作系统可以同时兼有多道批处理、分时处理、实时处理的功能,或其中两种功能。

从 20 世纪 60 年代中期开始,国际上开始研制一些大型的通用操作系统,这些系统试图达到功能齐全、可适应各种应用范围和操作方式变化多端的环境的目标。

UNIX 操作系统是一个通用的多用户分时交互型的操作系统。它建立的是一个精干的核心,其功能却足以与许多大型的操作系统相媲美。在核心层以外,可以支持庞大的软件系统。UNIX 操作系统很快得到应用和推广,并不断完善,对现代操作系统有着重大的影响。

2.1.3.6 网络操作系统

网络操作系统是在各种计算机操作系统上,按网络体系结构协议标准开发,实现网络管理、通信、资源共享、系统安全和多种网络应用服务的操作系统。

在网络操作系统的支持下,可以实现网络中的各台计算机相互通信和共享资源,协调各主机上任务的运行,并向用户提供统一的、有效的网络接口。

2.1.3.7 分布式操作系统

分布式操作系统是通过通信网络将物理上分散且具有自制能力的计算机系统互联起来,实现信息和资源共享,管理分布式系统资源,协作完成任务的操作系统。

在分布式操作系统支持下,互联的计算机可以互相协调工作,共同完成一项任务;能直接对系统中各类资源进行动态分配和调度、任务划分、信息传输协调工作,并为用户提供一个统一的界面和标准的接口,用户通过这一界面实现所需要的操作以及使用系统资源,使系统中若干台计算机相互协作完成共同的任务,有效地控制和协调诸任务的并行执行,并向系统提供统一的、有效的接口软件集合。执行分布式操作是网络操作系统的更高级形式,它保持网络操作系统所拥有的全部功能,同时又具有透明性、可靠性和高性能。分布式操作系统除了需要包括单机操作系统的主要功能外,还应该包括分布式进程通信、分布式文件系统、分布式进程迁移、分布式进程同步和分布式进程死锁等功能。

2.1.3.8 个人计算机操作系统

个人计算机操作系统是联机交互的单用户操作系统,它提供的联机交互功能与通用分时系统提供的功能很相似。

由于是个人专用的,个人计算机操作系统的一些功能会简单得多。然而,由于个人计算机的应用普及,更方便友好的用户接口和具有丰富功能的文件系统的需求会越来越迫切。

2.1.3.9 智能手机操作系统

智能手机操作系统运行在高端智能手机上。智能手机具有独立的操作系统以及良好的用户界面,有很强的应用扩展性,能方便随意地安装和删除应用程序。目前常用的智能手机操作系统有 Android、iOS 和 HarmonyOS。

2.1.4 操作系统的主要组成部分

操作系统的主要组成部分及基本功能

典型的操作系统主要由以下四部分组成。

(1)内核

内核是操作系统最核心的部分,通常运行在最高特权级,负责提供基础性、结构性的功能。

(2)驱动程序

驱动程序是最底层的、直接控制和监视各类硬件的部分。它们的功能是隐藏硬件的具体细节,并向其他部分提供一个抽象的、通用的接口。

（3）支撑库（亦称接口库）

支撑库是一系列特殊的程序库，是最靠近应用程序的部分。它们的功能是把系统提供的基本服务包装成应用程序所能够使用的应用程序接口（Application Programming Interface，API）。

（4）外围

外围是指操作系统中除以上三部分以外的其他部分，通常是用于提供特定高级服务的部件。

2.1.5 操作系统的基本功能

操作系统作为计算机系统的管理者，它的主要功能是对系统所有的软硬件资源进行合理而有效的管理和调度，提高计算机系统的整体性能。

一般而言，引入操作系统有两个目的：

第一，从用户角度来看，操作系统将裸机改造成一台功能更强、服务质量更高、用户使用起来更加灵活方便、更加安全可靠的虚拟机，使用户无须了解更多有关硬件和软件的细节就能使用计算机，从而提高用户的工作效率。

第二，为了合理地使用系统包含的各种软硬件资源，提高整个系统的使用效率。具体地说，操作系统具有处理机管理、存储管理、设备管理、文件系统（信息管理）和作业管理等功能。

2.1.5.1 处理机管理

处理机管理也称进程管理，其功能是对 CPU 进行管理。进程是一个动态的过程，是执行起来的程序，是系统进行资源调度和分配的独立单位。把存放在磁盘上的程序看作处于静止状态，当程序被选中进入内存后，它就成为进程。

现代操作系统支持多任务处理，能够对多个进程进行管理。成为进程的程序已经被调入内存，但 CPU 在某一个时间段只能执行一个进程，那么其他进程就必须处于等待状态。在一般情况下，CPU 给每个进程分配时间片并轮流去执行它们。在多数情况下，如果有两个及以上进程处于"就绪"状态，要决定哪一个进程被 CPU 执行，就需要进行选择。一种算法是给每个进程设定优先级，CPU 响应优先级高的进程，在同级别的情况下顺序执行；另一种算法是使 CPU 和外设同时处于"忙"的状态，尽可能使系统"并行"，以提高系统的效率。

进程在其生存周期内，由于受资源制约，其执行过程是间断的，因此进程状态是不断变化的。一般来说，进程有三种基本状态，如图 2-2 所示。

① 就绪状态。进程已经获取了除 CPU 之外所必需的一切资源，一旦分配到 CPU，就可以立即执行

② 运行状态。进程获得了 CPU 及其他一切所需的资源，正在运行。

③ 等待状态。由于某种资源得不到满足，进程运行受阻，处于暂停状态，等待分配到所需资源后再投入运行。

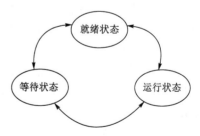

图 2-2 进程的三种基本状态

进程管理的另一个主要问题是同步，要保证不同的进程使用不同的资源。如果某个进程占有另一个进程需要的资源而同时请求对方的资源，并且在得到所需资源前不释放其已占有的资源，就会导致死锁发生。现代操作系统尽管在设计上已经考虑防止死锁的发生，但并不能完全避免。发生死锁会导致系统处于无效的等待状态，因此必须终止其中的一个进程。例如，在 Windows 中，用户可以使用"任务管理器"终止没有响应（即无效）的进程。

操作系统对进程的管理针对进程从"创生"到"消亡"整个生存周期的所有活动，包括创建进程、转变进程的状态、执行进程和撤销进程等操作。

进程管理是操作系统的核心部分，它的管理方法决定整个系统的运行能力和质量，代表操作系统设计者的设计观念。

2.1.5.2 存储管理

存储管理的主要功能是管理内存资源。由于多道程序共享内存资源，需要合理地为它们分配内存空间，将程序地址空间快速正确地映射到物理地址空间，并保证用户的程序和数据能够相互隔离、互不干扰。随着用户程序的不断增多，内存资源常常不足，所以需要解决内存扩充的问题。具体来说，操作系统的存储管理主要体现在以下四个方面。

（1）虚拟内存

所谓虚拟内存，是指在计算机系统中，操作系统使用硬盘空间模拟内存，为用户提供一个比实际内存大得多的内存空间。在系统的运行过程中，部分进程保留在内存中，其他暂时不在 CPU 中运行的进程放在外存中，操作系统根据需要负责内、外存之间的交换。例如，虚拟内存技术会把一个需要 400 KB 存储空间的程序分成 10 页存储，每页存储能力为 40 KB。当计算机执行程序时，只把某些页存储在实际的 RAM 中；当需要其他页的内容时，计算机会从虚拟内存中找到这些页，然后改写那些不再需要的内存页。这个过程称为页面调度。

虽然虚拟内存技术允许计算机系统在有限内存的情况下仍可正常运行，但 CPU 会浪费大量的时间来进行 RAM 内、外存储页的交换，从而使整个计算机的工作效率降低。

（2）存储器分配

存储器分配是存储管理的重要部分。这是因为：第一，任何时候，存储器都是被多个进程共享的。进程创建时，需要分配存储器；进程消亡时，需要释放包括存储器在内的所有资源。第二，在运行过程中，进程需要的存储空间会随时变化。第三，有些进程放在内存中，有些进程放在外存中。进程需要在内、外存之间调进调出，涉及内、外存的分配与释放问题。第四，为了充分利用存储器，系统有时需要在存储器中移动进程。

（3）地址的转换

编写程序时，程序员无法知道程序将要放在内存空间的哪个地址上运行。程序中使用的是逻辑地址，而不是真实的物理地址。当程序调入内存时，操作系统将程序中的逻辑地址变换成存储空间中的物理地址。

（4）信息的保护

由于内存中有多个进程，为了防止一个进程的存储空间被其他进程破坏，操作系统要采取软、硬件结合的保护措施。不管采用什么方式进行存储分配和地址转换，在操作数地址被计算出来以后，都先要检查它是否在该程序分配到的存储空间之内。如果是，则允许访问这个地址；否则拒绝访问，并将出错信息通知用户和系统。

2.1.5.3　设备管理

由于计算机技术的不断发展，计算机的应用领域越来越广泛，与用户的界面越来越友好。随着外部设备的种类日益增多，功能不断提高，操作系统的设备管理模块的功能也必须跟上外部设备的发展。

设备管理的主要功能是按一定的策略为进程分配外设、启动外设进行数据传送。当用户要求某种设备时，应马上分配给用户所要求的设备，并按用户要求驱动外部设备以供用户使用，使用户不必了解设备以及接口的技术细节就可以方便地对设备进行操作。同时，对外部设备的中断请求，设备管理模块要及时给以响应并处理。在弥补 CPU 和外部设备速度的差异及提高 CPU 和外部设备之间的并行能力方面，系统采用了中断技术、通道技术、缓冲技术和虚拟设备技术等，为用户提供了功能强大、界面友好的设备使用方法。

2.1.5.4　文件系统

计算机系统中大量信息（数据）都是以文件形式保存在外存储器上的。因此，操作系统必须向用户提供数据存储、数据处理、数据管理的基本功能，使用户能快速、有效、合理地存取这些数据。

在计算机中，文件是一组相关信息的有序集合。所有的程序和数据都以文件的形式存放在计算机的外存（比如磁盘）中。根据其用途，可将文件分为程序文件和数据文件两类。程序文件包含计算机执行特定任务的程序代码或指令，它是主动的，可以要求计算机完成某些动作；数据文件包含一些可以查看、编辑、存储、发送、打印的文档、图片、表格、视频和音频等数据，它是被动的，通常需要使用应用程序来创建。

在操作系统中，负责管理和存取文件信息的部分称为文件系统。在文件系统的管理下，用户可以按照文件名访问文件，而不必考虑各种存储器的差异，也不必了解文件在外存中的具体物理地址以及是如何存放的。文件系统为用户提供了一种简单、统一的访问文件的办法，所以又被称为用户和外存储器的接口。

操作系统管理下的文件有时多达成千上万个。操作系统为了跟踪所有文件，在硬盘中会创建一个硬盘内容的清单，称为文件分配表（File Allocation Table，FAT）。只要有文件被创建、移动、重命名或删除，操作系统就会更新文件分配表内的信息。

系统中有非常多的文件，要找到需要的文件非常困难。为了快速寻找文件，操作系统提供了一种树状目录结构来组织文件。一棵树代表一个存储设备，树根为根目录（又称根文件夹），树的分枝为子目录（又称文件夹），这些分枝可以细分为更小的分枝或子文件夹，分枝的末端为树叶，代表单个文件，如图 2-3 所示。在这个树状结构中，用户可以将同一项目相关的文件放在同一子目录中，也可以按用途或类型将文件分类存放。

文件或文件夹是通过路径来唯一标识的。路径是文件夹的字符表示，它是用"\"相互隔开的一组文件夹，用来标识文件或文件夹所属的位置。

路径分为绝对路径和相对路径。以根文件夹开始的路径叫绝对路径；相对路径是指从当前文件夹出发，到达所访问的文件所经历的路径。例如，在图 2-3 中，文件 test.c 的绝对路径为 \user\student\stud1\test.c；如果当前文件夹为 temp，则相对路径为 ..\user\student\stud1\test.c。其中，".."表示从当前目录回到上一级目录。

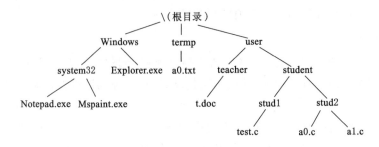

图 2-3　文件的树状目录结构

文件系统除了能够合理组织和管理文件系统的目录外,还能支持对文件的存储、检索和修改等读写操作,解决文件信息的共享、保护及访问控制等问题。

2.1.5.5　作业管理

作业是用户需要计算机完成任务的总和,是完成用户任务所需要的程序、数据以及如何对这些程序、数据进行处理的命令的集合。作业管理的主要任务是根据用户的要求对作业的实际运行进行合理的组织和相应的控制,即作业的调度和控制。

除了以上五大管理功能以外,操作系统还必须实现一些标准的技术处理:

（1）标准输入/输出

用户通过键盘输入其对计算机的要求和要处理的数据,计算机通过显示器向用户反馈信息同时输出运行结果,这似乎是天经地义的事。其实不然,如果不指定键盘为标准输入设备及显示器为标准输出设备,用户是无法直接通过这两种设备进行输入/输出的。

当系统开始运行的时候,操作系统已指定了标准的输入/输出设备,因此,用户在使用的时候感觉很方便。如果想用其他设备作为标准输入/输出设备也是可以的,因为操作系统提供了这种功能。它帮助用户将指定设备的名称与具体的设备进行连接,然后自动地从标准输入设备上读取信息再将结果输出到标准输出设备上。

（2）中断处理

在系统的运行过程中可能发生各种各样的异常情况,如硬件故障、电源故障、软件本身的错误,以及程序设计者所设定的意外事件。这些异常一旦发生均会影响系统的运行,因此,操作系统必须对这些异常有所准备,这就是中断处理的任务。中断处理功能针对可预见的异常配备好了中断处理程序及调用路径,当中断发生时暂停正在运行的程序而转去执行中断处理程序,它可对当前程序的现场进行保护、执行中断处理程序,在返回当前程序之前进行现场恢复直到当前程序再次运行。

（3）错误处理

当用户程序在运行过程中发生错误时,操作系统的错误处理功能既要保证错误不影响整个系统的运行,又要向用户提示发现错误的信息。在使用计算机的过程中,一旦发生错误,系统就会给出发生错误的类型及名称,并提示用户如何进行改正,错误改正后用户程序又可以顺利运行。

错误处理功能预先将可能出现的错误进行分类,并配备对应的错误处理程序,一旦错误发生,它就自动纠错。错误处理一方面能找出问题所在,另一方面又能自动保障系统的安全。正是有了错误处理功能,系统才有了更好的健壮性。

2.2　常见的操作系统

常见的
操作系统

　　操作系统种类繁多,用户根据自己的需要可以使用不同的操作系统,但有时需要根据硬件来使用相应的操作系统。

　　本节主要介绍 DOS、UNIX、Linux、Windows、Mac OS、iOS 和 Android 等常见操作系统。通过本节的学习,大家应对常见操作系统有一个初步的了解。

2.2.1　DOS(Disk Operating System)

　　在 20 世纪 80 年代和 90 年代初,DOS 是最主要的操作系统,它的命令行界面给人留下了深刻的印象。DOS 有两种主要形式:PC-DOS 和 MS-DOS。这两种版本的 DOS 最初都是由微软公司提出的,但 PC-DOS 是为 IBM 微机设计的,而 MS-DOS 是为 IBM 兼容机设计的。现在 PC-DOS 属于 IBM 公司,还在不断改进;而 MS-DOS 属于微软公司,已经不再更新。尽管今天 DOS 不再广泛使用,但它并没有彻底消失,而已经作为一个组件(命令提示符)集成到 Windows 中。

　　在 DOS 鼎盛时期,在运行 DOS 的计算机上安装了成千上万的程序。现在,在互联网上还存在一些 DOS 程序。Windows 用户可以使用"所有程序"菜单的"附件"子菜单中的"命令提示符"来运行这些程序。

2.2.2　UNIX

2.2.2.1　UNIX 操作系统的简介

　　UNIX 是使用最早、影响也较大的操作系统,自从 1969 年问世以来,从微型计算机到大型计算机都有着一定数量的用户。

　　UNIX 操作系统可分成两部分:第一部分由一些程序和服务组成,其中包括 Shell(脚本)程序、邮件程序、正文处理程序包及源代码控制系统等,正是这些程序和服务使得 UNIX 系统环境如此受欢迎。第二部分由支持这些程序和服务的操作系统组成。

2.2.2.2　UNIX 操作系统的发展历史

　　UNIX 操作系统由汤普森(K. Thompson)和里奇(D. Ritchie)发明。汤普森和里奇的合影如图 2-4 所示。UNIX 操作系统的部分技术来源可追溯到从 1965 年开始的 Multics 工程计划,该计划由贝尔实验室、麻省理工学院和通用电气公司联合发起,目标是开发一种交互式的、具有多道程序处理能力的分时操作系统。可惜,由于 Multics 工程计划所追求的目标太庞大、太复杂,以至于它的开发人员都不知道要做成什么样子,最终以失败收场。以汤普森为首的贝尔实

图 2-4　汤普森和里奇

验室研究人员吸取了 Multics 工程计划失败的经验教训,于 1969 年研发了一种分时操作系统的雏形,1970 年该系统正式取名为 UNIX。

汤普森开发 UNIX 的初衷是运行他编写的一款名为"宇宙旅行"的游戏程序,这款游戏模拟太阳系天体运动,由玩家驾驶飞船观赏景色并尝试在各种行星和月亮上登陆。他先后在多个系统上试验,但运行效果不甚理想。为了创建一个较好的开发环境,汤普森和里奇决定自己开发操作系统,其中包括文件系统、进程子系统的早期版本及少量实用程序,这个新的操作系统被命名为 UNIX。

自 1970 年后,UNIX 操作系统在贝尔实验室内部的程序员之间逐渐流行起来。1971—1972 年,里奇发明了 C 语言,这是一种适合编写系统软件的高级语言,它的诞生是 UNIX 操作系统发展过程中的一个重要里程碑,它宣告了在操作系统的开发中汇编语言不再是主宰。

到了 1973 年,UNIX 操作系统的绝大部分源代码都用 C 语言进行了重写,这为提高 UNIX 操作系统的可移植性打下了基础(之前的操作系统多采用汇编语言,对硬件依赖性强),也为提高系统软件的开发效率创造了条件。随后,UNIX 操作系统便开始流行起来。

2.2.2.3 UNIX 操作系统的特点

1984 年,有上万个 UNIX 操作系统安装在从微型计算机到大型计算机的多台计算机上,是当时最为广泛使用的操作系统。

UNIX 操作系统的普及与成功可归结为其具有如下一些特点。

① 该系统以高级语言编写,使之易读、易懂、易修改、易移植到其他机器上。

② 它有一个简单的用户界面,但具有提供用户所希望的服务的能力。

③ 它提供了能够由较简单的程序构造出复杂程序的原语。

④ 它使用了在维护上容易、在实现上高效的层次式文件系统。

⑤ 文件采用字节流这样的一致格式,使应用程序易于编写。

⑥ 它为外围设备提供了简单一致的接口。

⑦ 它是一个多用户、多进程系统,每个用户都能同时执行几个进程。

⑧ 它向用户隐蔽了机器的体系结构,使用户易于编写在不同硬件上运行的程序。

简单性与一致性突出了 UNIX 操作系统的宗旨,上面列出的大部分特点都可以归纳为简单性与一致性。

虽然 UNIX 操作系统和很多命令程序是用 C 语言编写的,但是 UNIX 操作系统支持其他语言,包括 Fortran、Basic、Pascal、Ada、Cobol、Lisp 及 Prolog 等。UNIX 操作系统支持能编译程序或解释程序的任何语言;UNIX 操作系统还能支持一个系统接口,该接口把用户对操作系统服务的请求映射到 UNIX 操作系统使用的一组标准请求上。

UNIX 不仅是一个运行可靠、稳定的操作系统,而且由其开创的操作系统技术一直为其他操作系统所遵循,成了事实上的标准。在主流的服务器端操作系统中,如诞生于 20 世纪 80 年代中期的 Windows 和诞生于 20 世纪 90 年代初的 Linux 都参考了 UNIX。

目前常见的各种版本的 UNIX 操作系统有 Sun Solaris、FreeBSD、IBM AIX、HP-UX 等。

2.2.3　Linux

2.2.3.1　Linux 操作系统的简介

Linux 是一个免费的多用户、多任务的操作系统,它的运行方式、功能和 UNIX 操作系统很相似,其最大的特色是源代码完全公开,在符合 GNU GPL(GNU 通用公共许可协议)的原则下,任何人都可以自由取得、转发甚至修改源代码。

Linux 操作系统已经成为全球增长最快的操作系统,其应用更加普及,特别是在系统级的数据库、消息管理、Web 应用、桌面办公和嵌入式开发方面。越来越多的大中型企业选择将 Linux 作为其服务器的操作系统。

近年来,Linux 操作系统以其友好的图形界面、丰富的应用程序及低廉的价格,在桌面领域得到了较好的发展,受到了普通用户的欢迎。Linux 目前在中国已经成功地应用于游戏、电子商务、金融、电信、制造、电力、能源以及交通等各行各业,并得到了充分的肯定和广泛的认可。

2.2.3.2　Linux 操作系统的发展历史

Linux 操作系统的内核最早由芬兰大学生托瓦兹(L. Torvalds)(见图 2-5)开发,并于1991 年 8 月发布。当时,由于 UNIX 操作系统的商业化,坦纳鲍姆(A. Tannebaum)教授开发了 Minix 操作系统,该系统不受 AT&T 许可协议的约束,可以发布在互联网上免费给全世界的学生使用,这为教学和科研提供了一个操作系统。Minix 操作系统具有较多 UNIX 的特点,但与 UNIX 不完全兼容。1991 年,托瓦兹为了给 Minix 操作系统用户设计一个比较有效的 UNIX PC 版本,自己动手写了一个类似 Minix 的操作系统,这就是 Linux 的雏形。

Linux 的兴起可以说是互联网创造的一个奇迹。到 1992 年 1 月,全世界大约只有 1000人在使用 Linux 操作系统,但由于它发布在互联网上,互联网上的任何人在任何地方都可以得到它。在众多热心人的努力下,Linux 操作系统在不到 3 年的时间里成了一个功能完善、稳定可靠的操作系统。Linux 的标志如图 2-6 所示。其含义是开源的 Linux,为全人类共同所有,任何公司无权将其私有。

图 2-5　托瓦兹

图 2-6　Linux 标志

2.2.3.3　Linux 操作系统的应用领域

　　Linux 操作系统的应用主要涉及应用服务器、嵌入式领域、软件开发以及桌面应用四个方面。在桌面应用领域，Windows 操作系统占有绝对优势，其友好的界面、易操作性和多种多样的应用程序是 Linux 所缺乏的。Linux 的长处主要在于服务器端和嵌入式两个领域。

　　（1）Linux 服务器

　　Linux 操作系统主要用于服务器领域。Linux 支持多种硬件平台，易与其他操作系统如 Windows、UNIX 等共存，其相关应用软件多为免费甚至开放源代码的。Linux 操作系统的可靠性使它成为企业 Web 服务器的重要选择，此外，Linux 还适用于防火墙、代理服务器、DNS 服务器、DHCP 服务器、数据库、FTP 服务器、VPN 服务器以及一些办公系统的文件与打印服务器等。Linux 厂商大都将服务器应用作为一个重要方向，Linux 群集更是人们都看好的趋势，也是 Linux 提高可扩展性和可用性的必经之路。

　　（2）嵌入式 Linux 操作系统

　　嵌入式操作系统是当前操作系统领域的热点。Linux 在该领域的低成本、小内核及模块化的特色，使很多 Linux 厂商在该领域投入人力、物力开展研发工作，并且得到了广泛的应用。

　　（3）软件开发平台

　　Linux 开发工具和应用正日臻完善，Linux 开发者可以使用 Java、C、C++、Perl 或 PHP 语言开发应用程序。PHP 很容易学习，执行速度很快，而且开放程序代码的 PHP 支持大部分数据库，具有各种功能的动态链接库资源，是目前电子商务开发常用的语言。

　　（4）桌面应用

　　Linux 操作系统在桌面应用方面进行了不断完善，现在已经成为一种集办公应用、多媒体应用、游戏娱乐和网络应用等多方面功能于一体的图形界面操作系统。

2.2.3.4　Linux 操作系统的特点和组成

　　Linux 操作系统之所以在短短的几年之内就得到了非常迅猛的发展，这与它具有的良好特性是分不开的。

　　（1）Linux 操作系统的特点

　　Linux 操作系统具有以下主要特点：

　　① 开放性

　　开放性是指系统遵循世界标准规范，特别是遵循开放系统互连（OSI）国际标准。凡遵循 OSI 国际标准所开发的硬件和软件都能彼此兼容，可方便地实现互联。

　　② 多用户

　　多用户是指系统资源可以被不同的用户拥有并使用，即每个用户对自己的资源（如文件、设备）有特定的权限，并且互不影响。

　　③ 多任务

　　多任务是指计算机可以同时执行多个程序，而且各个程序的运行互相独立。Linux 操作系统可以调度每一个进程平等地访问计算机处理器。

　　④ 良好的用户界面

　　Linux 操作系统向用户提供了文本界面和图形界面两种交互方式。Linux 的传统界面是基于文本的命令行界面,即 Shell,Shell 有很强的程序设计能力,用户可方便地用它编写程序,从而为用户扩充系统功能提供了更高级的手段。Linux 操作系统还为用户提供了图形界面。

⑤ 设备独立性

设备独立性是指操作系统把所有的外部设备(如显卡、内存等)统一当作文件来看待,只要安装了它们的驱动程序,任何用户都可以像使用文件一样操纵、使用这些设备,而不必知道它们的具体存在形式。

⑥ 丰富的网络功能

完善的内置网络是 Linux 操作系统的一大特点。Linux 操作系统在通信和网络功能方面优于其他操作系统。其他操作系统没有如此紧密地和内核结合在一起的连接网络的能力,也没有内置这些联网特性的灵活性。而 Linux 操作系统为用户提供了完善的、强大的网络功能。

⑦ 可靠的系统安全性

Linux 操作系统采取了许多安全技术措施,包括读写权限控制、带保护的子系统、审计跟踪、核心授权等,这为网络多用户环境中的用户提供了必要的安全保障。

⑧ 良好的可移植性

可移植性是指将操作系统从一个平台转移到另一个平台时,它仍然能按自身的方式运行。Linux 是一种可移植的操作系统,能够在从微型计算机到大型计算机的任何环境中和任何平台上运行。

(2) Linux 操作系统的组成

Linux 操作系统一般由内核、Shell、文件系统和应用程序这四个主要部分组成。内核、Shell 和文件系统一起形成基本的操作系统结构,它们使得用户可以运行程序、管理文件并使用 Linux 操作系统。

① 内核

内核是操作系统的核心,具有很多最基本的功能,如虚拟内存、多任务、共享库、需求加载、可执行程序和 TCP/IP 网络功能。Linux 内核的主要模块分为存储管理、CPU 和进程管理、文件系统、设备管理和驱动、网络通信、系统的初始化和系统调用等部分。

② Shell

Shell 是系统的用户界面,提供了用户与内核进行交互操作的一种接口。它接收用户输入的命令并把它送入内核去执行。Shell 实际上是一个命令解释器,它解释由用户输入的命令并且将它们送到内核。另外,Shell 编程语言具有普通编程语言的很多特点,用这种编程语言编写的 Shell 程序与其他应用程序具有同样的效果。

③ 文件系统

文件系统是文件存放在磁盘等存储设备上的组织方法。Linux 操作系统支持多种目前流行的文件系统,比如 XFS、EXT4、EXT3、EXT2、MS-DOS、VFAT 和 ISO 9660 等。

④ 应用程序

标准的 Linux 操作系统都有一套称为应用程序的程序集,它包括文本编辑器、编程语言、X Window、办公软件、影音工具、Internet 工具和数据库等。

2.2.4　Windows

2.2.4.1　Windows 操作系统的简介

Windows 是由微软公司推出的基于图形用户界面的操作系统,问世于 1985 年。随着微软公司对其进行不断更新升级,提升易用性,Windows 成了目前使用最广泛的操作系统。

Windows 采用了图形用户界面,比起 MS-DOS 需要输入指令使用的方式更为人性化。随着计算机硬件和软件的不断升级,微软公司一直在致力于操作系统的开发和完善,Windows 也在不断升级,系统版本从最初的 Windows 1.0 到大家熟知的 Windows 95、Windows 98、Windows 2000、Windows XP、Windows Vista、Windows 7、Windows 8、Windows 8.1、Windows 10、Windows 11。其架构从最初的 16 位、32 位升级到现在的 64 位。

2.2.4.2　Windows 操作系统的发展历史

Windows 操作系统的最初版本 Windows 1.0、Windows 2.0、Windows 3.0 在计算机用户中并没有产生多大反响;1992 年发布的 Windows 3.1 才使其成为微机操作系统的主要选择;1995 年发布的 Windows 95 和 1998 年发布的 Windows 98 逐渐巩固了其霸主的地位。早期的 Windows 主要有两个系列:一是低档 PC 上的桌面操作系统,如 Windows 95 和 Windows 98;二是高档服务器上的网络操作系统,如 Windows NT 3.51 和 Windows NT 4.0。

Windows 3.11 之前的所有版本都不是一个独立的操作系统,是为了克服用户学习和使用 DOS 命令时的困难而设计的一个图形用户界面的应用程序。这之后的 Windows 操作系统,特别是到 Windows 95 和 Windows 98,才变为独立的图形用户界面的操作系统。如图 2-7 所示的 Windows 95,是一个具有里程碑意义的个人计算机操作系统,引入了诸如多进程、保护模式、即插即用等特性,是一个全新的完全独立的 32 位操作系统,最终统治了个人计算机操作系统市场。如图 2-8 所示的 Windows 98,是 Windows 95 的升级版。Windows 98 的一个最大特点就是整合了微软公司的 Internet 浏览器技术,使得访问 Internet 资源就像访问本地硬盘一样方便,从而更好地满足了人们越来越多的访问 Internet 资源的需要。

　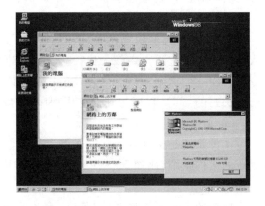

图 2-7　Windows 95 界面　　　　　图 2-8　Windows 98 界面

Windows NT 是 Windows 2000 发布之前一直使用的标准网络版操作系统,它是一个多任务处理操作系统,采用与 Windows 95 和 Windows 98 类似的图形用户界面,分为工作站版和服务器版,其中服务器版是专为小型局域网用户设计的。

Windows 2000 是 Windows NT 的升级版。它采用 Windows NT 技术设计,与基于 Windows 9X 内核设计的操作系统(如 Windows 95,Windows 98 和 Windows Me)相比,其功能更加强大,运行更加稳定,具有比 Windows NT 更强的防止系统瘫痪的能力。与 Windows 95 和 Windows 98 相比,它的一个主要缺点是对存储空间和 RAM 的要求比较苛刻,因此许多桌面用户宁愿选择基于 Windows 9X 技术的操作系统。

Windows Me 是面向个人用户的操作系统,专为家庭个人计算机设计,是 Windows 98 的替换产品。和 Windows 2000 不同,它基于 Windows 9X 技术,而不是 Windows NT 技术。另外,虽然支持改进的家用网络和共享的因特网连接,但它依旧是一个面向个人用户的操作系统,而不是网络操作系统。Windows Me 是第一个支持真正的即插即用功能的操作系统。

Windows 2000 的继任者 Windows XP 是微软公司在 2001 年发布的,其界面如图 2-9 所示。Windows XP 是基于 Windows NT 技术设计的,设计目的是用于取代 Windows 2000 (用于商业用户和服务器)和 Windows Me(面向个人用户)。Windows XP 的许多新特性与多媒体和通信有关,比如改进的图片、视频、音乐的编辑与共享,实时通话的使用和应用软件的共享等。Windows XP 有家庭版和专业版两个不同的版本。

图 2-9　Windows XP 界面

Windows Vista 是由微软公司于 2006 年 11 月推出的操作系统。Windows Vista 操作系统具有比 Windows XP 更优越的多项重要改进,其突出特点包括:

① 全新的用户界面。

② 快速搜索。搜索超越了分层文件结构,可自动组织信息,以搜索文件、电子邮件及应用程序;可从每个开始菜单、控制面板及大多数窗口访问。

③ 安全与隐私保护更好。Windows Defender 有助于防止恶意软件、蠕虫、病毒及间谍软件攻击。"自动更新"与"Windows 安全中心"有助于利用最新的安全补丁不断更新计算机。

④ 更高的性能。可实现快速的启动、关机与恢复以及快速的应用程序与文件加载。

⑤ 睡眠与快速恢复将待机模式的速度与睡眠模式的数据保护以及低功耗进行了完美结合,可从睡眠模式快速恢复,凭借非易失性内存,电池使用时间更长。

⑥ 浏览器的支持，如 Internet Explorer 7 选项卡页面、简易信息整合（Really Simple Syndication，RSS）、改进的导航功能。

图 2-10　Windows 7 界面

Windows 7 于 2009 年 10 月推出，是在 Windows Vista 的基础上开发的操作系统，核心版本号为 Windows NT 6.1，Windows 7 的界面如图 2-10 所示。Windows 7 先后推出了简易版、家庭普通版、家庭高级版、专业版、企业版等多个版本。Windows 7 操作系统在加强系统安全性、稳定性的同时，重新对性能组件进行了完善和优化，部分功能、操作方式也回归质朴，极大满足了用户在娱乐、工作、网络生活等不同方面的需求。Windows 7 在科技创新方面，实现了上千处新的功能和改变，已经成为微软公司产品中的代表之作。

Windows 8 是由微软公司开发的具有革命性变化的操作系统，工作界面如图 2-11 所示。Windows 8 支持个人电脑（X86 架构）及平板电脑（X86 架构或 ARM 架构）。Windows 8 大幅改变以往的操作逻辑，提供更佳的屏幕触控支持。新系统画面与操作方式变化极大，采用全新的 Metro（一种界面展示技术）应用风格用户界面，取消开始菜单，使用开始屏幕，并取消 Windows 留存部分 Aero 界面（从 Windows Vista 开始使用的用户界面）。各种应用程序、快捷方式等能以动态方块的样式呈现在屏幕上，用户可自行将常用的浏览器、社交网络、游戏、操作界面融入。Windows 8 事实上不是一个很成功的产品，它的下一代产品的版本标识并不是 Windows 9，而是 Windows 10。

图 2-11　Windows 8 界面

Windows 10 发布于 2015 年，界面如图 2-12 所示。Windows 10 自发布以来，占有率一直在不断上升，用于取代已经发布了多年的 Windows XP 和 Windows 7。Windows 10 中的应用商店提供的应用大幅优化，网易云音乐、爱奇艺、淘宝等优秀的应用已经上线，为用户提供优质的体验；Windows 10 也优化了高分辨率屏幕的显示效果，系统图标支持 4K 分辨率。

Windows 10 操作系统在易用性和安全性方面较之前的操作系统有了很大的提升。在开发 Windows 10 的过程中，微软公司改变了曾经封闭式的 Windows 操作系统开发模式，转而听取了用户的意见和建议，并采纳了部分呼声很高的建议。使用 Windows 10 的用户

图 2-12 Windows 10 界面

可以加入 Windows Insider 计划,和全球数百万的 Windows Insiders 一起帮助微软公司改进 Windows 10 操作系统。

Windows 10 操作系统除了针对云服务、智能移动设备、自然人机交互等新技术进行融合外,还对新兴的硬件兼容性进行了优化和完善。固态硬盘、生物识别、高分辨率屏幕等硬件可以轻松地在 Windows 10 操作系统上使用。

Windows 11 是微软公司于 2021 年 6 月 24 日推出的操作系统,相较 Windows 10 操作系统,新系统无论是在界面上还是在功能上都发生了很大改变。Windows 11 操作系统的界面更加简洁,开始菜单的位置移动至任务栏中间,对话框边角经过圆弧处理,将此前的动态磁贴改成了更加简约的网格布局,并对系统字体、图标、主题重新设计。应用商店也进行了很大改动,全新的微软应用商店速度更快,界面经过重新设计更加简洁易用,可以更轻松地探索、发现应用、游戏等。Windows 11 的多窗口功能新增了多种排列方式,在连接外置显示器或使用多屏显示时,可以主动记忆外置屏幕上的窗口位置。使用 Windows 11 操作系统的平板电脑,当设备旋转时,能够自动切换多窗口布局和排布,更加人性化。

从微软公司 1985 年推出 Windows 1.0 以来,Windows 操作系统从最初运行在 DOS 下的 Windows 3.x,到风靡全球的 Windows XP/7/8/10/11,事实上已经成为操作系统的代名词。

根据内核技术的不同,Windows 可以分为基于 MS-DOS 的版本和基于 NT 的版本两个分支,内核技术和各版本的路线如图 2-13 所示。

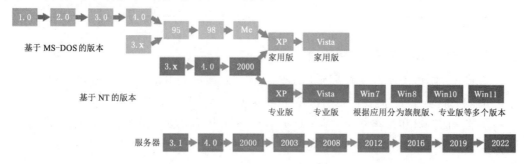

图 2-13 Windows 基于 MS-DOS 的版本和基于 NT 的版本

从 1985 年发布 Windows 1.0 以来,Windows 版本众多,具体发展历程如表 2-1 所示。

表 2-1　Windows 版本的发展历程

操作系统名称	发布年份	类型
Windows 1.0	1985 年	桌面操作系统
Windows 2.0	1987 年	桌面操作系统
Windows 3.0	1990 年	桌面操作系统
Windows 3.1	1992 年	桌面操作系统
Windows NT Workstation 3.5	1994 年	桌面操作系统
Windows NT 3.5x	1994 年	服务器操作系统
Windows 95	1995 年	桌面操作系统
Windows NT Workstation 4.x	1996 年	桌面操作系统
Windows NT Server 4.0	1996 年	服务器操作系统
Windows 98	1998 年	桌面操作系统
Windows 2000	2000 年	桌面操作系统
Windows Me	2000 年	桌面操作系统
Windows 2000 Server	2000 年	服务器操作系统
Windows XP	2001 年	桌面操作系统
Windows Server 2003	2003 年	服务器操作系统
Windows Vista	2006 年	桌面操作系统
Windows Server 2008	2008 年	服务器操作系统
Windows 7	2009 年	桌面操作系统
Windows 8	2012 年	桌面操作系统
Windows Server 2012	2012 年	服务器操作系统
Windows 10	2015 年	桌面操作系统
Windows Server 2016	2016 年	服务器操作系统
Windows Server 2019	2019 年	服务器操作系统
Windows 11	2021 年	桌面操作系统
Windows Server 2022	2022 年	服务器操作系统

2.2.4.3　Windows 操作系统的特点

Windows 操作系统是一个系列化的产品,在其发展过程中每个版本的出现都会有突出的新功能和新特点。下面我们归纳出 Windows 操作系统的一些基本特点。

① 统一的窗口和操作方式。Windows 操作系统中,所有的应用程序都具有相同的外观和操作方式。一旦掌握了一种应用程序的使用方法,就很容易掌握其他应用程序的使用方法。

② 多任务的图形用户界面,加上功能完善的联机帮助,使 Windows 易于学习,操作方便。

③ 事件驱动程序的运行方式对于用户交互操作比较多的应用程序,既灵活又直观。

④ 不断增强的功能。Windows 的每种新版本都反映了用户的最新要求及对新硬件的支持,这在一定程度上也增强了 Windows 系统的易用性。

⑤ 标准的应用程序接口。Windows 为开发人员提供了功能很强的应用程序接口。开发者可以通过调用这类接口创建 Windows 界面的窗口、菜单、滚动条和按钮等,使得各种应用程序界面风格一致。

⑥ 实现数据共享。Windows 提供剪贴板功能,为应用程序提供在不同文档中交换数据的平台。

⑦ 支持多媒体和网络技术。Windows 操作系统提供多种数据格式和丰富的外部设备驱动程序,为多媒体应用提供了理想的平台;在通信软件的支持下,共享局域网及因特网资源。

2.2.5　Mac OS(Macintosh)

2.2.5.1　Mac OS 操作系统的简介

Mac OS 操作系统是专为苹果公司生产的计算机而设计的。1984 年,苹果公司发布的 Macintosh 操作系统确定了图形用户界面的标准。

Mac OS 操作系统在许多方面都超越了 Windows 操作系统,尤其在图形处理和内置网络支持等方面。正是由于它的这些特点,在桌面彩色印刷系统、广告与市场经营、出版、多媒体开发、图形艺术、科学和工程可视化计算等方面,Mac OS 操作系统是首选操作系统。

尽管 Mac OS 有公认的高性能,但是其用户群比 Windows 要小。让苹果公司声名鹊起的不是它的 Mac 计算机,而是它的数码产品,如平板电脑 iPad、智能手机 iPhone、手持式音乐播放器 iPod 等。

2.2.5.2　Mac OS 操作系统的发展历史

Mac OS 是运行于苹果系列电脑上的操作系统,诞生于 20 世纪 80 年代,是首个在商用领域成功的图形用户界面操作系统。

Mac OS 操作系统可以分成两个系列:一个是已不被支持的"Classic"Mac OS,该系统搭载在 1984 年销售的首台 Mac 及其后代上,终极版本是 Mac OS 9,在 Mac OS 8 以前用"System x. x"来命名。另一个是新的 Mac OS X 操作系统。

1985 年,乔布斯(S. Jobs)被董事会赶出了自己创办的苹果公司,失望之余,他创办了 NeXT 公司,研发 NeXT 系统。10 多年之后,苹果公司因为需要全新的下一代操作系统收购了 NeXT 公司,乔布斯也借此回归,主导推出了全新的 Mac OS X 操作系统。NeXT 系统的底层创新为 Mac OS 提供了更强大的基础、更好的多任务能力、无感知的内存管理,加上一体化的硬件设计和配置优化,苹果公司打造出了一个令人省心的工作环境。

从 2001 年发布 Mac OS X 10.0 开始,苹果公司开启了以大型猫科动物系列为代号的命名史,10.0 版本的代号是猎豹(Cheetah),10.1 版本的代号为美洲狮(Puma)。在苹果公司的产品市场中,10.2 版本命名为美洲虎(Jaguar),10.3 版本命名为黑豹(Panther),10.4 版本命名为老虎(Tiger),10.5 版本命名为豹子(Leopard),10.6 版本命名为雪豹(Snow Leopard),10.7 版本命名为狮子(Lion)。从 10.8 美洲狮(Mountain Lion)这一版本开始使用新的命名方法,取消此前各个版本中一直使用的"Mac",简化为"OS X"。OS X 10.9 版本命名为冲浪湾(Mavericks),不再用猫科动物命名,OS X 10.10 版本命名为优胜美地(Yosemite),OS X 10.11 版本命名为酋长石(El Capitan)。到 2020 年苹果公司正式发布了 macOS 11.0,正式称为 macOS Big Sur。

2.2.5.3 Mac OS 操作系统的特点

相比 Windows 操作系统,Mac OS 拥有自己的一些特点。下面我们归纳出 Mac OS 操作系统的一些基本特点:

① 安全性高。由于 Mac OS 的架构与 Windows 不同,独特的 UNIX 系统内核让它很少被病毒入侵,整个系统安全、可靠。

② 高分辨率屏幕的优化。相比 Windows 操作系统,使用高分辨率屏幕打开 Mac OS 操作系统时,字体、色彩、色调等方面都优于 Windows 操作系统,画面更加逼真,色彩更加绚丽。

③ Mac OS 操作系统下没有很多 Windows 操作系统下和使用无关的东西,用户很容易学习和使用。例如,Mac OS 操作系统下没有磁盘碎片,不用整理硬盘,不用分区等。

④ 软件风格统一。Mac OS 下的软件操作风格统一,简单好用,使用非常顺畅。

⑤ 稳定性高,程序错误少,更新也少,不像 Windows 操作系统需要经常打补丁。

2.2.6 iOS

2.2.6.1 iOS 操作系统的简介

iOS 是由苹果公司开发的手持设备操作系统。苹果公司于 2007 年 1 月 9 日首次发布 iOS 操作系统,该系统以 Darwin(Darwin 是一个由苹果公司开发的开放源代码操作系统)为基础,属于类 UNIX 的商业操作系统。

2.2.6.2 iOS 操作系统的发展历史

经过十几年的发展,iOS 操作系统已经从第一版发展到 iOS 15。每一个新的版本,都是在之前版本上的改进和优化。

2007 年 1 月苹果公司发布了苹果的第一款手机,当时 iOS 操作系统还没有一个正式的名称,只是被叫作 iPhone Runs OS X。

2008 年 3 月苹果公司发布了 iPhone OS 2 操作系统,推出了 App Store(应用商店),这是 iOS 发展历史上的一个里程碑。它的出现开启了 iOS 和整个移动应用时代。直到现在,App Store 成了苹果公司值得骄傲的地方之一。

iPhone OS 3.0 对 iPhone 操作系统的大量细节进行了修补、改进、完善和扩充。例如,键盘的横向模式、新邮件和短信的推送通知等功能,还有复制粘贴功能。

2010 年 6 月,苹果公司将原来的 iPhone OS 操作系统正式更名为 iOS,并发布新一代操作系统 iOS 4。

iOS 4 是前四代 iOS 操作系统中外观改善最大的一代操作系统,乔布斯及其设计团队为界面上的图标设计了复杂的光影效果,让界面看上去更加漂亮,并新增了多任务处理、文件夹、主屏幕墙纸更换等多项功能。

iOS 5 操作系统在界面上与 iOS 4 基本相同,但增加了一项非常重要的新功能:Siri。尽管最初 Siri 的功能十分有限,但这是苹果公司第一次尝试让用户以不同的方式使用自己的 iOS 设备,并将 Siri 打造成为 iOS 中的个人助理服务。

iOS 6 操作系统在界面外观上并无太大变化,但增加了 200 多项新功能,全新地图应用是其中较为引人注目的内容之一,它采用苹果公司自己设计的制图法,首次为用户免费提供在车辆需要拐弯时进行语音提醒的导航服务。

iOS 7 操作系统是乔纳森·伊夫(J. Ive)带领的设计团队对 iOS 操作系统进行重新设计而成的。用户界面设计得扁平化,整个系统外观看起来十分简洁。新增指纹解锁、控制中心快速设置切换等功能,还添加了中国人较为喜爱的九宫格输入法。

iOS 8 操作系统新增的 Continuity 功能,可以准确地接续用户在另一台 iOS 设备上未做完的事情,使苹果公司旗下的产品联系更紧密。

iOS 9、iOS 10、iOS 11 操作系统完善了一些系统功能。iOS 12 操作系统新增了防沉迷玩手机功能、睡前免打扰功能、家长控制小孩玩手机的功能。另外,推出屏幕时间管理功能,让用户清楚知道把时间花在哪了。iOS 13 操作系统在性能上得到了许多提升,如 App 启动速度快一倍、安装包大小减半、深色模式上线、相机增加人像模式、地图增加 3D 街景、增强隐私保护等。

2020 年 6 月,苹果公司发布了 iOS 14 操作系统,如图 2-14 所示。iOS 14 的变化不大,主要新增了主屏添加小插件、App 资源库、画中画模式等功能。2021 年 6 月 8 日,在苹果公司全球开发者大会上,苹果公司发布了 iOS 15,该系统通过强大的功能更新进一步提升 iPhone 体验。

图 2-14　iOS 14 界面

2.2.6.3　iOS 操作系统的特点

iOS 主要用于苹果公司的数码产品,包括 iPhone、iPod touch、iPad 以及 Apple TV。iOS 操作系统有如下特点:

① 优雅直观的界面。iOS 创新的 Multi-Touch 界面专为触屏而设计。

② 软硬件搭配的优化组合。苹果公司制造的 iPad、iPhone 和 iPod Touch 的硬件和操作系统都可以匹配,高度整合使 App 得以充分利用 Retina(视网膜)屏幕的显示技术、Multi-Touch 界面、加速感应器、三轴陀螺仪、加速图形功能以及更多硬件功能。Face Time(视频通话软件)就是一个绝佳典范,它使用前后两个摄像头、显示屏、麦克风和无线网络连接,使得 iOS 成为优化程度最好、最快的移动操作系统。

③ 安全可靠的设计。iOS 操作系统设计了低层级的硬件和固件功能,用以防止恶意软件和病毒的攻击;还设计有高层级的 OS 功能,有助于在访问个人信息和企业数据时确保安全性。

④ 用户界面视觉轻盈,色彩丰富,更显时尚气息。Control Center(控制中心)的引入让操控更为简便,扁平化的设计能在某种程度上减轻跨平台的应用设计压力。

2.2.6.4　iOS 操作系统架构

iOS 架构和 Mac OS 的基础架构相似。站在高级层次来看,iOS 扮演底层硬件和应用程序的中介角色,如图 2-15 所示。用户创建的应用程序不能直接访问硬件,而需要和系统接口进行交互。系统接口转而又去和适当的驱动打交道。这样的抽象可以防止应用程序改变底层硬件。

iOS 可以看作多个层的集合,底层为所有应用程序提供基础服务,高层则包含一些复杂的服务和技术。图 2-16 为 iOS 架构层次。

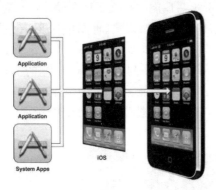

图 2-15　位于 iOS 上层的应用程序

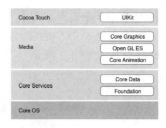

图 2-16　iOS 架构层次

(1) Cocoa Touch 层

Cocoa Touch 层包含创建 iOS 应用程序所需的关键框架。上至实现应用程序可视界面,下至与高级系统服务交互,都需要该层技术提供底层基础。在开发应用程序的时候,尽可能不要使用更底层的框架,而使用该层的框架。Cocoa Touch 层支持多任务、数据保护、推送通知服务、本地通知和手势识别器等高级特性。

(2) Media 层

Media 层包含图形技术、音频技术和视频技术,这些技术相互结合可为移动设备带来最好的多媒体体验;更重要的是,它们能让创建外观音效俱佳的应用程序变得更加容易。可以使用 iOS 的高级框架更快速地创建高级的图形和动画,也可以通过底层框架访问必要的工具,从而以某种特定的方式完成某种任务。

(3) Core Services 层

Core Services 层为所有的应用程序提供基础系统服务。可能应用程序并不直接使用这些服务,但它们是系统很多部分赖以建构的基础。

(4) Core OS 层

Core OS 层的底层功能是很多其他技术的构建基础。通常情况下,这些功能不会直接应用于应用程序,而应用于其他框架。但是,在直接处理安全事务或和某个外设通信的时候,要应用到该层的框架。

2.2.7　Android

2.2.7.1　Android 操作系统的简介

Android 一词的本义是指"机器人",同时也是谷歌公司于 2007 年 11 月宣布研发的基于 Linux 平台的开源手机操作系统的名称。它是一种基于 Linux 的自由及开放源代码的操作系统,主要应用于移动设备,如智能手机和平板电脑。

2.2.7.2　Android 操作系统的发展历史

Android 操作系统最初由鲁宾(A. Rubin)开发,主要支持手机。谷歌公司于 2005 年收购注资,对其进行了精简和优化。2007 年 11 月,谷歌公司与 84 家硬件制造商、软件开发商及电信运营商组建开放手机联盟共同研发改良 Android 操作系统。随后谷歌公司以 Apache 开源许可证的授权方式,发布了 Android 的源代码。2008 年,在谷歌公司 I/O 大会上,谷歌公司提出了 Android HAL 架构图。同年 8 月 18 日,Android 获得了美国联邦通信委员会(Federal Communications Commision,FCC)的批准。2008 年 9 月,谷歌公司正式发布了 Android 1.0 操作系统,这也是 Android 操作系统最早的版本。同时,美国运营商 T-Mobile USA 在纽约正式发布第一款 Android 手机 T-Mobile G1,如图 2-17(a)所示。该款手机由中国台湾宏达国际电子股份有限公司代工制造,是世界上第一部使用 Android 操作系统的手机,它支持 WCDMA/HSPA 网络,理论下载速率为 7.2 Mb/s,并支持 Wi-Fi。2010 年 1 月,谷歌公司发布了自家品牌手机 Nexus One,该款手机使用的操作系统是 Android 2.1,如图 2-17(b)所示。

(a) T-Mobile G1　　　　　　　(b) Nexus One

图 2-17　第一款 Android 手机 T-Mobile G1 和谷歌自家品牌手机 Nexus One

2.2.7.3　Android 操作系统的特点

随着移动互联网的发展,Android 逐渐扩展到平板电脑及物联网等领域。Android 操作系统的迅速发展可以归因于它所具备的 4 个主要特点:

① 无边界的应用程序。

② 应用程序可以并行运行。

③ 应用程序可以轻松地嵌入网络。

④ 应用程序是在平等条件下创建的。

Android 操作系统具备的这些特点,使得它受到了全球移动设备厂商和开发者的热捧。尤其在物联网领域,国外媒体的分析文章称 Android 操作系统正成为标准的物联网操作系统。

2.2.7.4 Android 操作系统的框架

Android 操作系统按照自下而上的软件层次结构,可以分成四个层次:Linux 内核层、中间件层、应用程序框架层、应用程序层。具体内容如图 2-18 所示。

图 2-18 Android 软件层次结构

（1）应用程序层

应用程序层的应用程序(如邮件客户端、通讯录、日历、浏览器等),一般都是用高级语言编写的,并且这些应用程序都可以被其他应用程序所替换,这点不同于其他手机操作系统固化在系统内部的系统软件,更加灵活和个性化。

（2）应用程序框架层

应用程序框架层是 Android 开发的基础,很多核心应用程序也是通过这一层来实现其核心功能的。该层简化了组件的重用,开发人员可以直接使用这些框架来开发自己的应用程序,但是必须遵守其框架的开发规则。

（3）中间件层

从图 2-18 中可以看出,Android 的中间件层由两部分构成:函数库和 Android 运行时。

① 函数库

Android 提供了一个 C/C++ 库的集合,用于支持开发人员使用的各个组件。

② Android 运行时

Android 应用程序采用 Java 语言编写,程序在 Android 运行时中执行。Android 运行时由核心库和 Dalvik 虚拟机两部分构成。

核心库:提供 Android 操作系统的特有函数功能和 Java 语言函数功能。

Dalvik 虚拟机:是经过优化的多实例虚拟机,基于寄存器架构设计,实现基于 Linux 内核的线程管理和底层内存管理;采用专用的 Dalvik 可执行格式(.dex),该格式适合内存和处理器速度受限的系统。

(4) Linux 内核层

Android 核心系统服务(如安全机制、内存管理、进程管理、网络协议栈及驱动模型)基于 Linux 2.6 内核。Linux 内核同时作为硬件和其他软件堆层之间的一个抽象隔离层。

同时,Android 操作系统也对 Linux 内核进行了增强,增加了一些面向移动计算机的特有功能,如低内存管理器、匿名共享内存,以及轻量级的进程间通信 Binder 机制等。这些增强的内核不仅继承了 Linux 内核的安全机制,也进一步提升了内存管理、进程间通信等方面的安全性。

2.3　国产操作系统

国产
操作系统

在开源操作系统生态不断成熟的背景下,中国的国产操作系统依托开源生态和政策东风正快速崛起,市场潜力巨大,未来发展前景值得期待。

2.3.1　国产操作系统的重要性

随着国际信息安全形势的变化,信息安全成为各个国家关注的重点。使用信息技术作为攻击手段,对国家基础设施、人民群众财产安全造成损害的案件屡屡发生。例如,伊朗核设施遭受攻击就是利用了操作系统漏洞,攻入了核电站的自动控制系统。木马病毒隐藏于操作系统后台操纵离心机高负荷运转,最终导致核设施损坏。操作系统覆盖领域非常广泛,航空航天、工业机器人、个人电脑、手机、智能家居等都运行着不同的操作系统。

在众多操作系统中,Windows 在我国的使用率远远超过其他操作系统,在个人娱乐、企业办公、金融行业等领域广为使用。然而,Windows 操作系统是美国微软公司的产品,它的源代码是封闭的,有可能在系统中还留有后门程序。这种后门程序,通俗讲就是远程访问计算机的一种权限。在用户无法察觉的情况下,"黑客"利用互联网通道可以悄无声息地登录目标计算机,可以随意查看、拷贝和删除计算机中文件。2013 年曝出的"棱镜门"事件,引发很大的反响。美国通过电话与网络监控很多国家各种重要信息,以达到自己某种不可告人的目的,包括微软、雅虎、谷歌、苹果等在内的 9 家国际网络巨头皆参与其中。继"棱镜门"之后,又有一名美国参议员曝光了美国中央情报局的丑闻,此次美国中央情报局被曝秘密监视3 亿民众,通过技术手段收集大量民众的数据,侵犯民众的隐私。

对一个国家而言,如果不能在核心领域拥有自己的操作系统,那将面临被人监控的危险,一旦感染病毒或者被人侵入,就可能会造成许多重要部门重要资料的泄露。基于计算机系统安全问题,俄罗斯、德国等国家已经推行在政府部门的计算机中采用本国的操作系统软件。

在中国,发展我们自己的操作系统具有十分重要的意义。国产操作系统不仅可以在一定程度上保障国家信息的安全,而且从经济角度出发,可以打破国外的垄断,以操作系统为基石发展自己的相关产业链,同时为政府、企业等节省相当大的开支。

思政课堂

　　从国家安全的角度来看,操作系统是软件行业必须要攻克的阵地。研发完善的、国产的操作系统,这样在面对国外操作系统受限的时候,不仅能让我国在操作系统产业生态安全上有保障,不会面临无操作系统可用的局面,还能避免使用国外操作系统存在的信息安全问题。

　　大家要认真学习,努力掌握专业知识,将来为国产软件贡献自己的力量。相信在不久的将来,将会出现就像现在的 Windows、Android 和 iOS 一样广为使用的国产操作系统。

2.3.2 国产操作系统的主要产品

　　中国的操作系统国产化浪潮源于 20 世纪末,历经二十余年,厚积薄发、潜力巨大。目前,涌现出了一大批以 Linux 为主要架构的国产操作系统,如银河麒麟(Kylin)操作系统、中标麒麟(Neokylin)操作系统、深度(Deepin)Linux 操作系统、华为鸿蒙操作系统(HUAWEI HarmonyOS)等,在市场中不断提高占有率,未来的广阔发展前景值得期待。

2.3.2.1 银河麒麟操作系统

　　银河麒麟操作系统,是由国防科技大学研制的开源服务器操作系统,始于 2001 年,主要面向军用服务器领域,目标是打破国外操作系统的垄断,研发一套有中国自主知识产权的服务器操作系统。银河麒麟主要优势在服务器领域,兼顾云计算与云桌面操作系统,可应用于国防、政务、电力、金融、能源、教育等领域。

2.3.2.2 中标麒麟操作系统

　　中标麒麟是在中标软件和国防科技大学的支持下,于 2010 年 12 月由民用"中标 Linux"与"银河麒麟"正式在上海合并而成的,并共同以"中标麒麟"的新品牌统一出现在市场上,开发军民两用的操作系统。由于其技术积累和背景特殊,中标麒麟操作系统在我国国防、航天、电力、能源、政务等众多重要领域得到广泛的推广和应用,并多年成为我国 Linux 市场占有率第一的操作系统。

　　中标麒麟操作系统采用强化的 Linux 内核,分成桌面版、通用版、高级版和安全版等,可满足不同客户的要求。

2.3.2.3 深度 Linux 操作系统

　　深度 Linux 操作系统,也称深度操作系统,是由武汉深之度科技有限公司在 Debian 操作系统基础上开发的 Linux 操作系统,其前身是 Hiweed Linux 操作系统,于 2004 年 2 月 28 日开始对外发行,可以安装在个人计算机和服务器中。

　　深度操作系统是一个致力于实现美观易用、安全可靠的 Linux 发行版,由专业的操作系统研发团队和深度技术社区共同打造。它不仅仅对最优秀的开源产品进行集成和配置,还开发了基于 HTML5 技术的全新桌面环境、系统设置中心、音乐播放器、视频播放器以及软件中心等一系列面向日常使用的应用软件。深度操作系统非常注重易用的体验和美观的设计,因此对于大多数用户来说,它易于安装和使用,还能够很好地代替 Windows 操作系统进行工作与娱乐。

在整个 Linux 生态圈上,深度游戏中心一举打破了 Linux 生态圈的静寂,为 Linux 的发展注入了无限生机。

2.3.2.4 华为鸿蒙操作系统

华为鸿蒙操作系统是一款全新的面向全场景的分布式操作系统,将人、设备、场景有机地联系在一起,将消费者在全场景生活中接触的多种智能终端实现极速发现、极速连接、硬件互助、资源共享,用合适的设备提供场景体验。华为鸿蒙在 5G 时代的物联网领域具有巨大先发优势。

2019 年 8 月 9 日,华为公司正式发布华为鸿蒙操作系统。2020 年 9 月 10 日,华为鸿蒙操作系统升级至 HarmonyOS 2.0 版本。2021 年 4 月 22 日,HarmonyOS 应用开发在线体验网站上线;5 月 18 日,华为公司宣布华为 HiLink(智能家居开放互联平台)将与 HarmonyOS 统一为 Harmony OS Connect(鸿蒙智联)。2020 年华为公司除了手机和电脑,其他终端产品全线搭载华为鸿蒙操作系统,并在海内外同步推进。

华为鸿蒙操作系统是华为公司耗时 10 年由 4000 多名研发人员投入开发的一款基于微内核、面向 5G 物联网、面向全场景的分布式操作系统。华为鸿蒙操作系统既不是 Android 操作系统的分支,也不是由 Android 操作系统修改而来的,是与 Android、iOS 不一样的操作系统。

华为鸿蒙操作系统在性能上不亚于 Android 操作系统,而且基于 Android 操作系统生态开发的应用能够平稳迁移到华为鸿蒙操作系统上。这个新的操作系统将打通手机、电脑、电视、工业自动化控制、无人驾驶、车机设备、智能穿戴,成为一个统一的操作系统。

HarmonyOS 最大的技术特点就是采用分布式结构,具备分布式软总线、分布式数据管理和分布式安全三大核心功能。

(1)分布式软总线

分布式软总线让多设备融合为一个设备,带来设备内和设备间高吞吐、低时延、高可靠性的流畅连接体验。

(2)分布式数据管理

分布式数据管理让跨设备数据访问如同本地访问,大大提升了跨设备数据远程读写和检索性能等。

(3)分布式安全

分布式安全能确保正确的人、用正确的设备、正确使用数据。当用户出现解锁、付款、登录等行为时系统会主动发出认证请求,并通过分布式技术的可信互联能力,协同身份认证确保正确的人;HarmonyOS 能够把手机的内核级安全能力扩展到其他终端,进而提升全场景设备的安全性,通过设备能力互助,共同抵御攻击,保障智能家居网络安全;HarmonyOS 通过定义数据和设备的安全级别,对数据和设备进行分类分级保护,确保数据流通安全可信。

华为鸿蒙操作系统的问世,在全球引起反响。华为鸿蒙操作系统要逐渐建立起自己的生态圈,改变操作系统全球格局。

思政课堂

当前我国一些高科技领域面临决定性的补短板和再创业,全社会的这一共识已经非常坚定,国家的政策倾斜也已经形成。华为鸿蒙可以说朝着这个方向迈出了坚实的步伐,华为公司和中国高科技产业都已经没有退路,应坚定往前走,渡过短时间的困难期。

结合华为鸿蒙操作系统的发展,大家要认识到坚定发展我国科学事业和高新技术的重要性。

2.3.3 国产操作系统发展趋势

操作系统性能、用户数量和围绕操作系统进行开发的软硬件厂商,是构建操作系统生态的关键要素。操作系统易用性好,符合用户的使用习惯,将吸引大量用户使用。用户发展到一定规模后,软硬件开发厂商将有意愿围绕操作系统开发相应的驱动和应用程序,形成丰富的软硬件应用生态,从而吸引更多的用户使用。操作系统、用户、软硬件开发厂商三个要素之间相互影响、相互促进、缺一不可,形成一个成熟的操作系统生态圈。

① 选择有前景的操作系统公司引导市场。虽然市场上不同技术和开发版本的操作系统较多,但是具备核心生态的操作系统体系很少,而 Wintel(Windows-Intel)在桌面和服务器领域具备绝对垄断优势。

操作系统使用者对操作系统的选择一直倾向于一致性,只有共同生态的操作系统及软件体系,才能最大化地实现计算方便、通信实时、存储有效。Wintel 自 20 世纪 90 年代以来,充分利用市场化手段,在全球范围内打下了坚实的客户使用基础。数以亿计的软件开发厂商都基于 Wintel 的计算生态来开发软件和测试程序。客户和软件开发厂商相互依赖,进一步加强了 Wintel 垄断者的优势。虽然后来的 Linux 以开源特性打开了一定市场,但由于生态系统的薄弱性,很难撼动 Wintel 的绝对领先优势。

目前国内的操作系统,也以统一为发展方向,麒麟系操作系统整合,统信软件的成立,都以统一使用为目标,以减少内部损耗,争取更多的市场份额。

② 依靠下游强产品力公司,反向带动操作系统实现突破。以苹果公司的操作系统为例,苹果公司以其在下游消费电子、PC 领域的超强产品化能力为基础,一直独立研发和发布操作系统,并且在市场上占据一定的份额。对标苹果公司,目前国内具备下游产品强研发和销售能力,可以支撑上游操作系统独立化的公司,华为是最强的代表。华为公司的消费电子业务近年来发展迅猛,已经打入国际市场;华为公司在传统 ICT(Information and Communications Technology,即信息与通信技术)领域的核心技术和产品优势,也可以帮助其更好地开拓未来的物联网市场。

③ 强化开源迭代能力或调动软件端厂商的适配积极性。开放、开源是软件技术创新的重要途径,拥抱和融入开源是产业大趋势。充分利用开源、参与开源、支持开源发展操作系统,充分利用开源社区、开源组织等加强操作系统的软件迭代能力是当前最为可行之路。国内操作系统企业及有实力的软件企业宜联合起来,建设自己可主导的原生态"操作系统-应用软件"体系,汇聚资源共同发展。这有利于提升国内软件的自主度,加速实现自主软硬件

产业体系的群体突破。

　　④ 批量采购,投入实战场景,不断提高竞争力。操作系统的发展最终还是要为使用者提供真正的价值。只有把操作系统投入实际应用场景,并且在实际应用过程中发现问题并改进,操作系统的产品质量才有可能得到大的改进与完善。参考 Windows 操作系统经历了超过 10 年的使用磨合期,国内操作系统厂商应该考虑尽快将研发的产品投入实战场景,并且与上游 CPU、下游应用软件厂商积极合作,提高开源操作系统的产品质量,最终目标是实现国产操作系统的生态体系建设,以满足信创及商用领域更广泛的使用需求。

 思政课堂

　　通过上述国产操作系统发展现状和趋势的介绍,大家要了解发展我国操作系统的重要性,以及如何研发出有市场前景的优秀国产操作系统,并为之努力,立志为中国科学技术的发展贡献自己的力量。

习　题

一、单项选择题

1. 操作系统为用户提供五种主要功能,即处理器管理、存储管理、设备管理、文件管理和_____。

A. 作业管理　　　　B. 文件夹管理　　　　C. 硬盘管理　　　　D. 打印机管理

2. 当前使用最为广泛的手机操作系统的代表是_____。

A. Windows Phone　　　　　　　　B. Linux

C. Mac OSX　　　　　　　　　　　D. Android

3. 操作系统是一种_____。

A. 应用软件　　　　B. 系统软件　　　　C. 通用软件　　　　D. 工具软件

4. 操作系统的_____管理部分负责对进程进行调度。

A. 存储器　　　　B. 设备　　　　C. 文件　　　　D. 处理机

5. _____要保证系统有较高的吞吐能力。

A. 批处理系统　　　　　　　　　　B. 分时系统

C. 网络操作系统　　　　　　　　　D. 分布式操作系统

6. 操作系统按功能分类主要有_____。

A. 批处理系统、分时系统和多任务系统

B. 单用户系统、多用户系统和批处理系统

C. 批处理操作系统、分时操作系统及实时操作系统

D. 实时系统、分时系统和多用户系统

7. 使多个用户通过与计算机相连的终端、以交互方式同时使用计算机的操作系统是_____。

A. 网络操作系统　　　　　　　　　B. 批处理系统

C. 分时系统　　　　　　　　　　　D. 实时系统

8. 计算机操作中,最外层的是_____。

A. 硬件系统　　　B. 系统软件　　　C. 支撑软件　　　D. 应用软件

9. 分时操作系统通常采用_____策略为用户服务。

A. 时间片加权分配　　　　　　B. 短作业优先

C. 时间片轮转　　　　　　　　D. 可靠性和灵活性

二、多项选择题

1. 操作系统的主要设计目标是_____。

A. 可扩充性　　　　　　　　B. 使得计算机使用方便

C. 管理计算机资源　　　　　D. 计算机系统能高效工作

E. 可靠性

2. 计算机的软件分为_____。

A. 操作系统　　　B. 系统软件　　　C. 计算软件　　　D. 支撑软件

E. 应用软件

3. 设计实时操作系统必须首先考虑系统的_____。

A. 可移植性　　　B. 使用方便　　　C. 实时性　　　D. 效率

E. 可靠性

4. 以下属于国产操作系统的是_____。

A. 银河麒麟(Kylin)　　　　　　B. 中标麒麟(Neokylin)

C. 深度 Linux(Deepin)　　　　　D. 华为鸿蒙

E. Android

5. HarmonyOS 具备_____三大核心功能。

A. 分布式软总线　　　　　　B. 分布式数据管理

C. 分布式进程管理　　　　　D. 分布式安全

6. Windows Vista 操作系统相比 Windows XP 重要的改进是_____。

A. 全新的用户界面,用户界面有新的升级

B. 拥有快速搜索功能,可自动组织信息,以搜索文件、电子邮件及应用程序

C. 优化了高分辨率屏幕的显示效果

D. 安全与隐私更好,Windows Defender 有助于防止恶意软件、蠕虫、病毒及间谍软件攻击

E. 更高的性能,快速的应用程序与文件加载

7. 以下属于桌面操作系统的是_____。

A. Windows NT 3.5x　　　　　　B. Windows 2000

C. Windows 2003　　　　　　　D. Windows Vista

E. Windows 7

8. 分时操作系统的主要特点有_____。

A. 同时性　　　B. 协调性　　　C. 独立性　　　D. 实时性

E. 及时性

三、填空题

1. 计算机系统由_____和_____两大部分组成。

2. 如果一个操作系统兼有批处理、分时和实时操作系统三者或其中两者的功能,这样的操作系统称为_____。

3. 计算机系统能及时处理过程控制数据并作出响应的操作系统称为_____。

4. 允许若干作业同时装入主存储器,使用一个中央处理器轮流地执行各个作业,各作业可以同时使用各自所需的外围设备,提高资源利用率,但执行作业时用户不能直接干预的操作系统是_____。

5. 实时系统的引入主要是为了满足_____和_____两个领域的要求。

6. 网络操作系统的主要功能是实现各台计算机之间的_____以及网络中各种资源的_____。

四、简答题

1. 什么是计算机操作系统?

2. 叙述操作系统在计算机系统中的地位。

3. 批处理操作系统、分时操作系统和实时操作系统的特点各是什么?

4. 试对分时操作系统和实时操作系统进行比较。

第3章 计算机网络

内容与要求：

本章主要介绍了计算机网络的基础知识、Internet 及其应用、计算机网络体系结构和局域网技术等内容。具体包括计算机网络的发展历程、定义、功能、分类、性能指标等基础知识；Internet 基础、IP 地址、IPv6 概述、域名服务、移动互联网、Internet 应用等 Internet 相关知识；计算机网络体系结构概述、ISO/OSI 开放系统互连参考模型、TCP/IP 协议等计算机网络原理的相关知识；局域网基础、局域网的硬件和软件、虚拟局域网、无线局域网等局域网相关知识。

通过本章的学习，学生应了解计算机网络和 Internet 的起源、发展、现状以及应用等背景知识，理解计算机网络体系结构、OSI 参考模型和 TCP/IP 协议等基础理论知识，掌握计算机网络的定义、性能指标、IP 地址、域名服务、局域网相关技术等计算机网络的基础知识；培养爱国情怀、勤奋刻苦和团结协作精神，增强科技强国意识、创新意识、法律意识等。

知识体系结构图：

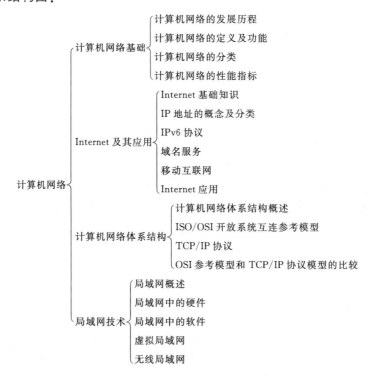

3.1　计算机网络基础

当前,我们正处在一个信息化的时代,要实现信息化就必须依靠功能完善的计算机网络,利用计算机网络可以非常迅速地传递信息和共享资源。计算机网络已经成为信息社会的命脉和发展知识经济的重要基础,计算机网络对社会生活的很多方面和社会经济的发展已经产生了不可估量的影响。

本节主要介绍计算机网络的发展历程、计算机网络的定义和功能、计算机网络的分类和性能指标等基础知识。通过本节的学习,大家应对计算机网络有一个初步的了解。

3.1.1　计算机网络的发展历程

21 世纪是以网络化、数字化和信息化为特征的信息时代;计算机技术和通信技术的结合产生了计算机网络,计算机网络的产生和发展对信息的组织方式和传输产生了深远的影响。那么计算机网络是如何发展起来的? 纵观计算机网络的发展历程,大致可以划分为四个阶段。

计算机网络
的发展历程

（1）面向远程终端联机的第一代计算机网络

在 20 世纪 60 年代中期之前,第一代计算机网络是以单个计算机为中心的远程联机系统。例如,由一台计算机和全美范围内 2000 多个终端组成的飞机订票系统,就是典型的第一代计算机网络。

除主机具有独立的数据处理功能外,计算机网络中所连接的终端设备没有 CPU 和内存,没有独立处理数据的功能,也不能为主机提供服务,因此终端设备与主机之间不能提供相互的资源共享,网络功能以数据通信为主。第一代计算机网络的结构如图 3-1(a)所示。

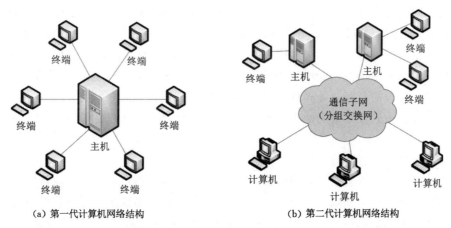

（a）第一代计算机网络结构　　　（b）第二代计算机网络结构

图 3-1　第一代和第二代计算机网络结构示意

第一代计算机网络与后来发展起来的计算机网络相比有着很大的区别。从严格意义上来说,该阶段的计算机网络还不是真正的计算机网络。

（2）多主机互联的第二代计算机网络

20 世纪 60 年代中期,美国出现了将若干台主机互联起来的系统。这些主机之间不但可以彼此通信,还可以实现与其他主机之间的资源共享。

这一阶段的典型代表就是美国国防部高级研究计划署开发的阿帕网(ARPANET)。ARPANET 组建的目的是将多个大学、公司和研究所的多台主机互联起来,实现资源共享,以便为军方服务。ARPANET 在网络的概念、结构、设计和实现方面奠定了计算机网络的基础。

此后,计算机网络得到了快速的发展,众多的计算机公司相继推出了自己的网络,比较著名的有 IBM 公司的 SNA(System Network Architecture)网络和 DEC 公司的 DNA(Digital Network Architecture)网络。

该阶段的计算机网络是真正的、严格意义上的计算机网络。计算机网络由通信子网和资源子网组成,通信子网采用分组交换技术进行数据通信,而资源子网提供网络中的共享资源服务。第二代计算机网络的结构如图 3-1(b)所示。

(3) 体系结构标准化的第三代计算机网络

20 世纪 70 年代,计算机网络技术快速发展,不同的组织和机构相继组建了各种不同体系结构的网络。同一体系结构的网络设备互联是非常容易的,但不同体系结构的网络设备要想互联十分困难。

随着社会的发展,不同的网络之间有着强烈的相互连接需求。因此,国际标准化组织(ISO)在 1977 年设立了一个分委员会,专门研究计算机网络体系结构标准化的问题。该委员会于 1983 年提出了著名的开放系统互连参考模型(Open Systems Interconnection Reference Model,OSI-RM),只要遵循 OSI 标准,不同地理位置的计算机就能够在世界范围内互联成网。在这一阶段,计算机网络走上了标准化的轨道。人们把体系结构标准化的计算机网络称为第三代计算机网络。

(4) 网络互联和高速化的第四代计算机网络

随着对网络需求的不断增长,计算机网络尤其是局域网的数量迅速增加。而这些众多的网络,有着强烈的相互联网的需求,以便实现在更大范围内的资源共享。通常将多个网络之间通过路由器等网络设备连接组成更大范围的网络称为互联网。特别是 1993 年美国宣布建立国家信息基础设施(National Information Infrastructure,NII)后,在世界范围内掀起了计算机网络建设的高潮。计算机网络技术向高速化、宽带化方向发展,计算机网络进入一个崭新的阶段。大家经常使用的 Internet,就是目前世界上最大的由众多网络互联而成的网络。

(5) 网络的发展趋势

人类社会已经进入基于网络的信息时代,Internet、移动通信技术的发展,使得网络应用已经渗透到了社会各个领域。大家知道,计算机网络的连接对象虽然是计算机设备,但本质上是实现人与人的信息传递。随着网络技术和感知技术的发展,网络的形态也在发生着变化,联网的对象不仅仅是计算机设备,还包括传感器、智能设备等在内的各种物体,这就是近年来热门的物联网技术。物联网强调的是物与物之间的连接,目的是实现万物互联。

物联网是在互联网的基础上发展起来的,互联网是物联网的基础,互联网和物联网在基础设施方面有一定程度的重合。

物联网最终的发展方向是泛在网。未来将是一个泛在网的世界,任何东西都可以进行网络互联。泛在网以无所不在、无所不包、无所不能为基本特征,以实现"4A"化通信为目标,即在任何时间(Anytime)、任何地点(Anywhere),任何人(Anyone)、任何物(Anything)之间都可以顺畅地通信。

　　泛在网包含了物联网、互联网的所有内容,以及人工智能和智能系统的部分范畴,是一个整合了多种网络的更加综合更加全面的网络系统。传感网是物联网的组成部分,而物联网又是泛在网发展的物联阶段,通信网、互联网、物联网之间相互协同融合是泛在网发展的终极目标。泛在网、物联网、互联网、传感网之间的关系如图 3-2 所示。

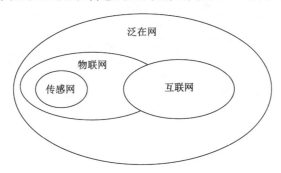

图 3-2　泛在网、物联网、互联网、传感网关系

　　新的信息通信技术改变我们传统的生产方式、工作方式、生活方式,并深入我们生活、工作的方方面面,包括知识结构、社会关系、经济、商业、政治、媒体、教育、医疗、娱乐等。物联网的泛在性将使人类由 Internet 进入泛在网时代,由"3A"(Anyone,Anytime,Anywhere)通信进入"4A"(Anyone,Anytime,Anywhere,Anything)通信,由"E 社会"(Electronic Society)进入"U 社会"(Ubiquitous Society)。

3.1.2　计算机网络的定义及功能

3.1.2.1　计算机网络的定义

计算机网络
的定义、
功能及分类

　　计算机网络是指利用通信设备和线路将功能独立的多个计算机连接在一起,并且在网络软件和协议的管理下,实现信息传递功能的系统。

　　从定义来看,计算机网络有三个要点:

　　① 必须有两台或两台以上具有独立功能的计算机(或者智能手机等移动终端设备)相互连接起来,以达到资源共享的目的;

　　② 必须要有通信线路(有形或无形的),提供计算机之间交换信息的通道;

　　③ 必须要遵守某种约定或规则(网络协议),才能实现信息交换。

　　计算机网络是计算机技术与通信技术相结合的产物,它的诞生使信息的传递和存储发生了翻天覆地的变化,有人认为计算机网络技术是人类自发明印刷术以来,在信息的传递和存储方面最大的变革。

　　需要注意的是,随着技术的发展,计算机网络所连接的对象并不局限于计算机,以智能手机为代表的各类智能设备也属于计算机网络连接的对象。

3.1.2.2　计算机网络的逻辑结构

　　计算机网络的组成,从逻辑功能上看,可以分为通信子网和资源子网,通信子网和资源子网的结构如图 3-3 所示。

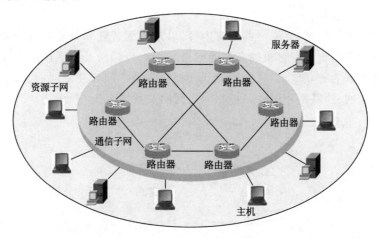

图 3-3　通信子网和资源子网的结构

（1）通信子网

通信子网由网络通信设备、通信线路及网络协议组成,负责网络中信息的传输,为用户提供信息传输、加工、转换等通信服务。

（2）资源子网

资源子网由计算机终端、外设及各种软件资源、信息资源等组成,负责全网数据处理和向网络用户提供资源及网络服务。

3.1.2.3　计算机网络的功能

（1）资源共享

资源共享是计算机网络的主要功能之一。资源包括硬件资源、软件资源和数据资源。硬件资源包括各种类型的计算机、大容量存储设备、计算机外部设备。硬件资源的共享可以提高设备的利用率,合理配置资源。软件资源和数据资源的共享可以充分利用已有的信息资源,减少软件开发过程中的劳动,避免大型数据库的重复建设。数据资源包括数据库文件、客户记录、销售记录、人事记录、采购记录、财务数据、办公文档资料、企业生产报表等。

（2）通信

通信是计算机网络最基本的功能。通信功能可以实现计算机与计算机之间快速传送各种信息,包括数字、文本、图形、图像、声音、视频流等各种多媒体信息。

（3）分布式处理

分布式处理可以把要处理的任务分散到各个计算机上运行,而不是集中在一台大型计算机上。这样不仅可以均衡各计算机的负载,提高处理问题的实时性,而且可以大大提高工作效率和降低成本。

（4）集中管理

对地理位置分散的组织和部门,可通过计算机网络来实现集中管理,如数据库情报检索系统、交通运输部门的订票系统、军事指挥系统等。

3.1.3　计算机网络的分类

计算机网络的分类标准很多,常采用以下几种分类方法。

(1) 按照计算机网络覆盖的地理范围分类

① 广域网(Wide Area Network,WAN)

广域网又称远程网,网络的覆盖范围广,一般从几十千米到数千千米,用于连接多个地区、城市甚至国家,并能提供远距离通信,形成国际性的远程网络。覆盖全球范围的 Internet 是目前最大的广域网。

② 城域网(Metropolitan Area Network,MAN)

城域网的网络规模一般是在一座城市范围内,覆盖的地理范围从几千米到几十千米甚至上百千米。城域网可以为一个或几个单位所拥有,也可以是一种公用设施,用来将多个局域网进行互联。典型的城域网例子是有线电视网和宽带无线接入系统。

③ 局域网(Local Area Network,LAN)

局域网的作用范围从几米到几千米,用于组建企业网和校园网,通常属于某个单位所有。在局域网发展的初期,一个学校或工厂往往只拥有一个局域网,而现在局域网已非常广泛,学校或企业大都拥有许多个互联的局域网(这样的网络常称为校园网或企业网)。局域网是最常见、应用最广泛的一种计算机网络。从技术上来说,目前常见的局域网主要有以太网(Ethernet)和无线局域网(WLAN)。

④ 个人域网(Personal Area Network,PAN)

个人域网是指在个人工作的地方,把属于个人使用的电子设备(如笔记本电脑、智能手机等)用无线技术连接起来的网络,因此也常称为无线个人域网 WPAN(Wireless PAN),其范围很小,一般在数米以内。

需要注意的是,网络不能简单以距离来区分。局域网指的是采用局域网技术的网络,广域网指的是采用广域网技术的网络。例如,邻居间通过不同因特网服务提供者(Internet Service Provider,ISP)连接网络后进行通信,虽然距离很近,但是属于广域网。若邻居间直接通过 Wi-Fi 或网线相连,则属于局域网。

(2) 按照计算机网络的使用者分类

① 公用网

公用网一般指国家的邮电部门建造的网络,属于国家的基础设施,如 CHINANET、CERNET 等。"公用"的意思就是所有愿意按邮电部门规定交纳费用的人都可以使用。

② 专用网

专用网一般指某个行业为本系统的特殊工作需要而建立的网络,这种网络一般不向系统以外的人提供服务。例如,军队、铁路、电力等系统均有本系统的专用网。

(3) 按传输介质分类

传输介质是网络中连接通信双方的物理通道。按照网络中传输介质的形态,可将计算机网络分为以下两类。

① 有线网络:采用双绞线、光纤、同轴电缆等有形的传输介质来传输数据的网络。

② 无线网络:采用红外线、微波等电磁波来传输数据的网络。

3.1.4　计算机网络的性能指标

计算机网络的性能可以由以下一些指标进行衡量。

计算机网络
的性能指标

（1）传输速率

传输速率又称为数据传输速率，是计算机网络中最重要的一个性能指标。传输速率是指数据在通信信道中的传送速率，即发送方通过信道向接收方传输数据的速度。由于计算机发送出的信号都是数字形式的，有时也称为比特率（Bit Rate）。

传输速率的单位是 bit/s（比特每秒），一般记作 b/s。由于现在网络的传输速率较高，常常在 b/s 的前面加上一个字母。例如，K（Kilo）$=10^3$，M（Mega）$=10^6$，G（Giga）$=10^9$，T（Tera）$=10^{12}$，P（Peta）$=10^{15}$ 等。例如，传输速率为 100 Mb/s，指的是 100×10^6 b/s。在日常谈到网络传输速率时，常省略传输速率单位中应有的 b/s，直接说"网络的传输速率是 100 M"。当提到网络的传输速率时，往往指的是额定传输速率或标称传输速率，而并非网络某个时刻实际的传输速率。

在换算网络传输速率时，特别要注意和二进制数据的换算单位不同，Kb/s、Mb/s、Gb/s 之间的进制是 10^3（1000），并非 2^{10}（1024），即 1 Gb/s＝1000 Mb/s，并不是 1024 Mb/s。

（2）带宽

在计算机网络中，带宽用来表示网络中通信线路传送数据的能力，因此带宽表示在单位时间内网络中的发送方到接收方所能通过的"最高比特率"。带宽的单位和传输速率单位一样，也是 bit/s 或者 b/s。注意，传输速率和带宽含义是不一样的，传输速率是指计算机在网络上传送数据的速度，而带宽是指网络能够允许的传送数据的最高速度。

需要注意的是，带宽的单位为 b/s，而计算机软件测试速率时一般采用的是 MB/s，需要把 bit 换算成 Byte。例如，某电信宽带用户的接入带宽为 100 M，也即 100 Mb/s。换算后带宽为 100 M 的网络理论最高数据传输速率为 12.5 MB/s。这也就是用户家中安装了百兆宽带，而软件显示的下载速率才 10 MB/s 左右的原因。

（3）吞吐量

吞吐量表示在单位时间内通过某个网络的实际数据量。在现实中，吞吐量是一个衡量网络性能优劣的主要指标，根据吞吐量能够知道实际上有多少数据在单位时间内通过了网络。

吞吐量受网络的带宽或网络的额定传输速率以及网络的其他因素限制，例如，对于一个带宽为 1 Gb/s 的千兆以太网，也就是说其额定传输速率是 1 Gb/s，那么这个数值也是该以太网的吞吐量的绝对上限值。实际上网络的吞吐量，还受其他因素（如拥塞）的影响，可能实际的吞吐量远低于 1 Gb/s，甚至吞吐量为零。就像设计时速很高的公路，在严重堵车后某时刻没有车辆通过，车辆的通过量为零，即吞吐量为零。

（4）时延

时延有时也称延迟，是指数据（报文、分组或者比特流）从发送端传送到接收端所需要的时间，一般由发送时延、传播时延、处理时延、排队时延组成。

计算机网络采用分组交换技术，即发送方将要发送的数据分成一个个的分组，然后把多个分组通过一系列节点（如路由器）传输到接收方，接收方再将这些分组组合成数据。在某个分组传输过程中,从一个节点到下一个节点会花费一些时间,该时间由不同类型的时延组成。

① 发送时延

发送时延指发送方主机(或路由器)把分组发送到信道所需要的时间,也就是从发送该分组的第一个比特算起,到该分组的最后一个比特发送完毕(即全部传输到信道上)所需的时间,即发送时延等于分组长度除以发送速率。做个比喻,假定有一个由 10 辆汽车组成的车队,按顺序依次通过高速公路收费站入口上高速,那么从第一辆汽车开始进入收费站入口,到最后一辆汽车驶出收费站入口所用的时间就是发送时延。

$$发送时延 = \frac{分组长度(bit)}{发送速率(bit/s)} \tag{3-1}$$

【例 3-1】 利用带宽为 100 Mb/s 的网络发送一个 10 MB 的文件,发送时延最短是多少?

解:当发送速率最高时,也就是发送速率等于带宽时,发送时延最短。

$$发送速率 = 100 \text{ Mb/s} = 100 \times 10^6 \text{ b/s}$$
$$分组长度 = 10 \text{ MB} = 10 \times 2^{10} \times 2^{10} \times 8 \text{ bit} = 83886080 \text{ bit}$$
$$发送时延 = \frac{分组长度(bit)}{发送速率(bit/s)} = \frac{83886080 \text{ bit}}{100 \times 10^6 \text{ bit/s}} \approx 0.84 \text{ s}$$

② 传播时延

传播时延是指分组从一个节点传输到下一个节点所需要的时间。传播时延取决于两个节点的长度和分组传播速率。分组在传输介质中是以电磁波的形式传播的,在自由空间的传播速率等于光速 3×10^8 m/s,在铜线电缆和光纤中约为光速的 2/3。例如,100 km 长的光纤线路产生的传播时延大约为 0.5 ms。

在上面的例子中,假定那个 10 辆汽车组成的车队从甲收费站要去 100 km 外的乙收费站(相当于两个相邻的节点)。如果每一辆车从进入收费站入口到驶出收费站入口要花费 10 s,那么车队驶出收费站入口所需的时间为 100 s,相当于发送时延是 100 s。进入高速公路后,全程保持 100 km/h 行车速度,那么在高速公路上的行车时间是 1 h,相当于传播时延为 1 h。

$$传播时延 = \frac{信道长度(m)}{电磁波在信道中的传播速率(m/s)} \tag{3-2}$$

【例 3-2】 有一个点对点链路,长度为 10 km,数据在此链路上的传播速率为 2×10^8 m/s,传播时延是多少?

解:传播时延取决于信道长度和数据在此链路中的传播速率。

$$信道长度 = 10 \text{ km} = 10000 \text{ m}$$
$$数据在链路中的传播速率 = 2 \times 10^8 \text{ m/s}$$
$$传播时延 = \frac{10000 \text{ m}}{2 \times 10^8 \text{ m/s}} = 5 \times 10^{-5} \text{ s} = 50 \text{ } \mu s$$

③ 处理时延

接收方主机(或路由器)在收到分组时要花费一定的时间进行处理,如分析分组的首部、从分组中提取数据部分、进行差错检验、找适当的路由等,这就产生了处理时延。

④ 排队时延

分组在传输过程中,需要经过一系列节点(或路由器)进行转发。当分组到达某节点(或路由器)时,要先排队等待处理,等候所需要的时间就是排队时延。排队时延往往取决于该节点(或路由器)当时的状态,有时发生拥塞后排队时延会很长。

四种时延的关系如图 3-4 所示。

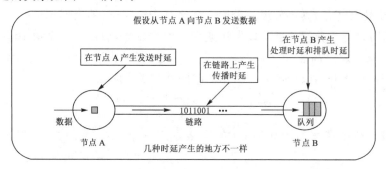

图 3-4　四种时延的关系

注意,"提高带宽,数据传输的速度一定变快"这种说法是不对的。因为总时延是由上面四种时延共同决定的,究竟哪一种时延占主导地位,需要根据情况具体分析。提高带宽,只能缩短发送时延。就像上面的例子,提高带宽类似于高速公路收费站入口从人工收费变成电子不停车收费系统(Electronic Toll Collection,ETC),缩短的只是车队完全进入高速公路的时间,并不能提高车队在高速公路上的行驶速度(决定传播时延),如果在路上堵车(某个节点发生拥塞,相当于排队时延和处理时延增加),有时所需要的总时间反而增加。

3.2　Internet 及其应用

互联网(Internet),又称因特网,是目前全球覆盖面最广、规模最大、信息资源最丰富的计算机网络。

本节主要介绍 Internet 基础知识、IP 地址的相关知识、IPv6 协议、域名服务、移动互联网和 Internet 应用。通过本节的学习,大家应对 Internet 及其相关知识有一个初步的了解。

3.2.1　Internet 基础知识

3.2.1.1　互联网和 Internet 的概念

早期的计算机网络由若干节点和连接这些节点的链路组成,网络中的节点可以是计算机或者集线器、交换机、路由器等网络设备,这样的网络一般称为局域网。随着对网络需求的不断增长,局域网之间有着强烈的互联需求,以便实现更大范围内的资源共享。

Internet
基础知识

如果把不同的计算机网络通过路由器等网络设备互联起来,构成一个覆盖范围更大的计算机网络,这样的网络称为互联网。因此,互联网是"网络的网络"。也就是说,计算机网络把许多计算机连接在一起,而互联网则把许多不同的网络通过路由器连接在一起。

还有一点必须注意,就是网络互联并不是仅仅把计算机简单地在物理上连接起来,因为这样做并不能达到计算机之间能够相互交换信息的目的。还必须在计算机上安装许多使计算机能够交换信息的软件才行。因此,当我们谈到网络互联时,就隐含地表示在这些计算机上已经安装了适当的软件,因而任何一台计算机可以通过网络和其他计算机进行通信或者共享资源。

常常使用一朵云来表示一个网络,这样做的好处是可以不去关心网络内部复杂的细节问题,只研究与网络互联有关的一些问题。局域网和互联网的结构示意如图 3-5 所示。

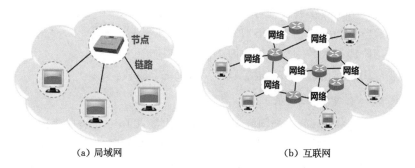

(a) 局域网　　　　　　　　　　　　(b) 互联网

图 3-5　局域网和互联网的结构示意

目前,互联网的数量众多,但是影响最大且大家最熟悉的就是 Internet。Internet 特指目前全球最大的、开放的、采用 TCP/IP 协议、由众多网络互联而成的计算机网络。

从技术角度看,Internet 是由分布在世界各地的、数以万计的、各种规模的子网,借助路由器相互连接而形成的全球性的互联网络。子网可以是局域网,也可以是广域网。子网中的主机可以是网络上的客户端、服务器或者路由器等设备。

从应用角度看,Internet 是一个世界范围的信息资源宝库。人们可以通过 Internet 阅读信息、查阅资料、购物、交流、即时通信,还可以享受远程医疗和远程教学等各种服务。Internet 上丰富的资源和获取资源的信息交流手段,为人们的工作、学习和生活带来了极大的便利。

3.2.1.2　Internet 的发展历史

Internet 的起源要追溯到 20 世纪 60 年代后期。当时美国国防部高级研究计划署研制了一个实验性网络 ARPANET,该网络问世时仅有 4 个节点,连接了加利福尼亚大学洛杉矶分校、加利福尼亚大学圣塔芭芭拉分校、斯坦福大学、犹他大学四所大学的 4 台大型计算机。

1976 年,ARPANET 发展到 60 多个节点,连接了 100 多台计算机主机,跨越整个美国大陆,并通过卫星连至夏威夷,延伸至欧洲,形成了覆盖世界范围的通信网络。1983 年,ARPANET 被分成两部分:一部分军用,称为 MILNET;另一部分仍称 ARPANET,供民用。ARPANET 上运行的网络核心协议由 NCP 转向 TCP/IP,这标志着 Internet 的正式诞生。

1985 年,美国国家科学基金会(National Science Foundation,NSF)筹建了六个拥有超级计算机的计算机中心。1986 年,NSF 组建了国家科学基金网 NSFNET,它采用三级网络结构,分为主干网、地区网、校园网,连接所有的超级计算机中心。NSFNET 覆盖了美国主要的大学和研究所,并且和 ARPANET 以及美国其他主要网络互联,就这样 NSFNET 替代ARPANET 成为 Internet 的主干网。1990 年,因实验任务已经完成,ARPANET 宣布关闭。

Internet 的发展引起了商家的极大兴趣。1992 年,美国 IBM、MCI、MERIT 三家公司联合组建了一个高级网络服务公司（ANS），建立了一个新的网络，叫作 ANSNET，成为 Internet 的一个主干网，从而使 Internet 开始走向商业化。随后，其他发达国家也相继建立了本国的 TCP/IP 网络，并连接到 Internet 上，一个覆盖全球的国际互联网（Internet）就这样形成了。

归纳起来，Internet 的发展过程可以分为三个阶段：

① 军用实验阶段（1969—1984 年），即 ARPANET 阶段；

② 学术应用阶段（1984—1992 年），即 NSFNET 阶段；

③ 向商业应用过渡阶段（1992 年后），即 ANSNET 阶段。

3.2.1.3　Internet 在中国的发展

1994 年我国通过一条 64 K 的国际卫星专线正式接入 Internet，成为国际互联网大家庭中的第 77 个成员。在国内，我国通过组建四大骨干网，为不同的用户提供 Internet 的各项服务。四大骨干网的建设，拉开了我国互联网发展的序幕。中国四大骨干网的具体情况见表 3-1。

表 3-1　中国四大骨干网

骨干网名称	服务对象	开通时间
中国科技网（CSTNET）	科研机构、高校、政府、科技企业	1994 年 4 月
中国教育和科研计算机网（CERNET）	科研机构、高校	1995 年 12 月
中国公用计算机互联网（CHINANET）	公众	1995 年 5 月
中国金桥信息网（CHINAGBN）	公众	1996 年 3 月

经过多年的发展，目前面向公众的骨干网主要由中国电信、中国联通、中国移动、中国广电等 Internet 服务商建设和运营，面向特定用户的骨干网主要包括中国教育科研网、中国科技网、中国国际经济贸易互联网和中国长城互联网（面向军队，不设国际出口带宽）。这些骨干网的建设，对我国的 Internet 发展起到了关键的作用，使我国成为 Internet 的应用大国。

我国在实施国家信息基础设施计划的同时，也积极参与了国际下一代互联网的研究和建设。1998 年由中国教育和科研计算机网 CERNET 牵头，以当时的网络设施和技术力量为依托，建设了我国第一个 IPv6 实验网，两年后开始分配地址。2000 年，中国高速互联研究实验网络 NSFCNET 开始建设，已分别与 CERNET、CSTNET 以及 Internet 2 和亚太地区高速网络 APAN 互联。2002 年，中日 IPv6 合作项目开始起步。由中国科学院、美国国家科学基金会、俄罗斯部委与科学团体联盟共同出资建设的中美俄环球科教网络（GLORIAD）于 2004 年 1 月开通，该网络采用光纤传输，形成一个贯通北半球的闭合环路。

2004 年 12 月，我国国家顶级域名.cn 服务器的 IPv6 地址成功登录全球域名根服务器，这表明我国国家域名系统进入下一代互联网。经过十多年的发展，我国已经成为 Internet 的应用大国。从中国互联网络信息中心（CNNIC）发布的第 49 次《中国互联网络发展状况统计报告》可知，截至 2021 年 12 月，我国网民规模达 10.32 亿，互联网普及率达 73.0%，形成了全球最为庞大、生机勃勃的数字社会；网络基础设施全面建成，工业互联网取得积极进展；数字政府建设加速推进，服务能力不断增强；未成年人使用互联网呈现新特点，网络保护机制逐步建立；即时通信等应用广泛普及，在线医疗、办公用户增长最快。

思政课堂

　　从计算机网络的发展历程来看,我国网络建设起步虽然晚,但是发展速度快。特别是 1994 年正式接入 Internet 后,我国网络基础设施的建设速度大大加快,迅速发展成为网络应用大国,目前正向网络强国迈进。我国网络发展历程告诉大家,起步晚并不可怕,只要有必胜的信念,奋发图强,必定会取得成功。大家一定要努力学习,奋发向上,学到过硬本领,掌握核心技术,早日把我国建设成为网络强国。

3.2.1.4　新一代 Internet

　　Internet 的发展历程,从目前来看,可以简单地划分为 Web 1.0、Web 2.0 和 Web 3.0 三个时代。

　　Web 1.0 指的是第一代互联网,其主要特点是网络平台单向地向用户提供内容,用户仅仅作为接收内容的一方。做个比喻,Web 1.0 相当于电视机,虽然有很多个电视频道供用户选择,但用户在这个阶段只能被动地接收平台规定好的内容,还无法进一步参与到网络中。我国在 2000 年前后掀起的门户网站建设高潮,如搜狐、新浪、网易等就是 Web 1.0 的典型代表。

　　2005 年,以博客为代表的 Web 2.0 概念推动了互联网的发展。Web 2.0 的本质就是互动,它让网民更多地参与信息产品的创造、传播和分享,Web 2.0 概念的出现标志着互联网新媒体发展进入新阶段。Web 2.0 极大地改善了 Web 1.0 单向地向用户提供内容的模式,用户可以在网络平台上上传信息(包括文字、图片、视频等),也可以与其他用户进行交流。互联网从"平台向用户的单向传播",变成了"用户与用户的双向互动"。现在流行的抖音、博客、微博、知乎、推特,这些平台都是 Web 2.0 的典型代表。

　　近几年来,以去中心化、智能化和泛在化为特征的 Web 3.0 概念频繁出现。Web 3.0 被称为新一代 Internet,是一个运行在"区块链"技术之上的"去中心化"的互联网。在 Web 3.0 下能够实现广泛的互联,在人工智能的加持下实现数据的融合,构建个性化的网络环境。同时,Web 3.0 将依靠区块链技术做到去中心化,打破如今互联网公司对用户数据的垄断,把互联网权利还给网络参与者。随着技术的发展,将来会实现元宇宙这种互联网的形态。

　　简单地归纳,Web 1.0 时代用户只能读取信息;Web 2.0 时代用户之间信息可以交互;Web 3.0 时代用户信息拥有完全所有权,可以实现自主控制。Web 1.0 到 Web 3.0 的变化情况如图 3-6 所示。

3.2.2　IP 地址的概念及分类

3.2.2.1　IP 地址的概念

　　在 Internet 中,各个主机之间为了实现信息的传递,必须要采用某种方式来唯一标识自己,以便识别不同的对象。就像在现实社会中,每个人都用身份证号码来确定自己的身份。在 Internet 中,通过 IP 地址来唯一标识各类设备,IP 地址必须是全球唯一的。

IP 地址的概念及分类

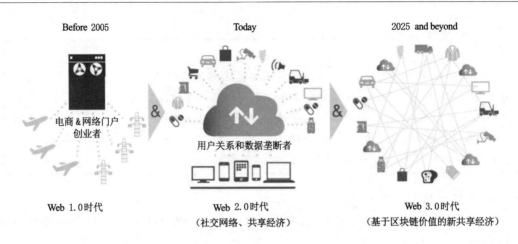

Web 1.0时代 | Web 2.0时代
(社交网络、共享经济) | Web 3.0时代
(基于区块链价值的新共享经济)

图 3-6　Web 1.0 到 Web 3.0 的变化情况

　　按照 TCP/IP 协议的规定,在 IPv4(IP 协议的版本)中,一个 IP 地址由 32 个二进制位表示,也就是 4 字节。由于 32 bit 的 IP 地址不易书写和记忆,通常采用"点分十进制表示法"。具体方法是先把 32 bit 的 IP 地址平均分为 4 组,每组 8 bit,中间使用符号"."隔开。然后将其换算成十进制数,每组的取值范围是 0~255,IP 地址的形式就可以表示为:aaa. bbb. ccc. ddd。

　　例如,某个 IP 地址为:　00001110　00010001　00100000　11010011
　　采用点分十进制表示法为:　14　　.　17　　.　32　　.　211
　　表 3-2 中列举了一些采用点分十进制标识的 IP 地址。

表 3-2　点分十进制表示法举例

32 位二进制数	点分十进制数
10000001 00110100 00000110 00000000	129.52.6.0
11000000 10101000 00000001 00000001	192.168.1.1
00001010 00000010 00000000 00100101	10.2.0.37
10000000 00001010 00000010 00000011	128.10.2.3
11010001 10000000 11111111 00000000	209.128.255.0

　　每个 IP 地址由网络号和主机号两部分组成:网络号用于确定计算机从属哪一个物理网络,主机号用于确定某个网络中的计算机。主机号的位数决定某个网络号中可分配的 IP 地址数量。IP 地址的组成如图 3-7 所示。

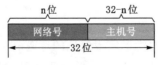

图 3-7　IP 地址的组成

3.2.2.2　IP 地址的分类

　　为了适应不同规模的网络,可将 IP 地址分为固定的 A、B、C、D、E 五类,A 类地址分配给拥有大量计算机的大型网络,B 类地址分配给中等规模的网络,C 类地址分配给小型网络,D 类地址用于组播,E 类地址是保留地址。IP 地址的具体分类如图 3-8 所示。

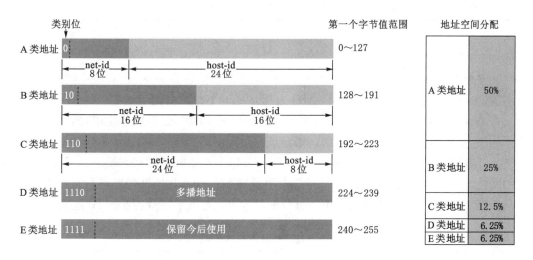

图 3-8　IP 地址的分类

　　(1) A 类地址

　　A 类地址的网络号由第 1 字节即 8 位二进制数表示,主机号由后面连续的 3 字节即 24 位二进制数表示。

　　A 类地址的第 1 字节的第一位固定为 0,地址范围:1.0.0.0—127.255.255.255。

　　(2) B 类地址

　　B 类地址的网络号由第 1 字节和第 2 字节的 16 位二进制数表示,主机号由剩余的 2 字节 16 位二进制数表示。

　　B 类地址的第 1 字节的前两位固定为 10,地址范围:128.0.0.0—191.255.255.255。

　　(3) C 类地址

　　C 类地址的网络号由前 3 字节 24 位二进制数表示,主机号由第 4 字节 8 位二进制数表示。

　　C 类地址的第 1 字节的前三位固定为 110,地址范围:192.0.0.0—223.255.255.255。

　　(4) D 类地址

　　D 类地址不分网络号和主机号,它的第 1 字节的前四位固定为 1110。

　　D 类地址范围:224.0.0.0—239.255.255.255。

　　(5) E 类地址

　　E 类地址不分网络号和主机号,它的第 1 字节的前四位固定为 1111。

　　E 类地址范围:240.0.0.0—255.255.255.255。

　　各类地址可容纳的地址数目不同,具体情况见表 3-3。

表 3-3　分类 IP 地址的范围

地址类别	最大网络数	IP 地址范围	最大主机数
A 类地址	$126(2^7-2)$	1.0.0.0—127.255.255.255	16777214
B 类地址	$16383(2^{14}-1)$	128.0.0.0—191.255.255.255	65534
C 类地址	$2097151(2^{21}-1)$	192.0.0.0—223.255.255.255	254

3.2.2.3　特殊的 IP 地址

在整个 IP 地址资源中,并不是所有的 IP 地址都能够进行分配,还有一些特殊的 IP 地址不能进行分配。主要有以下几类地址不能分配或者不推荐分配。

在 A、B、C 类地址中,网络号或者主机号全 0 和全 1 的一般不推荐使用,网络号全 0 代表本网络,主机号全 1 代表本网络的广播地址。

另外有两类保留地址不能分配。127.X.Y.Z 用于本地软件环回测试。如果 IP 地址设置的是自动获取,而又没有找到可用的 DHCP 服务器(分配 IP 地址的服务器),操作系统就会从 169.254.X.Y 中随机选取一个进行分配。表 3-4 列出了一些特殊的 IP 地址。

表 3-4　一般不使用的特殊的 IP 地址

网络号	主机号	代表的意思
全 0	全 0	在本网络上的本主机
全 1	全 1	只在本网络上进行广播(各路由器均不转发)
127	全 0 或全 1 的任何数	用于本地软件环回测试
169.254	全 0 或全 1 的任何数	若计算机设置为自动获取 IP 地址,无法从 DHCP 服务器中分配到地址时,自动分配的 IP 地址

还有一些私有地址不进行分配,只供局域网等内部网络使用。具体私有地址如表 3-5 所示。

表 3-5　私有 IP 地址

地址类别	IP 地址范围
A 类地址	10.X.Y.Z
B 类地址	172.16.X.Y—172.31.X.Y
C 类地址	192.168.0.X—192.168.255.X

3.2.3　IPv6 协议

IPv6 是英文"Internet Protocol Version 6"(互联网协议第 6 版)的缩写,是因特网工程任务组(Internet Engineering Task Force,IETF)设计的用于替代 IPv4 的下一代 IP 协议。经过多年的研究和实验,IETF 于 2017 年 7 月发布了 IPv6 的正式标准。

IPv6 协议

3.2.3.1　IPv6 概述

（1）IPv6 的研究背景

现在使用的 IP 地址（IPv4）是在 20 世纪 70 年代末期设计的。互联网经过几十年的飞速发展，到 2011 年 2 月，IPv4 的地址已经耗尽，ISP 已经不能再申请到新的 IP 地址块了。我国在 2014 年也逐步停止了向新用户和应用分配 IPv4 地址，同时开始全面商用部署 IPv6。IPv6 是用于替代 IPv4 的下一代 IP 协议。

由于 IPv4 本身存在一些局限性，因而面临着以下问题：

① IP 地址的消耗引起地址空间不足，IP 地址只有 32 位，可用的地址有限；

② IPv4 缺乏对服务质量优先级、安全性的有效支持；

③ IPv4 协议配置复杂，特别是随着个人移动计算机设备上网、网上娱乐服务的增加、多媒体数据流的加入，以及安全性等方面的需求增加，研制新一代 IP 协议的需求迫切。

（2）IPv6 的特点

① IPv6 地址长度为 128 位，地址空间增大了 2^{96} 倍，从根本上解决了 IP 地址不足的问题，特别是在万物互联的时代，为物联网的发展奠定了基础；

② 支持更多的服务类型；

③ 能够提高安全性，实现身份认证和隐私权等关键安全特性；

④ 允许协议继续演变，增加新的功能，使之适应未来技术的发展。

（3）IPv6 的优势

IPv6 与 IPv4 相比，在地址空间、地址设定、路由地址构造、安全保密性、网络多媒体等方面有了明显的改进和提高，其最大的优势是解决了 IP 地址不足的问题。在 IPv6 中，每个地址占 128 位，地址空间大于 3.4×10^{38} 个。如果将 IPv6 地址平均分布在整个地球表面，那么每平方米约拥有 6.7×10^{23} 个 IP 地址。如果地址分配速率是每微秒分配 100 万个地址，则大约需要 10^{19} 年的时间才能将所有可能的地址分配完毕。由此可见，IPv6 的地址空间是多么巨大，将彻底解决地址不足的问题。

（4）IPv6 的发展

由于现有的大量网络是基于 IPv4 建设的，IPv6 不可能立刻替代 IPv4，因此在相当长一段时间内 IPv4 和 IPv6 会共存。要实现平稳的转换过程，对现有的使用者影响最小，就需要有良好的转换机制。目前，一般采用双协议栈、隧道技术以及网络地址转换等机制。

随着 5G 的商用，人工智能、物联网等技术的发展，IPv6 的发展和应用逐步加快。我国多次从国家层面发布加快推进 IPv6 规模部署和应用的通知，如 2017 年 11 月中共中央办公厅、国务院办公厅印发了《推进互联网协议第六版（IPv6）规模部署行动计划》，2021 年 7 月国家发展改革委、工信部等多部门联合印发了《关于加快推进互联网协议第六版（IPv6）规模部署和应用工作的通知》，旨在加快 IPv6 的发展和应用。当前，中国 IPv6 网络基础设施规模全球领先，已申请的 IPv6 地址数位居全球第一。根据计划，到 2025 年年末，我国将全面建成领先的 IPv6 技术、产业、设施、应用和安全体系，使得 IPv6 网络规模、用户规模、流量规模位居世界第一，全面完成向下一代互联网的平滑演进升级，形成全球领先的下一代互联网技术产业体系。

思政课堂

在国家政策的支持、政府的引导、市场的驱动下，IPv6 在我国得到了迅速的发展，现在 IPv6 网络基础设施规模全球领先，已申请的 IPv6 地址数位居全球第一。

大家要从 IPv6 的发展中汲取力量，增强科技强国意识，努力学习，立足自主创新、自立自强，掌握核心技术，实现从跟跑到领跑的转变，早日把我国建设成为网络强国。

3.2.3.2　IPv6 地址表示方法

（1）IPv6 地址表示方法

在 IPv6 中，每个地址占 128 位，不再使用 IPv4 的"点分十进制表示法"，而采用"冒号十六进制记法"，即把 128 位地址写成 8 组，每组 16 位，表示成 4 个十六进制数的形式，每组之间用冒号分隔。例如 CDCD:0000:0000:5498:8475:1111:3900:0020 就是一个 IPv6 地址。

由于 IPv6 地址长度较长，为了更加简洁一些，每组中前面的 0 可以省略，如果每组中有 4 个 0 则可以表示为 1 个 0。

例如，IPv6 地址 CDCD:0000:0000:5498:8475:0000:3900:0020 可以表示为：CDCD:0:0:5498:8475:0:3900:20。

IPv6 地址还可以采用零压缩，即一串连续的 0 可以用一对冒号取代。

例如，IPv6 地址 CDCD:0000:0000:5498:8475:0000:3900:0020 可以表示为：CDCD::5498:8475:0:3900:20。

需要注意的是，在每个 IPv6 地址中只能使用一次零压缩。

例如，IPv6 地址 2022:0000:0000:0000:8:0000:0000:BE7A 可以表示为：2022::8:0:0:BE7A 或者 2022:0:0:0:8::BE7A，不可以表示为：2022::8::BE7A。

（2）IPv4 地址转换为 IPv6 地址

IPv4 地址长度是 32 位，采用的是点分十进制表示法。IPv6 地址长度是 128 位，采用的是冒号十六进制记法。如果要把 IPv4 地址转换为 IPv6 地址，需要在前面补齐 96 个 0，并且转换成冒号十六进制记法。

转换的具体方法是，首先把十进制的 IPv4 地址表示方式转换为十六进制的表示方式，然后转换成冒号十六进制记法，最后在前面补齐 96 个 0。

例如，把 IPv4 地址 192.168.1.1 转换为 IPv6 地址的一般步骤为：

192.168.1.1 按十六进制表示：C0.A8.01.01；

采用冒号十六进制记法：C0A8:0101；

在前面补齐 96 个 0：0000:0000:0000:0000:0000:0000:C0A8:0101；

零压缩后表示为：0:0:0:0:0:0:C0A8:0101 或者::C0A8:0101。

3.2.4　域名服务

互联网上的两台主机间通信时，需要知道对方的 IP 地址。由于 IP 地址是用一串数字表示的，用户很难记忆，为此使用了一种便于记忆的地址，称为域名。

域名服务

（1）域名系统 DNS

在日常的应用中，人们使用便于记忆的域名来访问主机。例如，大家访问山西能源学院网站时，可以很方便地使用其域名：sxie.edu.cn，而不是很难记忆的 IP 地址。而在网络层通信时必须使用 IP 地址，这就需要把域名转换为 IP 地址，这种服务就是域名服务。

能够实现域名服务的系统称为域名系统（Domain Name System，DNS）。DNS 是因特网的一项基础设施，由很多台分布在全球的域名服务器组成，构成一个域名和 IP 地址相互映射的联机分布式数据库系统。当用户使用主机域名进行通信时，由域名服务器完成域名解析服务，即把主机的域名转换为对应的 IP 地址。

域名服务器根据域名的层次结构进行解析。根据解析域名的级别，可将域名服务器由高到低分为 4 个级别：根域名服务器、顶级域名服务器、权限域名服务器和本地域名服务器。

① 根域名服务器

根域名服务器是域名系统中最重要的服务器，由互联网管理机构配置建立，是最高层次的服务器，负责对互联网所有顶级域名服务器进行管理和解析。

全球共有 13 组顶级域名服务器，其中主根部署在美国，剩余的 12 组辅根中有 9 组在美国，1 组在英国，1 组在瑞典，1 组在日本。需要注意的是，每组根域名服务器由分布在全球的多个服务器组成，形成一个集群，对外统一为 1 台逻辑的根域名服务器。每一个地点的根域名服务器往往由多台机器组成。截至 2020 年 9 月 3 日，全球共有 1098 个根域名服务器在运行，其中我国有 27 个。

随着 IPv6 的发展，中国联合 WIDE 机构（现国际互联网 M 根运营者）等提出了基于 IPv6 的"雪人计划"，在全球建立 25 组根服务器，全面合理分配新一代互联网的根服务器，中国部署了其中的 4 组，由 1 组主根服务器和 3 组辅根服务器组成，打破了中国过去没有根服务器的困境。

 思政课堂

　　"雪人计划"基于 IPv6 技术框架，目的是打破现有国际互联网 13 组根服务器的数量限制，克服根服务器在拓展性、安全性等技术方面的缺陷，制定更完善的下一代互联网根服务器运营规则，为在全球部署下一代互联网根服务器做准备！

　　"雪人计划"的成功实施，打破了中国过去没有根服务器的困境。从这一案例中大家要认识核心技术的重要性，同时应该树立自信心，相信中国一定行，要努力学习，掌握核心技术，早日把我国建设成为网络强国。

② 顶级域名服务器
顶级域名服务器负责管理在该顶级域名服务器上注册的所有二级域名。
③ 权限域名服务器
权限域名服务器负责某一个区域的域名解析服务。当一个权限域名服务器不能给出最后的查询回答时，就会告诉发出查询请求的 DNS 客户，下一步应当找哪一个权限域名服务器。
④ 本地域名服务器
本地域名服务器有时也称为默认域名服务器。本地域名服务器一般是指 ISP 提供的域

名服务器,如我们常常使用地址为 114.114.114.114 的默认域名服务器。

(2) 域名结构

域名采用层次树状结构的命名方法。域名从左到右构造,表示的范围从小到大(从低到高)。一个域名由若干元素或标号组成,由"."分隔,称为域名字段。一个域名字段最右边为顶级域名,最左边为该台网络服务器的名称,其一般格式为:

….四级域名.三级域名.二级域名.顶级域名

域名树结构如图 3-9 所示。

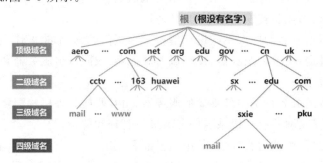

图 3-9 域名树结构

例如,山西能源学院 WWW 服务器的域名为:www.sxie.edu.cn,这个域名中的 cn 代表中国,edu 表示教育机构,sxie 则表示山西能源学院,www 表示山西能源学院的 WWW 服务器。

注意:域名只是个逻辑概念,并不代表计算机所在的物理地点。

顶级域名可分为:① 国家和地区顶级域名,按照 ISO 3166 国家地区代码分配顶级域名,目前已经有 316 个国家和地区顶级域名;② 通用顶级域名;③ 新顶级域名等。截至 2021 年 1 月,共有 1589 个顶级域名。常用的一些顶级域名如表 3-6 所示。

表 3-6 常用的一些顶级域名

国家和地区顶级域名		通用顶级域名	
国家和地区	域名	机构	域名
中国	cn	工商企业	com
美国	us	网络提供商	net
日本	jp	非营利组织	org
加拿大	ca	政府部门	gov
英国	uk	教育机构	edu
法国	fr	科研机构	ac
中国香港	hk	军事机构	mil
中国台湾	tw	国际组织	int

(3) 域名管理机构

域名地址由国际组织网络信息中心(Network Information Center,NIC)集中管理,统一分配。各级域名的管理权授予相应的机构,各管理机构可以将管辖内的各域进一步划分成若干个子域,管理权再授予相应的子机构,以完成所属主机名和主机 IP 地址的管理。

目前全球共有三个这样的网络信息中心:① InterNIC,负责美国及其他地区;② ENIC,负责欧洲地区;③ APNIC,负责亚太地区。

3.2.5　移动互联网

移动通信技术和互联网的融合产生了移动互联网。移动互联网继承了移动通信技术和互联网的优势,是一个以宽带 IP 为技术核心的,可同时提供话音、传真、数据、图像、多媒体等高品质电信服务的新一代电信基础网络,由运营商提供无线接入,互联网企业提供各种应用。

3.2.5.1　移动互联网概述

(1) 移动互联网的概念

人们希望在移动的过程中高速地接入互联网,获取急需的信息,完成某些工作。所以,移动通信技术与互联网相结合是历史的必然。

移动互联网指以各种类型的移动终端作为接入设备,使用各种移动网络作为接入网络,互联网企业提供各种成熟的应用,从而实现包括传统移动通信、传统互联网及其各种融合创新服务的新型业务模式。

现在,全世界各地的用户正以惊人的速度普及各种各样的智能设备,甚至新的技术和产品还改变了我们交流、娱乐、教育及购物的方式。到 2025 年,预计全球的联网设备数量将会达到 246 亿个。

移动互联网业务和应用包括移动环境下的网页浏览、视频浏览、移动社区、在线支付、文件下载、位置服务、在线游戏等多种业务。随着宽带无线移动通信技术的进一步发展,移动互联网业务的发展将成为继宽带技术后互联网发展的又一个推动力,为互联网的发展提供一个新的平台,使互联网更加普及。同时,移动互联网业务也成为移动运营商业务发展的战略重点。当前中国的移动互联网应用的发展趋势主要表现在手机游戏、位置服务、移动搜索引擎、移动社区发展等方面。

(2) 移动互联网的特点

① 移动性

移动互联网的基础网络是一张立体的网络,GPRS、EDGE、4G、5G 和 WLAN 或 Wi-Fi 构成的无缝覆盖,使得移动终端可以在移动过程中方便地实现联通网络。

② 便携性

移动互联网的基本载体是移动终端。移动终端不仅仅是智能手机、平板电脑,还有可能是智能眼镜、手表、服装、饰品等各类可穿戴智能设备,这些设备具备便携性,能够随时随地方便使用。

③ 即时性

在便捷性的支持下,人们可以充分利用生活中、工作中的碎片化时间,随时接收和处理互联网的各类信息,不再担心有任何重要信息、时效信息被错过。

④ 定位性

基于卫星定位、基站定位甚至是室内定位技术,移动互联网能够提供定位服务。定位不仅能够确定移动终端所在的位置,还可以根据个人的情况进行服务的推荐和指导,提供周到的个性化智能服务。

⑤ 精准性

移动互联网能够针对不同的个体,提供更为精准的个性化服务。尤其是智能手机,每一个电话号码都精确地指向一个明确的个体,例如,在疫情防控的情况下,利用手机的精准定位功能,可以实时追踪密切接触人群,时空伴随者成为疫情防控期间的一个热词。

当然移动互联网也有一些局限性,其受到网络能力和终端能力的限制。在网络能力方面,移动互联网受到无线网络传输环境、技术能力等因素限制;在终端能力方面,受到终端设备性能、处理能力、电池容量等限制。

3.2.5.2 移动互联网的应用与发展

（1）移动互联网的应用领域

① 通信行业

通信行业为移动互联网的发展提供了必要的硬件支撑。与传统的通信行业不同,移动互联网实现了人与人之间的紧密连接,而且成本极低,可以随时、随地相互联系。

② 医疗行业

移动互联网对医疗行业的影响较大,目前已经有很多医疗业务因为移动互联网的出现而作出改革。当前已经广泛使用的应用有在线挂号、在线就医、在线预约、远程医疗合作及在线支付等。

③ 移动电子商务

移动电子商务可以为用户随时随地提供所需的应用、信息及各类服务,用户通过手机终端就可以便捷地选择及购买商品和服务。同时,移动电子商务提供了多种方便的支付手段,不仅支持各种银行卡支付,还支持手机支付、电话支付等。

④ 移动电子政务

移动互联网的使用使政府部门和民众的距离变短,各种方针政策可以快速发布并落实。这加快了各类消息政策的传输速度,让政务信息更加公开化、快捷化、透明化,也让人民群众直接感受到政府就在身边。

实际上,移动互联网的应用遍及各个领域,如教育、体育、娱乐、会议、交通等领域,这里就不一一赘述了。

（2）移动互联网的发展趋势

移动互联网的浪潮正在席卷到社会的方方面面,新闻阅读、视频节目、电商购物、公交出行等热门应用都出现在移动终端上,移动用户规模早就超过了 PC 用户。移动互联网的发展趋势主要可以概括为:

① 移动互联网超越 PC 互联网,引领发展新潮流。

有线互联网是互联网的早期形态,移动互联网是互联网的未来。PC 只是互联网的终端之一,智能手机、平板电脑、电子阅读器已经成为重要终端,电视机、冰箱、微波炉、抽油烟机等智能家电正在成为终端,而眼镜、手表等智能可穿戴设备也将成为泛终端。

在美国,Facebook 已经统治了社交网络,统治了移动端,我国腾讯公司的微信也统治了移动端。2021 年微信的月活跃用户数已经超过 12 亿,每天有 3.3 亿人进行视频通话,7.8 亿人进入朋友圈,1.2 亿人发朋友圈。在移动支付方面,微信也有着非常重要的作用。

② 移动互联网和传统行业融合,催生新的应用模式。

在移动互联网、云计算、物联网等新技术的推动下,传统行业与互联网的融合正在呈现新的特点,平台和模式都发生了改变。这一方面可以作为业务推广的一种手段,如食品、餐饮、娱乐、航空、汽车、金融、家电等传统行业的 App 和企业推广平台;另一方面也重构了移动端的业务模式,如医疗、教育、旅游、交通、传媒等领域的业务改造。

③ 移动互联网商业模式多样化。

移动互联网业务的新特点为商业模式创新提供了空间。随着移动互联网发展进入快车道,网络、终端、用户等方面已经打好了坚实的基础,移动互联网已融入主流生活与商业社会,移动游戏、移动广告、移动电子商务、移动视频等业务模式流量变现能力快速提升。

④ 大数据挖掘将实现精准营销。

随着移动宽带技术的迅速提升,更多的传感设备、移动终端随时随地地接入网络,加之云计算、物联网等技术的带动,移动互联网步入了"大数据"时代。目前的移动互联网领域,仍然以位置的精准营销为主,但未来随着大数据相关技术的发展,以及人们对数据挖掘的不断深入,针对用户个性化定制的应用服务和营销方式将成为发展趋势。

3.2.6　Internet 应用

Internet 诞生以后,早期主要是为军方实验和学术应用服务的。直到 20 世纪 90 年代初期,Internet 开始商业化后,网络的规模开始呈现指数级别增长,Internet 用户才开始大量增长,网络应用才开始丰富起来。特别是移动互联网技术发展起来以后,Internet 应用极其丰富起来,各项服务更是渗透到社会的各个方面。简单来说,Internet 应用主要有以下几方面。

(1) WWW 服务

万维网(World Wide Web,WWW)是 Internet 上集文本、声音、图像、视频等多媒体信息于一身的全球信息资源网络,是 Internet 上的重要组成部分。大家日常生活中浏览网页,使用的就是 WWW 服务。

WWW 服务曾经是 Internet 上使用量最高的应用。信息资源以网页形式存储在 WWW 服务器中,用户通过浏览器向 WWW 服务器发出请求;服务器根据浏览器请求内容,将保存在 WWW 服务器中的某个页面发送给浏览器;浏览器在接收到该页面后对其进行解释,最终将多媒体信息呈现给用户。

(2) 电子邮件服务

电子邮件(Email)服务是 Internet 最早最重要的服务方式之一,用户只要能与 Internet 连接,通过收发电子邮件的程序就可以与 Internet 上所有 Email 用户方便、快速地交换电子邮件。通过电子邮件系统,用户可以非常方便地和世界上任何一个角落的网络用户联系。电子邮件服务极大地方便了人与人之间的沟通与交流,促进了社会的发展。

电子邮件可以是文字、图像、声音等多种形式。同时,用户也可以得到大量免费的新闻、专题邮件。

在电子邮件系统中,负责电子邮件收发管理的计算机称为邮件服务器,邮件服务器分为发送邮件服务器和接收邮件服务器。

(3) 网络信息检索服务

信息检索服务是指 Internet 用户在网络终端,通过特定的网络搜索工具或通过浏览的方式,查找并获取自己所需信息的行为。

搜索引擎是信息检索服务的一种常用的工具。搜索引擎按其工作方式主要可分为全文搜索引擎、目录索引类搜索引擎和元搜索引擎。其中,全文搜索引擎使用率最高,常用的有百度、搜狗、谷歌等。

百度是全球最大的中文搜索引擎,可以通过搜索关键词在瞬间找到相关的搜索结果,曾经出现了"万事不决问度娘"的说法。除网页搜索外,百度还提供图片、文库、地图、视频、知道等多样化的搜索服务,提供以百度贴吧、百度知道、百度百科为代表的搜索社区服务。百度搜索非常简单,只需要在搜索框内输入需要查询的内容,就可以得到最符合查询需求的网页内容。搜索引擎的智能化,使得我们不需要经过专业的培训就能够使用信息检索服务。

（4）即时通信服务

即时通信是目前 Internet 上最为流行的通信方式,允许多人使用即时通信软件实时地传递文字信息、文档、语音以及视频等信息流。随着软件技术的不断提升以及相关网络配套设施的完善,即时通信软件的功能日益丰富,除了基本通信功能以外,还逐渐集成了电子邮件、博客、音乐、电视、游戏和搜索等多种功能,而这些功能促使即时通信软件已经不再是一个单纯的聊天工具,而是集交流、娱乐、商务办公、客户服务等功能为一体的综合化信息平台。

典型的即时通信工具有微信、QQ、钉钉、WhatsApp、Facebook Messenger、Skype、企业微信、Viber、MSN 等。

（5）网络教学

网络教学是指在 Internet 或者校园网上构筑的教与学环境（或称虚拟课堂）,如教学网站、网络实验实训平台、网络教学平台等。网络教学使教学不受时间和空间的限制,随时可以进行学习。近几年,通过互联网进行的线上学习已经越来越流行。特别是疫情期间,利用网络教学,大学生以及中小学生在延期开学的情况下做到了"停课不停学",为保障教学作出了贡献。

（6）博客和微博

博客（Blog）,又称为网络日志,是一种由个人管理、不定期张贴新的文章及其他内容的网页,是社会媒体网络的一部分。

微博（MicroBlog）是一个基于用户关系的信息分享、传播以及获取的平台。用户可以通过微博组建个人社区,以 140 字左右的文字更新信息,并实现即时分享。最早也是最著名的微博是美国的 Twitter,我国使用最广泛的是新浪微博。

 思政课堂

　　Internet 应用已经渗透到人们的生活中,WWW 服务、即时通信服务等应用更是频繁使用。Internet 深刻改变着人们的生产生活,有力推动着社会发展。

　　在享受网络带来的便利时,网络谣言、网络诈骗、网络泄密、钓鱼网站等安全事件也层出不穷。大家在使用网络时,要树立起网络安全意识,提升安全防护技能,防范网络诈骗,防止网络泄密。同时也要知法懂法守法,依法规范使用网络,共同筑牢网络安全防线。

3.3　计算机网络体系结构

计算机网络体系结构是计算机网络的各层及其协议的集合。通俗地说,体系结构是一个计算机网络的功能层次及其关系的定义。它定义了如何划分层,每层应该实现的功能,层和层之间的关系以及每层的功能由哪些协议来实现。

本节主要介绍计算机网络体系结构的理论知识、ISO/OSI 开放系统互连参考模型、TCP/IP 协议等知识。通过本节的学习,大家应对计算机网络原理有一个初步的了解。

3.3.1　计算机网络体系结构概述

3.3.1.1　计算机网络体系结构的简介

（1）建立计算机网络体系结构的必要性

计算机网络
体系结构概述

计算机网络的本质是实现地理位置不同的计算机的信息传递,即从信源到信宿的数据传输,如连接在网络上的两台计算机互相传送图像。要实现这一功能,要做的工作比你想象的要复杂得多,除了在这两台计算机之间建立一条传送数据的通路外,至少还需要完成以下几项工作:

① 发送方的计算机必须将数据通信的通路激活,以保证要传送的计算机数据能在这条通路上正确发送和接收。

② 发送方的计算机要告诉网络如何识别接收方的计算机。

③ 发起通信的计算机必须查明接收方计算机是否准备好接收数据。

④ 发送方的计算机中的应用程序必须弄清楚,接收方计算机中的文件管理程序是否已经做好接收文件和存储文件的准备工作。

⑤ 若计算机的文件格式不兼容,则至少其中一台计算机应完成文件格式转换。

⑥ 在文件传输过程中,还必须应对可能出现的各种差错和意外事故,如数据传送错误、重复或丢失,网络某个节点发生故障、网络发生拥塞等。

由此可见,计算机网络是个非常复杂的系统,在网络中有各种各样的硬件设备(计算机、路由器、交换机、通信介质等)和应用服务,而且传输过程面临的问题也非常复杂。

（2）分层思想

为了解决上述问题,人们设计出了计算机网络的各种结构模型。计算机网络一般采用层次模型,这也是当年 ARPANET 设计时提出的方法。

"分层"可将庞大而复杂的问题转化为多个较小的局部问题,而这些较小的局部问题就相对容易解决。采用分层设计的方法可将复杂问题简单化,从而分而治之、逐个解决,以便很好地完成计算机网络的设计。

分层思想在日常工作生活中经常应用,如用于邮政业务、企业管理等方面。在如图3-10 所示的商务谈判例子中,两个不同国籍的经理完成一次远程的石油商务谈判,需要解决很多问题,是一件复杂的事情。利用分层思想,把商务谈判分解为一个个具体的较小的问题就能很

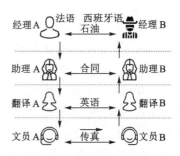

图 3-10　分层思想应用实例

好地完成。

在本例中,两个不同国籍的经理只完成贸易的决策,而影响决策的其他事情(法律问题、语言问题、具体事务等)由其他人来完成。助理只完成有关合同的事情,为经理直接提供服务。同样,翻译只需要完成把法语、西班牙语翻译成英语的工作,文员完成具体的文秘工作。通过分层,把商务谈判这样一件复杂的事情分解为一件件具体的事情,分别由不同的人来完成,而且这些事情都是服务和被服务的关系。

3.3.1.2 计算机网络分层模型

将分层思想应用在计算机网络的设计中,便产生了计算机网络的分层模型。在分层时一般要遵循以下原则:

① 每层的功能应精确定义,每一层所要实现的功能和服务都要有明确的规定。

② 层与层之间相互独立,某一层内容或结构的变化对其他层的影响小。

③ 上层使用下层提供的服务,而不关心下层是如何实现的。

④ 相邻层之间是通过接口实现服务的。

⑤ 层的数量要适当,层次太少功能不明确,层次太多系统结构则会变得庞大。

注意,层次是从功能上划分的,不是从物理上划分的。

计算机网络采用分层模型后,具有以下一些优点:

① 各层之间相互独立;

② 灵活性好;

③ 每一层功能实现所采用的技术独立;

④ 易于实现与维护;

⑤ 有利于标准化。

计算机网络的分层模型如图 3-11 所示,在分层模型中有一些重要的术语需要了解。

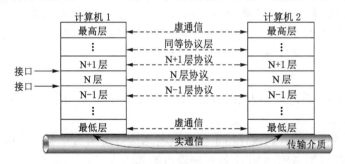

图 3-11　计算机网络的分层模型

3.3.1.3 计算机网络分层模型的一些重要术语

(1)实体和对等实体

在每层中实现该层功能的活动元素称为实体,包括本层的所有硬件元素(网络设备)和软件元素,如终端、电子邮件系统、应用程序、进程等。一般把能完成特定功能的进程的抽象称为逻辑实体,把能完成发送和接收信息的物理实体称为通信实体。不管是逻辑实体还是通信实体,描述的都是功能特性。

在计算机网络分层模型中,不同计算机上位于同一层次、完成相同功能的实体称为对等实体。

（2）网络协议

在计算机网络中，要做到发送方和接收方正常完成数据传输功能，就必须遵守一些事先约定好的规则。为网络中的数据传输而建立的一系列规则、标准或约定称为网络协议，网络协议也可简称为协议。

网络协议类似于人们在日常生活中需要遵循的法律、规则等，如教学过程中师生遵循的课堂教学规则、人类社会遵循的法律法规、人与人之间交流的基本礼仪等。

网络协议主要由以下三个要素组成：

① 语法，即数据与控制信息的结构或格式。语法用于确定通信时采用的数据格式、编码及信号电平等，解决交换信息的格式问题。

② 语义，即需要发出何种控制信息，完成何种动作以及作出何种响应。语义解决做什么的问题。

③ 同步，即事件实现顺序的详细说明。同步解决什么时间什么条件下进行某一特定操作，以及先做什么后做什么的问题。

（3）服务与接口

在计算机网络分层模型中，每一层为相邻的上一层所提供的功能称为服务。层与层之间具有服务与被服务的单向依赖关系，下层向上层提供服务，而上层调用下层的服务。N层使用 N−1 层提供的服务，而向 N+1 层提供服务。

相邻两层之间交互的界面，称为接口（服务访问点），层与层之间的服务是通过接口提供的。

服务、接口、协议之间的关系可以概括为：服务定义某一层做些什么；某一层的接口告诉上层如何访问它；协议定义同等层对等实体之间交换数据的格式及规则。特别要理解协议是"水平的"，即协议是控制对等实体之间通信的规则；服务是"垂直的"，即服务是由下层向上层通过层间接口提供的。

（4）计算机网络体系结构

计算机网络体系结构是计算机网络的各层及其协议的集合。

体系结构是抽象的概念，是计算机网络及其部件所应完成的功能的精确定义。体系结构定义了如何划分层，每层应该实现的功能，层和层之间的关系。每层的功能是由一个或者多个网络协议来完成的。

3.3.2　ISO/OSI 开放系统互连参考模型

3.3.2.1　ISO/OSI 产生的背景

计算机网络引入分层模型后，不同的网络组织机构和生产厂商设计了各自的计算机网络体系结构，层的数量、功能、实现方法各不相同。例如，IBM公司于 1974 年提出了系统网络体系结构 SNA、DEC 公司于 1975 年提出了数字网络体系结构 DNA，之后其他一些公司也相继推出了自己公司的计算机网络体系结构。现在用 IBM 大型机构建的专用网络仍在使用 SNA。

不同的网络体系结构之间的差异很大，相互之间难以兼容。采用不同的网络体系结构

ISO/OSI 开放系统互连参考模型

建设的网络很难互相联通。在计算机网络互联需求越来越旺盛的情况下,这严重地阻碍了计算机网络的发展。

国际标准化组织(ISO)于 1977 年成立了专门机构,研究如何解决不同体系结构的网络的互联问题。ISO 提出了一个试图使各种计算机在世界范围内互联成网的标准框架,即著名的开放系统互连参考模型 OSI-RM(Open Systems Interconnection Reference Model),简称 OSI。在 1983 年形成了开放系统互连参考模型的正式文件,即 ISO 7498 国际标准,也就是所谓的七层协议的体系结构。

"开放"是指只要遵循 OSI 标准,一个系统就可以和位于世界上任何地方的也遵循这一标准的其他任何系统进行通信。这一点很像世界范围的有线电话和邮政系统,这两个系统都是开放系统。

OSI 标准构建的目的是全球计算机网络都遵循这个统一标准,从而方便全球计算机的互联和数据交换。在 20 世纪 80 年代,许多大公司甚至一些国家的政府机构纷纷表示支持 OSI,然而到了 20 世纪 90 年代初期,基于 TCP/IP 的互联网已抢先在全球相当大的范围内成功地运行了,而与此同时几乎找不到有什么厂家生产出符合 OSI 标准的商用产品。因此 OSI 在市场化方面失败了,现今规模最大的、覆盖全球的基于 TCP/IP 的互联网并未使用 OSI 标准。

需要注意的是,OSI 参考模型本身并没有定义每一层所需要的协议,它只是指明了每一层应该做什么。当然,ISO 随后也制定了一些相应的协议,这些协议都是单独发布的,并不属于 OSI 参考模型。而且这些协议多数都没有应用就被 TCP/IP 淘汰。

3.3.2.2 OSI 参考模型的结构与功能

OSI 参考模型分为七层,从低到高分别是物理层、数据链路层、网络层、传输层、会话层、表示层和应用层。OSI 参考模型如图 3-12 所示。

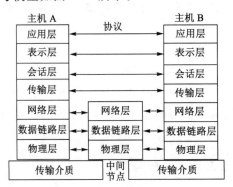

图 3-12　OSI 参考模型

OSI 参考模型每层的主要功能如下。

(1)物理层

物理层是 OSI 参考模型的最低层,主要功能是建立物理连接,并实现比特流的透明传输。

(2)数据链路层

数据链路层涉及相邻节点之间可靠的传输问题,主要功能是在物理层提供比特流服务的基础上,建立相邻节点之间的数据链路,通过差错控制实现数据帧在信道上无差错的传输。

（3）网络层

网络层的主要功能是实现不同网络之间的互联,通过路由选择算法为数据包从源主机到目标主机选择一条合适的传输路径,为传输层提供端到端的数据传输服务。

（4）传输层

传输层的主要功能是实现不同主机进程之间端到端的逻辑通信。传输层起到承上启下的作用,下面三层是面向通信服务的,确保信息的正确传输;上面三层是面向用户的,为用户提供服务。传输层具有复用和分用、差错控制、流量控制等功能。

（5）会话层

会话层的主要任务是实现会话进程间通信的管理和同步,允许不同机器上的用户建立会话关系,允许进行类似传输层的普通数据的传输。会话层的功能包括:建立通信链接,保持会话过程通信链接的畅通,同步两个节点之间的对话,决定通信是否被中断以及通信中断时从何处重新发送。

（6）表示层

表示层的主要功能是完成语法格式转换,在计算机所处理的数据格式与网络传输所需要的数据格式之间进行转换。表示层是应用程序和网络之间的翻译官;在表示层,数据将按照网络能理解的方案进行格式化。

表示层管理数据的解密与加密,如系统口令的处理。例如,在 Internet 上查询你银行账户,使用的就是一种安全链接。你的账户数据在发送前被加密,在网络的另一端,表示层将对接收到的数据解密。除此之外,表示层协议还对图片和文件格式信息进行解码和编码。

（7）应用层

应用层是计算机网络与用户之间的界面,由若干个应用进程（或程序）组成,包括电子邮件、目录服务、文件传输等应用程序。应用层为操作系统或网络应用程序提供访问网络服务的接口。

第一层到第三层属于 OSI 参考模型的低三层,负责创建网络通信链接的链路,属于通信子网的范畴;第五层到第七层为 OSI 参考模型的高三层,具体负责端到端的数据通信,属于资源子网的范畴;第四层传输层起到承上启下的作用。

在 OSI 参考模型中,数据从 A 端到 B 端通信时,先由 A 端的第七层开始,经过下面各层和各层的接口到达物理层,再经过物理层下的传输介质（如同轴电缆）及中间节点的交换传输到 B 端的物理层,然后穿过 B 端各层到应用层。各层间并没有实际的介质连接,只存在虚拟的逻辑上的连接。

 思政课堂

　　在构建计算机网络体系结构时,采用了分层思想。网络的模型采用层次结构,可以实现将复杂问题简单化,从而分而治之、逐个解决。

　　由网络体系结构案例可以想到,大家在完成一项任务时,要有分工合作、团结协作的意识,也要懂得遵守规则,按照规则来办事。

3.3.3　TCP/IP 协议

3.3.3.1　TCP/IP 协议概述

TCP/IP 协议

OSI 七层协议体系结构概念清楚,理论也较完整,但实现起来比较复杂,又不实用,而且标准制定的时间滞后,所以采用 OSI 标准的计算机网络很少。目前,计算机网络广泛采用的是 TCP/IP 协议,人们往往把 TCP/IP 协议称为事实上的国际标准。目前流行的各类操作系统都已集成了 TCP/IP 协议,成了标准配置。

1973 年,为了能够以无缝的方式将多个网络互联起来,瑟夫(V. Cerf)和卡恩(R. E. Kahn)设计并实现了 TCP/IP 协议,由此他们获得了 2004 年的图灵奖。大家经常使用的 Internet 采用的就是 TCP/IP 协议。

Internet 的前身 ARPANET 最初使用的是一种叫网络控制协议(Network Control Protocol,NCP)的网络协议,但随着网络的发展和用户对网络的需求不断提高,NCP 暴露了很多缺点,特别是不支持"异构"网络。1983 年,TCP/IP 协议正式替代 NCP,成为 ARPANET 的网络协议,由此人们把 1983 年作为 Internet 的诞生时间。

TCP/IP 协议不是 TCP 和 IP 这两个协议的合称,而是指由 100 多个网络协议组成的整个 TCP/IP 协议族。在整个协议族中,传输控制协议(Transmission Control Protocol,TCP)和网际协议(Internet Protocol,IP)最重要,所以被称为 TCP/IP 协议。

TCP/IP 协议能很好地满足世界范围内数据通信的需要,它具有如下特点:
① 开放的协议标准,可以免费使用,并且独立于特定的计算机硬件与操作系统。
② 独立于特定的网络硬件,可以运行在局域网、广域网中,更适用于网络互联。
③ 统一的网络地址分配方案,使得网络中的每台主机都具有唯一的地址。
④ 标准化的高层协议,可以提供多种可靠的用户服务。

3.3.3.2　TCP/IP 协议模型的结构与功能

TCP/IP 协议模型采用了分层思想,由四个层次组成:网络接口层、网络层、传输层、应用层。TCP/IP 协议模型与 OSI 参考模型的对应关系如图 3-13 所示。

OSI 参考模型	TCP/IP 协议模型
应用层	应用层 (应用层协议,如 DNS,HTTP,SMTP 等)
表示层	
会话层	
传输层	传输层(TCP 或 UDP)
网络层	网络层(IP)
数据链路层	网络接口层
物理层	

图 3-13　TCP/IP 协议模型与 OSI 参考模型对应关系

TCP/IP 协议模型每层的主要功能如下。

(1)网络接口层

这一层未被定义,具体的实现方法随着网络类型的不同而不同。网络接口层不是

TCP/IP 协议的一部分,但它是 TCP/IP 与各种通信网之间的接口。这些通信网包括多种广域网和各种局域网。

(2) 网络层

网络层也叫 IP 层,是整个体系结构的关键部分,主要功能是为从源主机到目标主机选择一条合适的传输路径,实现不同主机之间的数据转发。

网络层主要协议有网际协议 IP、互联网控制报文协议 ICMP、地址转换协议 ARP 等。

(3) 传输层

传输层的主要功能是为源主机和目标主机之间提供可靠的数据流传输服务,实现端到端应用进程之间可靠的通信服务。

传输层主要协议有传输控制协议 TCP 和用户数据报协议 UDP。

(4) 应用层

应用层是 TCP/IP 协议模型的最高层,面向不同的网络应用会引入不同的应用层协议。应用层主要功能是为用户提供网络服务,即向用户提供一些常用的应用程序,比如电子邮件、文件传输访问、远程登录等。

应用层主要协议有文件传送协议 FTP、远程上机协议 Telnet Protocol、域名系统 DNS 协议、简单邮件传送协议 SMTP、网络文件系统 NFS 协议、超文本传送协议 HTTP 等。

3.3.3.3　TCP/IP 协议模型各层的主要协议

TCP/IP 协议的协议很多,主要包括以下一些重要协议。TCP/IP 各层主要协议如图 3-14 所示。

应用层	各种应用层协议 (HTTP、FTP、SMTP 等)		
传输层	TCP、UDP		
网络层	ICMP　IGMP	IP	ARP
网络接口层	各种网络接口		

图 3-14　TCP/IP 各层主要协议

(1) 网际协议 IP(Internet Protocol)

IP 协议是网络层的核心协议,也是 TCP/IP 协议中最重要的协议之一。IP 协议的主要功能是实现 IP 数据报的封装、IP 寻址、路由选择,实现 IP 数据报从源节点到目标节点的传送服务。

(2) 地址解析协议 ARP(Address Resolution Protocol)

ARP 协议的功能是通过主机或路由器的 IP 地址,找出其相应的 MAC 地址。

(3) 互联网控制报文协议 ICMP(Internet Control Message Protocol)

ICMP 协议的功能是使主机或路由器报告差错情况和提供有关异常情况的报告。常用的网络命令 Ping 采用的就是 ICMP 协议。

(4) 传输控制协议 TCP(Transmission Control Protocol)

TCP 协议是传输层的核心协议,也是 TCP/IP 协议中最重要的协议之一。TCP 协议是一种面向连接的、可靠的、基于字节流的传输层通信协议。

(5) 用户数据报协议 UDP(User Datagram Protocol)

UDP 协议工作在传输层,是一种面向无连接的、不可靠的传输层通信协议。其特点是效率率高、容易实现。

(6) 超文本传送协议 HTTP(HyperText Transfer Protocol)

HTTP 协议工作在应用层,是一个基于请求与响应,用于从 Web 服务器传输超文本到本地浏览器的传送协议。HTTP 使用统一资源标识符(Uniform Resource Identifier,URI)来传输数据和建立连接。

HTTP 协议传输数据以明文形式显示,无法保证安全性。现在通常使用 HTTPS 协议,该协议基于 HTTP 协议,通过 SSL 或 TLS 协议加密处理数据、验证对方身份以及保护数据完整性,从而实现安全的数据传输。

例如,在地址 https://www.163.com/中,采用的就是 HTTPS 协议。

(7) 文件传送协议 FTP(File Transfer Protocol)

FTP 协议工作在应用层,是通过网络实现不同计算机间文件的传送的协议。FTP 协议屏蔽了计算机系统的细节,适合在异构网络中任意计算机之间传送文件。

(8) 简单邮件传送协议 SMTP(Simple Mail Transfer Protocol)

SMTP 协议工作在应用层,是一个能够实现可靠有效电子邮件传送的协议。与 SMTP 协议配合的,还有邮件读取协议 POP3 和 IMAP 协议。我们在使用邮件客户端软件发送和接收邮件时,就需要配置这些协议。

3.3.3.4 软件定义网络简介

软件定义网络(Software Defined Network,SDN)是下一代网络体系结构的热点,被认为是未来网络发展的方向。

软件定义网络源于"可编程网络"的思想,是网络虚拟化的一种实现方式。软件定义网络的核心是通过将网络设备的控制面与数据面分离开来,从而实现网络流量的灵活控制,使网络作为管道变得更加智能,为核心网络及应用的创新提供良好的平台。

软件定义网络的发展,在一定程度上解决了传统的网络技术所遇到的问题,创新性地把网络控制技术与转发技术成功分离开。这种分离的做法,可以使网络开发人员更加全面地获取网络信息,进一步优化网络管理的性能,既减弱了转发面的性质,又减少了网络设备所配置的硬件数量,从而使网络技术的成本大大降低。

软件定义网络的整体架构由下到上(由南到北)分为数据平面层、控制平面层和应用平面层。软件定义网络的结构如图 3-15 所示。

数据平面层又叫基础设施层,由交换机等网络通用硬件组成,各个网络设备之间通过不同规则形成的 SDN 数据通路连接。数据平面层是软件定义网络最基础的部分,它的工作任务是收集、整理数据,向控制平面层发送处理好的数据。

控制平面层包含一个或者多个 SDN 控制器,它掌握着全局网络信息,负责各种转发规则的控制。控制平面层的工作任务是制定软件定义网络的内部信息规则,保障设备正常运行。更加形象地说,控制平面层是架设在用户能正常使用网络和设备能正常运转之间的一座"桥梁",是应用平面层与数据平面层的中介。

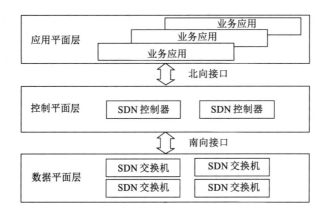

图 3-15　软件定义网络的结构

应用平面层包含各种基于 SDN 的网络应用,用户无须关心底层细节就可以编程、部署新应用。应用平面层是由多个网络应用组成的,它的工作任务是提供各项网络应用服务。

3.3.4　OSI 参考模型和 TCP/IP 协议模型的比较

OSI 参考模型是国际标准化组织(ISO)制定的标准,TCP/IP 协议模型是 Internet 所采用的目前计算机网络的事实上的标准。OSI 参考模型和 TCP/IP 协议模型的共同点和不同点主要体现在以下方面。

(1) 共同点

OSI 参考模型与 TCP/IP 协议模型有一些相同之处。两者都采用了分层结构,层与层之间存在密切的协作关系。层与层之间的联系是通过各层之间的接口来实现的,上层通过接口向下层提出服务请求,而下层通过接口向上层提供服务。两者都是由多个协议组成的协议栈,协议之间彼此独立。

(2) 不同点

① OSI 参考模型只是一个定义协议规范集,并没有提供一个可以实现的方法,也就是说 OSI 参考模型并没有制定一个个具体协议,而是一个在制定协议时所使用的概念性框架。即先制定了标准,随后在标准下制定一个个具体协议。由 TCP/IP 协议的发展历史可知,TCP/IP 协议模型正好和 OSI 参考模型相反,即先有了一系列协议,TCP/IP 协议模型只是已有协议的描述而已。

② OSI 参考模型和 TCP/IP 协议模型的层次不同。OSI 参考模型有七层,TCP/IP 协议模型只有四层。TCP/IP 协议模型中没有会话层和表示层,这两层的部分功能放到了应用层;也没有数据链路层和物理层,这两层的功能放到了网络接口层。

③ 支持连接不同。OSI 参考模型的物理层同时支持无连接和面向连接的通信,但传输层只支持面向连接的通信。TCP/IP 协议模型的网络层只支持无连接的通信,但传输层同时支持无连接和面向连接的通信。

3.4　局域网技术

局域网是在小范围(如一个实验室、一幢大楼、一个校园)内将计算机通过网络设备连接起来而组成的计算机网络。局域网结构简单,运行速度较高,便于安装维护,建网成本低,应用范围广。

本节主要介绍局域网的基础知识、局域网中的硬件和软件、虚拟局域网、无线局域网等知识。通过本节的学习,大家应对局域网的相关知识有一个初步了解。

3.4.1 局域网概述

3.4.1.1 局域网的概念

局域网概述
及软硬件

局域网是指在一个局部的地理范围内(如学校、工厂和机关内),一般是方圆几千米范围以内,将各种计算机、外部设备和数据库等互相连接起来组成的计算机网络。局域网的应用很广,发展速度很快。局域网可以实现办公自动化、生产自动化、业务处理、资源共享等功能。

局域网一般为一个部门或单位所有,网络覆盖范围有限,联网的计算机数量有限。其主要特点如下。

① 地域范围小:局域网用于办公室、机关、工厂、学校等内部联网,其范围没有严格的定义,但一般距离在几千米以内。

② 误码率低:局域网具有较高的数据传输速率,误码率在 $10^{-8} \sim 10^{-11}$ 之间,可靠性较高。

③ 传输时延短:局域网的传输时延很短,一般在几毫秒至几十毫秒之间。

④ 传输速率高:目前,局域网的传输速率一般在 100 Mb/s 以上,高者能达到 1000 Mb/s、10 Gb/s。

⑤ 便于安装、维护和升级,系统灵活性高。

需要注意的是,局域网虽然网络覆盖范围小,但是不意味一定是简单的网络,有的局域网可以扩展得相当复杂。

3.4.1.2 局域网的拓扑结构

网络拓扑结构是指用传输介质互连各种设备的物理布局。

局域网常用的拓扑结构有总线型、星型、环型、树型和混合型等类型。

(1)总线型拓扑结构

总线型拓扑结构是指将所有的计算机和其他设备都连接到一条主干线(即总线)上,总线型拓扑结构如图3-16所示。总线型拓扑结构具有结构简单、扩展容易等优点,但存在总线损坏会导致整个网络瘫痪的缺点。

(2)星型拓扑结构

星型拓扑结构中所有的主机和其他设备均通过一个集线器或者交换机连接在一起,星型拓扑结构如图3-17所示。星型拓扑结构的主要优点是建网简单、方便管理等;缺点主要表现为中央节点负担繁重,不利于提升线路的利用效率。现在局域网采用的主要是星型拓扑结构。

(3)环型拓扑结构

在环型拓扑结构中,全部的计算机首尾连接,一个节点连接着一个节点而形成一个环路,数据沿着环传输,通过每一台计算机,环型拓扑结构如图3-18所示。环形拓扑结构的主

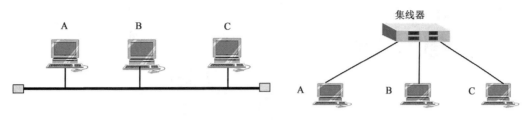

图 3-16　总线型拓扑结构　　　　　　　　　图 3-17　星型拓扑结构

要优点为建网简单、管理方便;而它的缺点主要表现为节点过多,传输效率不高,而且环路中任何一台主机故障即造成整个环路崩溃。

（4）树型拓扑结构

树型拓扑结构形状像一棵倒置的树,顶端是树根,树根以下带分枝,每个分枝还可再带子分枝。树型拓扑结构是星型拓扑结构的发展和补充,为分层结构,具有根节点和分支节点,适用于分支管理和控制的系统。树型拓扑结构如图 3-19 所示。树型拓扑结构的优点是易于扩展、故障隔离方便;缺点是若根节点发生故障,全网瘫痪。

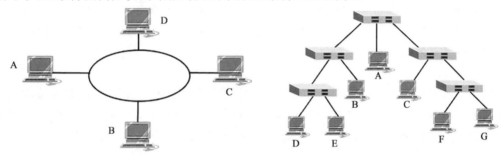

图 3-18　环型拓扑结构　　　　　　　　　图 3-19　树型拓扑结构

（5）混合型拓扑结构

随着网络技术的发展,上述网络拓扑结构经常交织在一起使用,即在一个局域网中包含多种网络拓扑结构形式。例如,星-总拓扑结构就是星型拓扑结构和总线型拓扑结构结合的产物,它同时具有这两种拓扑结构的优点。它采用总线型拓扑结构将交换机连接起来,而在交换机下面,使用星型拓扑结构将多台计算机连接到交换机上。

3.4.2　局域网中的硬件

一个完整的局域网是由网络硬件和网络软件组成的。网络硬件是计算机网络系统的物理实现,网络软件是计算机网络系统的技术支持,两者相互作用,共同完成网络功能。

局域网硬件系统由网络终端设备即计算机(如服务器、客户机)、网络互联设备(如网卡、集线器、交换机、路由器)、传输介质(如同轴电缆、双绞线、光纤、电磁波)、其他设备(如UPS)等构成。局域网组成示意如图 3-20 所示。

（1）服务器

服务器是用来存储、处理网络中信息,为客户提供各种服务的高性能计算机。服务器是网络的核心设备之一,一般不间断工作,对其性能、可靠性、稳定性、安全性、可扩展性等方面都有很高的要求。

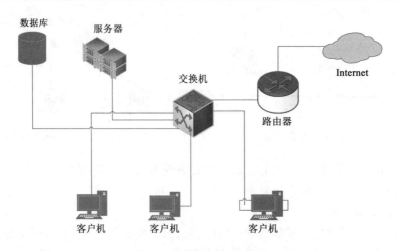

图 3-20　局域网组成示意

按网络规模划分,可将服务器分为入门级服务器、工作组级服务器、部门级服务器、企业级服务器;按照在网络中所提供的服务,可将服务器分为 Web 服务器、文件服务器、打印服务器、邮件服务器等;按照外观,可将服务器分为塔式服务器、机架式服务器和刀片服务器等。刀片服务器外观如图 3-21 所示。

(2)客户机

客户机是指接入局域网,接受服务器管理控制的计算机。在一个网络中,网络终端设备一般由数台服务器以及大量的客户机构成。客户机一般由普通 PC 或者工作站计算机构成。客户机是用户和网络的接口,用户通过客户机来使用网络资源和网络服务。

(3)网卡

网卡又称为网络适配器,是用来连接计算机与网络的硬件设备。网卡一般集成到主板上,或者做成扩展卡插到计算机的扩展槽中。无线网卡不通过有线连接,采用无线信号连接。根据通信线路的不同,网卡需要采用不同类型的接口,常见的接口有 RJ-45 接口(用于连接双绞线)、光纤接口(用于连接光纤),无线网卡用于无线网络。外置网卡如图 3-22 所示。

图 3-21　刀片服务器

图 3-22　网卡

按照网卡支持的传输速率分类,一般可将网卡分为 100 Mb/s 网卡、100/1000 Mb/s 自适应网卡、1000 Mb/s 网卡以及 10 Gb/s 网卡等。

（4）集线器

集线器本质上是一个多端口的中继器,主要功能是对接收到的信号进行再生整形放大,以扩大网络的传输距离,同时把所有节点集中在以它为中心的节点上。集线器工作于 OSI 参考模型中的物理层。现在组网时,已经很少使用集线器了。

按照供电方式,可将集线器分为有源集线器和无源集线器;按照结构和功能,可将集线器分为未管理的集线器、堆叠式集线器和底盘集线器;按照端口数,可将集线器分为 8 口集线器、16 口集线器、24 口集线器、32 口集线器等;按照提供的带宽,可将集线器分为100 Mb/s 集线器、1000 Mb/s 集线器、100/1000 Mb/s 自适应集线器等。

（5）交换机

交换机是专门为计算机之间能够相互通信且独享带宽而设计的一种数据交换设备。目前交换机已取代传统集线器在网络连接中的霸主地位,成为组建和升级局域网的首选设备。交换机外观如图 3-23 所示。

按照传输速度,可将交换机分为快速交换机、千兆交换机和万兆交换机;按照工作在OSI 参考模型上的层数,可将交换机分为二层交换机、三层交换机;按照应用规模,可将交换机分为企业级交换机、部门级交换机和工作组交换机等。

（6）路由器

路由器是连接两个或者多个网络的互联设备,在网络中起网关的作用。路由器根据路由表转发数据。在局域网中路由器用来连接不同的网段和接入 Internet。路由器工作于OSI 参考模型中的网络层。路由器外观如图 3-24 所示。

图 3-23　交换机

图 3-24　路由器

按照功能,可将路由器分为骨干级路由器、企业级路由器和接入级路由器;按照结构,可将路由器分为模块化路由器和非模块化路由器。

思政课堂

　　华为公司是全球最大的网络设备供应商之一,从芯片到系统,大多拥有自主知识产权,5G 技术更是处于世界前列。

　　大家要以华为公司为榜样,勤于学习,刻苦钻研,修好内功,把核心技术牢牢地掌握在自己手中,不要让卡脖子的事件再发生,为实现科技强国贡献自己的力量。

（7）传输介质

传输介质为通信设备与通信设备、通信设备与计算机之间提供通信信道。常用的传输介质有双绞线、光纤、电磁波等。

① 双绞线

双绞线俗称网线,是目前广泛使用的传输介质。为消除电磁干扰,将互相绝缘的一对导线按一定的规格互相扭绞在一起所形成的通信介质,称为双绞线。双绞线分为非屏蔽双绞线(Unshielded Twisted Pair,UTP)和屏蔽双绞线(Shielded Twisted Pair,STP)两类。非屏蔽双绞线的结构如图 3-25 所示,屏蔽双绞线的结构如图 3-26 所示。

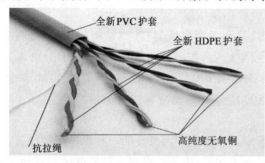

图 3-25　非屏蔽双绞线　　　　　　　图 3-26　屏蔽双绞线

非屏蔽双绞线价格低廉,安装方便,使用非常广泛。根据 EIA/TIA 标准,非屏蔽双绞线有 3 类双绞线、4 类双绞线、5 类双绞线和超 5 类双绞线、6 类双绞线和超 6 类双绞线、7 类双绞线等之分。现在市场上常用的是 5E(超 5 类)双绞线、6 类双绞线。

超 5 类双绞线信号衰减小,抗干扰能力强,数据传输速率可达 1000 Mb/s,常用于千兆以太网接入端的连接。6 类双绞线提供 2 倍于超 5 类双绞线的带宽,传输性能高于超 5 类标准,数据传输速率高于 1 Gb/s。6 类双绞线与超 5 类双绞线的一个重要的不同点在于改善了串扰以及回波损耗方面的性能。采用非屏蔽双绞线布线,信道长度一般不能超过 100 m。表 3-7 列出了部分双绞线的规格。

表 3-7　部分双绞线的规格

双绞线类别	带宽/(Mb/s)	线缆特点	典型应用
3	16	2 对 4 芯双绞线	曾用于模拟电话和传统以太网
4	20	4 对 8 芯双绞线	曾用于令牌局域网
5	100	增加了绞合度	传输速率不超过 100 Mb/s
5E(超 5 类)	125	减少了信号的衰减	传输速率可达 1000 Mb/s
6	250	改善了串扰等性能	传输速率高于 1 Gb/s
6A(超 6 类)	500	分屏蔽双绞线和非屏蔽双绞线	传输速率可达 10 Gb/s
7	600	屏蔽双绞线	传输速率高于 10 Gb/s,用于万兆以太网

② 光纤

光纤是光导纤维的简称,是一种由玻璃或塑料制成的纤维。光纤可作为光的传导介质,用于传送光信号。

日常使用的是光缆。光缆是一种由一根或者多根光纤、塑料保护套管、塑料外皮、加强钢丝、填充物封装而成的传输介质。光缆的结构如图 3-27 所示。

只要从纤芯中射到纤芯表面的光线的入射角大于某个临界角度,就可产生全反射,这就是光纤传输光信号的原理。

光纤具有抗电磁干扰能力强、质量轻、体积小、信号衰减小、保密性好、传输速率快、传输距离长等优点。当然光纤也存在机械强度低、难以安装、弯曲半径小等缺点。光纤已经成为主要的传输介质,用于要求传输距离较长、传输速率高、布线条件高的主干网连接。光纤的连接采用光纤连接头,光纤连接头的结构如图 3-28 所示。

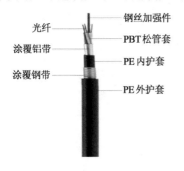

图 3-27　光缆

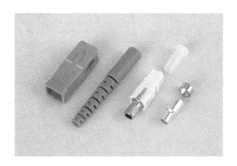

图 3-28　光纤连接头

光纤可分为单模光纤和多模光纤。单模光纤的纤芯很细(直径约为 $4\sim10\ \mu m$),由激光做光源,仅有一条光通路,用于大容量、长距离的通信。多模光纤的纤芯直径约为几十微米到几百微米,由二极管作为光源,传输距离较短。

 思政课堂

　　高锟,著名的华裔物理学家、教育家,2009 年诺贝尔物理学奖得主,被称为"光纤之父"。从 1957 年开始,高锟就从事光纤在通信领域运用的研究。1964 年,他提出在电话网络中以玻璃纤维代替导线。1971 年,世界上第一条 1 km 长的光纤问世。光纤的问世彻底改变了人类通信的模式,为信息高速公路奠定了基础。
　　大家要以高锟为榜样,勤于学习、刻苦钻研、勇于创新,利用科技造福社会、造福人类。

③ 无线传输介质

由于有线传输介质并不适用于难以施工的场合以及在移动中进行数据传输的场合,所以需要无线传输介质。

地球上的大气层为大部分无线传输提供了物理通道,也就是常说的无线传输介质。最常用的无线传输介质有无线电波、微波和红外线等。无线传输所使用的频段很广,目前人们已经利用多个波段进行通信。

无线电波是指在自由空间传播的射频频段的电磁波。无线电技术是指通过无线电波传播声音或其他信号的技术。

微波在空间主要沿直线传播,并且能穿透电离层进入宇宙空间,其传播距离受到限制且与天线的高度有关,一般为 50 km 左右。长途通信时必须建立多个中继站,中继站把前一站发来的信号经过放大后再发往下一站,类似于"接力",所以又把微波通信称为数字微波接力通信。如果中继站采用 100 m 高的天线塔,则接力距离可增大到 100 km,天线塔越高,传输的距离越远。微波通信被广泛用于长途电话通信、电视传播和其他方面。

红外线是频率在 $10^{12}\sim10^{14}$ Hz 之间的电磁波。红外线被广泛用于短距离通信。电视机、空调使用的遥控器都是红外线装置。红外线有一个主要缺点是不能穿透坚实的物体。但正是这个原因,一个房间里的红外系统不会对其他房间里的系统产生串扰,所以红外系统防窃听的安全性要比无线电系统好。各类传输介质使用的电磁波的频谱如图 3-29 所示。

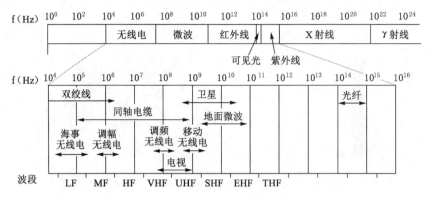

图 3-29　各类传输介质使用的电磁波频谱

为了避免混乱,电磁波频谱中哪一段谁可以使用,都是有相应规定的。各国政府在国际电信联盟(ITU)的建议下进行频率分配,为本国的无线电台、移动电话、航空、军队等分配相应的频谱,发放许可证。

国际电信联盟无线电通信局要求世界各国专门划出免予申请的工业、科学和医学的 ISM 频段(Industrial Scientific Medical Band),即专门开放某一些频段给工业、科学和医学机构使用。ISM 频段的范围如图 3-30 所示。

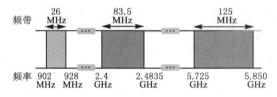

图 3-30　ISM 频段

使用这些频段的用户不需要事先申请许可证,只需要遵守一定的发射功率要求(一般低于 1 W),并且不要对其他频段造成干扰即可。家用路由器、遥控器、射频识别设备等无线联网设备通信时用的频段就是这些频段,如家用路由器用的就是 2.4 GHz 和 5.8 GHz 这两个频段。

3.4.3　局域网中的软件

局域网要正常工作,除了需要前面讲过的各类硬件外,还需要软件。网络软件包括网络操作系统、网络协议和网络应用软件等。

(1)网络操作系统

网络操作系统是在网络环境下实现对网络资源管理和控制的系统软件,为网络用户提供使用网络系统资源的桥梁。在多个用户争用系统资源时,网络操作系统对所属资源进行管理、协调,使得计算机网络能够正常高效地提供网络服务。

目前局域网中主要存在以下几类网络操作系统。

① Windows 系列

Windows 系列网络操作系统是微软公司推出的网络操作系统,主要有 Windows NT 系列和 Windows Server 系列。Windows NT 系列版本已经被淘汰,现在使用的是 Windows Server 系列。

Windows Server 系列网络操作系统最早的版本是 2000 年推出的 Windows 2000 Server,最新的版本是 Windows Server 2022。

微软公司的 Windows 操作系统不仅在个人操作系统中占有绝对优势,在网络操作系统中也表现不凡。Windows 系列网络操作系统具有界面友好、操作简单、易用性好、安全性高、使用广泛等特点。

② Linux 系列

Linux 是在 UNIX 操作系统基础上开源开发出来的一个系统版本,具有开放性较强,支持多用户、多进程、多线程,实时性较好,功能强大而稳定,安全性较好等特点,深受用户的欢迎。

由于 Linux 是开源的操作系统,系列较多,常用的有 CentOS、Red Hat、Ubuntu 等。这类操作系统一般用在网站、游戏、数据库等服务器上。

③ UNIX 系列

UNIX 操作系统是最早推出的网络操作系统。UNIX 是一个通用的、多用户的计算机分时系统,并且是大型计算机、中型计算机以及若干小型计算机上的主要操作系统,应用于教学、科研、工业和商业等多个领域。

UNIX 操作系统的特点是可移植性强,可以在各种不同类型的计算机上运行。UNIX 操作系统分为两大类,分别为由厂商支持的 HP UNIX、SUN UNIX(SOLARIS)、IBM UNIX(AIX)操作系统和 FreeBSD、OpenBSD、NetBSD 等类 UNIX 操作系统。

(2) 网络协议

目前常用的网络协议有 TCP/IP、NetBEUI、IPX/SPX 等协议。

TCP/IP 协议起源于 ARPANET,经过多年的发展,TCP/IP 协议已经成为包含 TCP、IP、UDP、ARP、ICMP 在内的 100 多个协议的集合。TCP/IP 协议凭借着简单、高效等优势迅速发展,成为 Internet 的标准协议。在局域网中,TCP/IP 协议也是首选协议,Windows 操作系统已经将 TCP/IP 协议作为其默认安装的通信协议。

NetBEUI 协议曾经被许多操作系统采用,广泛用于局域网,如 Windows NT 等。NetBEUI 协议是一种短小精悍、通信效率高的广播型协议,安装后不需要进行设置,特别适合于在对等网中传送数据。

IPX/SPX 协议是 Novell 公司为了适应网络的发展而开发的通信协议,具有很强的适应性,安装方便,同时还具有路由功能,可以实现多网段之间的通信。IPX/SPX 协议多用于 Netware 网络环境以及联网游戏。

(3) 网络应用软件

网络应用软件是指能够为网络用户提供各种服务的软件,用于获取、管理网络上的共享资源。网络应用软件非常丰富,类别众多,其作用是为网络用户提供各种服务。例如,浏览器软件 IE、下载文件的工具迅雷、即时通信软件 QQ、网络视频播放软件 PotPlayer、百度网盘等。

3.4.4　虚拟局域网

虚拟局域网与
无线局域网

（1）虚拟局域网的概念

随着网络技术的发展，局域网的规模越来越大，网络管理越来越复杂。为了解决上述问题，虚拟局域网技术应运而生。将局域网上不同网段的主机按实际需要划分成若干个逻辑上的工作组，每个工作组（局域网的逻辑分段）就构成了虚拟局域网（Virtual Local Area Network，VLAN）。所谓虚拟，是指按照逻辑划分工作组，而不是根据用户在网络中的物理位置进行划分。如图 3-31 所示，根据需要将处在不同交换机下的计算机（不同的网段）划分为 3 个逻辑工作组（VLAN10、VLAN20、VLAN30），即形成 3 个虚拟局域网。

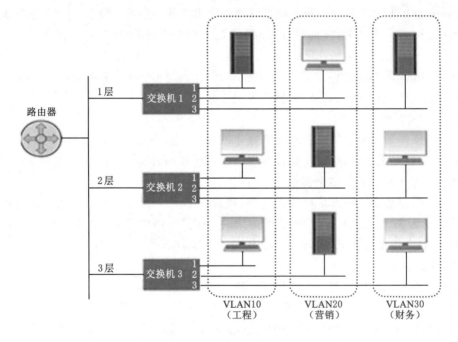

图 3-31　虚拟局域网示意

通过虚拟局域网，可以解决以太网的广播问题、简化网络管理、加强安全性。虚拟局域网限制了接收广播信息的工作站数，使得网络不会因传播过多的广播信息（即"广播风暴"）而性能恶化。同时按需组成 VLAN，便于管理，可以减少网络管理员的工作量，提高工作效率。人为划分"逻辑子网"，使原来在同一物理网段的站点无法直接访问，提高了网络的安全性。

注意，虚拟局域网是建立在网络交换技术之上的，用软件的方式实现工作组的划分和管理，并不是一种新的局域网技术。

（2）划分 VLAN 的方法

① 基于交换机端口划分 VLAN

基于交换机端口划分 VLAN 是最简单、最常用的方法。该方法通过设置交换机每个端口所属的 VLAN 号来划分。这种方法属于静态划分，当计算机数目较多时，操作繁杂。并且客户机每次变更所连接的端口，都必须重新设定 VLAN。基于交换机端口划分 VLAN 的示意如图 3-32 所示。

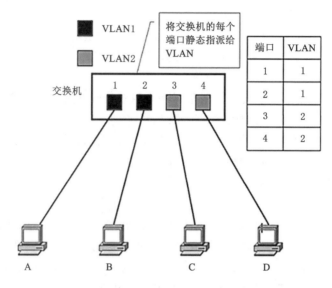

图 3-32　基于交换机端口划分 VLAN 示意

② 基于 MAC 地址划分 VLAN

对每台主机，该方法根据它的 MAC 地址配置所属的 VLAN 号来划分。这种方法的最大优点是当用户物理位置移动时，VLAN 不用重新配置。基于 MAC 地址划分 VLAN 的示意如图 3-33 所示。

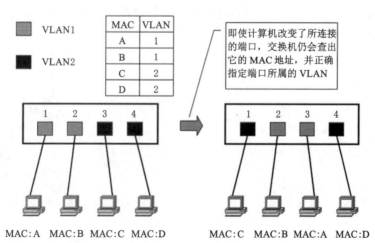

图 3-33　基于 MAC 地址划分 VLAN 示意

③ 基于 IP 子网地址划分 VLAN

该方法根据网络层地址（如 IP 地址）来定义 VLAN。这种方法的好处是，即使计算机因为交换了网卡或其他原因而导致 MAC 地址改变,只要它的 IP 地址不变,也可以加入原先设定的 VLAN。

3.4.5 无线局域网

(1) 无线局域网的概念

无线局域网(Wireless Local Area Network,WLAN)是应用无线通信技术将计算机设备互联起来,构成可以通信和实现资源共享的网络体系。无线局域网是计算机网络与无线通信技术相结合的产物。

无线局域网与有线网络最大的区别是不再使用双绞线或光纤等有形的传输介质,而把电磁波作为传输介质。无线局域网适用于难以布线的场合以及在移动中进行数据传输的场合,而且还具有节省铺设线缆的投资、灵活、快捷、节省空间等优点。目前,无线局域网已经获得了极大的发展,是有线网络的扩展和补充。

(2) 无线局域网的组网模式

① 自组网络模式

自组网络模式,是一种无中心的拓扑结构。在该模式下,整个网络没有固定的基础设施,每个节点都可以移动,并且都能以任意方式动态地保持与其他节点的连接。在自组网络模式下,每个用户只需要一块无线网卡即可实现与其他用户点对点的互相通信。这种方式适用于用户数量少,距离要求短的场合。自组网络模式的结构如图 3-34 所示。

② 架构组网模式

当网络中的计算机用户达到一定数量时,或者需要建立一个稳定的无线网络平台时,一般会采用以无线接入点(Access Point,AP)为中心的架构组网模式。

架构组网模式类似于有线网络中的星型拓扑结构。在这个模式下,要求存在一个无线接入点,各无线节点通过无线接入点与其他站点实现通信连接。目前,家庭上网普遍使用的就是以家用路由器为中心节点,其他设备与之相连接组成的无线网络。架构组网模式的结构如图 3-35 所示。

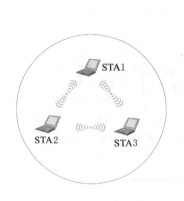

图 3-34　自组网络模式

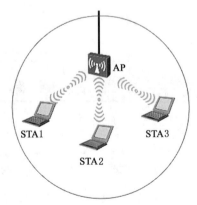

图 3-35　架构组网模式

(3) 无线局域网的标准

无线局域网的标准是由电气电子工程师协会(Institute of Electrical and Electronics

Engineers,IEEE)制定的,一般称为 IEEE 802.11 系列标准。

1997 年 6 月,第一个无线局域网标准 IEEE 802.11 正式颁布,数据传输速率为 1~2 Mb/s,频段为 2.4 GHz,无线局域网的发展开始起步。1999 年,IEEE 制定了 IEEE 802.11a 和 IEEE 802.11b,分别工作在 5 GHz 和 2.4 GHz 频段,数据传输速率分别为 54 Mb/s 和 11 Mb/s,有很多网络设备支持这些标准。

经过二十多年的发展,IEEE 802.11 系列标准已经得到了广泛的应用。如今 IEEE 802.11 系列标准有 40 多个,标准的编号单字母已经用完,开始使用双字母标记。目前,最新的标准是 IEEE 802.11ax,下一代标准 IEEE 802.11be 正在制定中。

无线保真 Wi-Fi(Wireless Fidelity),是遵循 IEEE 802.11 系列标准的一种通信技术,同时也是技术品牌,或者说是一种商业认证,属于 Wi-Fi 联盟。Wi-Fi 的作用是改善基于 IEEE 802.11 系列标准的无线网络产品之间的互通性。Wi-Fi 用于低覆盖、低功率、采用 IEEE 802.11 系列标准的无线局域网场合,一般用于在办公和家庭场所组建无线局域网。严格来讲,Wi-Fi 和 IEEE 802.11 系列标准是有区别的,简单来说,Wi-Fi 是商业机构采用 IEEE 802.11 系列标准制定的一项技术。

目前,Wi-Fi 技术已经发展了六代,正在制定中的 Wi-Fi 7 采用 IEEE 802.11be 标准,支持 6 GHz 频段,带宽最高 320 Mb/s。Wi-Fi 技术简况如表 3-8 所示。

表 3-8　Wi-Fi 技术简况

标准	别名	频段	最高数据传输速率	优缺点
IEEE 802.11b (1999 年)	Wi-Fi 1	2.4 GHz	11 Mb/s	最高数据传输速率较低,价格最低,信号传播距离最远且不易受阻碍
IEEE 802.11a (1999 年)	Wi-Fi 2	5 GHz	54 Mb/s	最高数据传输速率较高,支持更多用户同时上网,价格最高,信号传播距离较短且易受阻碍
IEEE 802.11g (2003 年)	Wi-Fi 3	2.4 GHz	54 Mb/s	最高数据传输速率较高,支持更多用户同时上网,信号传播距离最远且不易受阻碍
IEEE 802.11n (2009 年)	Wi-Fi 4	2.4/5 GHz	600 Mb/s	使用多个发射和接收天线达到更高的数据传输速率,当使用双倍带宽(40 Mb/s)时数据传输速率可达 600 Mb/s
IEEE 802.11ac (2014 年)	Wi-Fi 5	5 GHz	7 Gb/s	完全遵循 IEEE 802.11i 安全标准的所有内容,无线连接在安全性方面能够满足企业级用户的需求
IEEE 802.11ax (2019 年)	Wi-Fi 6	2.4/5 GHz	9.6 Gb/s	采用多用户-多输入多输出技术,提高网络总吞吐量和总容量,适合高密度用户场景

习　　题

一、单项选择题

1. 数据传输速率是计算机网络中最重要的一个性能指标,常用的数据传输速率单位有 Kb/s、Mb/s、Gb/s 等,那么 1 Gb/s 等于_____。

A. 1000 Mb/s   B. 1024 Kb/s   C. 1024 Mb/s   D. 1000 Kb/s

2. 下列关于计算机网络的说法中,观点正确的是_____。

A. 组建计算机网络的目的是实现局域网的互联

B. 接入网络的所有计算机都必须使用同样的操作系统

C. 网络必须采用一个具有全局资源调度能力的分布式操作系统

D. 互联的计算机是分布在不同地理位置的多台独立的自治计算机系统

3. 学校的校园网络属于_____。

A. 局域网   B. 城域网   C. 广域网   D. 电话网

4. 关于 Internet,以下说法正确的是_____。

A. Internet 属于美国   B. Internet 属于联合国

C. Internet 属于国际红十字会   D. Internet 不属于某个国家或组织

5. IPv6 地址由_____位二进制数组成。

A. 16   B. 128   C. 32   D. 64

6. 下列属于 B 类 IP 地址的是_____。

A. 128.2.2.10   B. 202.96.209.5

C. 20.113.233.246   D. 192.168.0.1

7. 下列不属于特殊 IP 地址的是_____。

A. 127.2.2.10   B. 169.254.209.5

C. 200.200.200.200   D. 192.168.0.1

8. TCP 协议工作在_____。

A. 网络接口层   B. 网络层   C. 传输层   D. 应用层

9. 在 OSI 七层结构模型中,处于数据链路层与传输层之间的是_____。

A. 物理层   B. 网络层   C. 会话层   D. 表示层

10. 域名系统 DNS 的作用是_____。

A. 存放主机域名   B. 将域名转换成 IP 地址

C. 存放 IP 地址   D. 存放邮件的地址表

11. 网址"www.sxie.edu.cn"中的"edu"表示的是_____。

A. 教育机构   B. 政府部门   C. 军事机构   D. 国际组织

12. 在常用的传输介质中,_____的信号传输衰减最小,抗干扰能力最强。

A. 双绞线   B. 同轴电缆   C. 光纤   D. 微波

13. 局域网与广域网、广域网与广域网的互联是通过_____实现的。

A. 服务器   B. 中继器   C. 路由器   D. 交换机

14. 在 OSI 参考模型中,第 k 层与它之上的第 k+1 层的关系是_____。

A. 第 k 层与第 k+1 层相互没有影响

B. 第 k 层为第 k+1 层提供服务

C. 第 k+1 层将从第 k 层接收的报文添加一个报头

D. 第 k 层使用第 k+1 层提供的服务

15. 下列不属于计算机网络功能的是_____。

A. 通信   B. 资源共享

C. 分布式处理　　　　　　　　　　D. 使各计算机相对独立

16. 下列说法中正确的是＿＿＿＿＿＿。

A. 在较小范围内布置的一定是局域网,在较大范围内布置的一定是广域网

B. 城域网技术是为淘汰局域网技术和广域网技术而提出的一种新技术

C. 局域网是基于广播技术发展起来的网络,广域网是基于交换技术发展起来的网络

D. 城域网是连接广域网而覆盖局域网的网络

17. 两台计算机之间的传输距离为 1000 km,信号在传输介质上的传播速率为 200000 km/s,发送长度为 1000 bit 的数据,其传播时延为＿＿＿＿＿＿。

A. 5 ms　　　　　B. 2.5 ms　　　　　C. 15 ms　　　　　D. 25 ms

18. 传播时延最大的链路是＿＿＿＿＿＿。

A. 广域网链路　　　B. 城域网链路　　　C. 局域网链路　　　D. 个人域网链路

19. 下列不属于计算机网络应用的是＿＿＿＿＿＿。

A. 电子邮件的收发　　　　　　　　　B. 用“写字板”写文章

C. 用计算机下载文件　　　　　　　　D. 上网浏览有关“北京冬奥会”的新闻

20. 一座大楼内的一个计算机网络系统,属于＿＿＿＿＿＿。

A. PAN　　　　　B. LAN　　　　　C. WAN　　　　　D. MAN

二、填空题

1. 计算机网络是＿＿＿＿＿＿和＿＿＿＿＿＿结合的产物。

2. 泛在网以无所不在、无所不包、无所不能为基本特征,以实现在＿＿＿＿＿＿、＿＿＿＿＿＿,＿＿＿＿＿＿、＿＿＿＿＿＿之间的“4A”化通信为目标。

3. 计算机网络的组成,从逻辑功能上可以分为＿＿＿＿＿＿和＿＿＿＿＿＿。

4. 网络协议的三要素是语法、语义和＿＿＿＿＿＿。

5. 家用路由器、遥控器等无线联网设备通信时使用的 ISM 频段一般为＿＿＿＿＿＿ GHz 和＿＿＿＿＿＿ GHz。

6. 因特网的前身是＿＿＿＿＿＿。

7. 在互联网中,用来连接两个或者多个网络的设备是＿＿＿＿＿＿。

8. 在 OSI 参考模型中,直接为用户提供服务的是＿＿＿＿＿＿层。

9. 无线局域网的组网模式可分为＿＿＿＿＿＿、＿＿＿＿＿＿。

10. 将 IPv4 地址 192.168.1.1 转换为 IPv6 地址,采用冒号十六进制可以表示为＿＿＿＿＿＿。

三、简答题

1. 提高带宽,网络的传输速度一定快吗? 为什么?

2. 计算机网络的分类方法有哪些?

3. 简述 Internet 在中国的发展历史。

4. 什么是 Web 3.0? 它有什么特点?

5. 什么是移动互联网? 它有什么特点?

6. OSI 参考模型由哪几层组成? 它和 TCP/IP 协议模型的区别有哪些?

7. 局域网中一般有哪些硬件? 它们各有什么作用?

8. 什么是虚拟局域网?

第4章 算法与程序设计

内容与要求：

本章主要介绍算法与程序设计的基础知识，具体内容包括计算思维的定义，计算思维的特点，计算思维与问题求解，算法与数据结构，程序控制的基本结构，程序设计语言的历史与分类，程序设计语言的功能，程序设计方法，软件开发的一般过程等。

通过本章的学习，学生应能够理解计算思维与问题求解的概念，掌握算法的基础知识，掌握数学建模与算法设计的基本方法，掌握程序设计的方法，了解软件开发的一般流程，了解程序设计语言的历史与分类，了解程序设计语言的功能及程序设计的基本过程，理解算法的概念及算法的描述方法，掌握程序控制的三种基本结构，理解程序设计的基本思想，了解软件开发的一般过程。

知识体系结构图：

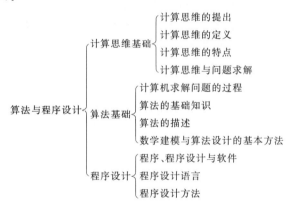

4.1 计算思维基础

4.1.1 计算思维的提出

4.1.1.1 科学研究的三大方法——理论、实验和计算

达尔文曾说过："科学就是整理事实，从中发现规律，做出结论。"科学研究是科学认识的一种活动，是人们对自然界现象和认识由不知到知之较少，再由知之不多到知之较多，进而逐步深化进入事物内部发现其本质规律的认识过程。具体而言，科学研究是整理、修正、创造知识以及开拓知识新用途的探索性工作。人们在科学研究过程中采取的各种手段和途径称为科学方法。从方法学的视角看，科学研究有

计算思维的提出、定义与特点

三大基本方法——理论、实验和计算,与三大科学方法相对应的是三大科学思维:以数学为基础的理论思维,以物理等学科为基础的实验思维,以计算机科学为基础的计算思维。

理论是客观世界在人类意识中的反映和用于改造现实的知识系统,用于描述和解释物质世界发现的基本规律。理论源于数学,理论思维支撑着所有的学科领域。理论研究方法,其优点是问题的解是精确的;其缺点是实际问题是复杂的,精确解很难得到。

实验方法是指人们根据一定的科学研究目的,运用科学仪器、设备等物质手段,在人为控制或模拟研究对象的条件下,使自然过程以纯粹、典型的形式表现出来,以便进行观察、研究,从而获取科学事实的方法。例如,伽利略在比萨斜塔的七层阳台上把轻重不同的两个金属球同时抛下,两个球同时落地,从而证明了自由落体的速度和时间与物体的质量无关。

传统的科学研究手段有理论研究和实验研究,计算则是两种研究手段中的一个辅助手段。随着计算技术和计算机技术的迅速发展,计算已上升为科学研究的另一种手段,它直接并有效地为科学研究服务,计算已经与理论研究和实验研究一起成为科学研究的三大支柱,并形成了理论科学、实验科学和计算科学,推动着人类文明进步和科技的发展。

计算科学又称为科学计算,是一种基于数学建模、定量分析方法以及利用计算机来分析和解决科学问题的研究领域,是运用高性能计算预测和了解客观世界物质运动或复杂现象演化规律的科学,它包括数值模拟、工程仿真、高效计算机系统和应用软件等。

目前,计算科学已经成为科学技术发展和重大工程设计中具有战略意义的研究手段,以计算为主要方法来寻求科学发现已成为许多科学研究领域必不可少的研究方式。计算科学与传统的理论研究和实验研究一起,成为促进重大科学发现和科技发展的战略支撑技术,是提高国家自主创新能力和核心竞争力的关键科学技术。包括美国在内的西方发达国家一直将计算科学视为关系国家命运的国家战略,并给予高度重视,其认为:21世纪科学上最重要的、经济上最有前途的前沿研究都有可能通过先进的计算技术和计算科学得以实现。计算科学的发展形成了计算学科,它来源于对数理逻辑、计算模型、算法理论和自动计算机器的研究。计算学科系统研究描述和变换信息的算法过程,包括算法过程的理论、分析、设计、效率、实现和应用等。其核心是:问题能否被形式化描述,问题是否是可计算的。随着计算学科的发展,出现了许多与计算有关的应用领域,如计算物理、计算化学、计算生物、计算体育、计算摄影以及普适计算、服务计算、移动计算、云计算等。

4.1.1.2 科学思维

科学研究的三大方法是理论、实验和计算,对应的三大科学思维分别是理论思维、实验思维和计算思维。

思维的本质是心理计算的过程,是由一系列知识所构成的完整解决问题的思路。思维具有普适性、联想性、启迪性及拓展性等。人类所学到的知识和技能具有时间局限性,而思维可跨越时间。随着时间的推移,知识和技能可能被遗忘,但思维会逐渐融入未来的创新活动中,产生新理念。

科学思维是指理论认识及其过程,即经过感性阶段获得的大量材料,通过整理和改造,形成概念、判断和推理,以便反映事物的本质和规律。科学思维是人脑对自然界中事物的本质属性、内在规律及自然界中事物之间的联系和相互关系所做的有意识的、概括的、间接的和能动的反映,该反映以科学知识和经验为媒介,体现为对多变量因果系统的信息加工过程。也就是说,科学思维是人脑对科学信息加工的一种活动。从人类认识世界和改造世界的思维方式出发,科学思维又可分为理论思维、实验思维和计算思维三种。

理论思维又称逻辑思维,是指通过抽象概括,建立描述事物本质的概念,应用科学的方法探寻概念之间联系的一种思维方法。它以推理和演绎为特征,以数学学科为代表。理论源于数学,理论思维支撑着所有的学科领域。

实验思维又称实证思维,是指通过观察和实验获取自然规律法则的一种思维方法。它以观察和归纳自然规律为特征,以物理学科为代表。与理论思维不同,实验思维往往需要借助某种特定的设备来获取数据以便进行分析。

计算思维又称构造思维,是指从具体的算法设计规范入手,通过算法过程的构造与实施来解决给定问题的一种思维方法。它以设计和构造为特征,以计算机学科为代表。

4.1.2　计算思维的定义

计算思维概念的提出是计算机学科发展的自然产物。第一次明确使用这一概念的是美国卡内基梅隆大学的周以真(Jeannette M. Wing)教授,她认为:计算思维是运用计算机科学的基础概念进行问题求解、系统设计,以及人类行为理解等涵盖计算机科学之广度的一系列思维活动。

为了使计算思维更加容易理解,周以真教授又对它作了进一步的解释:计算思维是通过约简、嵌入、转化和仿真等方法,把一个看来困难的问题重新阐释成一个我们知道问题怎样解决的方法。以日常使用电饭煲为例,使用者不需要深入了解电饭煲的加热原理、电路的控制、计时器的使用等,这些复杂难懂的理论以及操作系统由专家和技术人员进行处理,他们将电器元件装起来,将复杂的理论约简成说明书上通俗易懂的操作步骤。所有可能用到的程序都提前存储起来,使用者的指令通过按钮转化为信号从而调用程序执行,自动地控制电路的通断,最终将信号化为热量。通过抽象,复杂的问题被转化为可解决的问题,用户在整个过程中只需要进行简单的按钮操作。

计算思维是人类求解问题的一条途径,但绝非要使人类像计算机那样思考。计算思维是一种递归思维,其本质是抽象和自动化。计算思维是人类科学思维活动固有的组成部分。人类在认识世界、改造世界的过程中表现出了三种基本的思维特征:以推理和演绎为特征的逻辑思维(以数学学科为代表)、以观察和总结自然规律为特征的实证思维(以物理学科为代表)、以设计和构造为特征的计算思维(以计算机学科为代表)。随着计算机技术的发展及广泛应用,计算思维的意义和作用更进一步强化了。

总之,计算思维是基于可计算的、定量化的方式求解问题的一种思维过程,也就是通过约简、嵌入、转化和仿真等方法,把一个看来似乎困难的复杂问题重新描述成一个易于求解的计算。

4.1.3　计算思维的特点

计算思维不仅反映了计算机学科最本质的特征和最核心的方法,也反映了计算机学科的 3 个不同领域:理论、设计和实现计算思维是运用计算科学和计算机技术的基本原理去求解问题、设计系统和理解人类行为。计算思维是一种通过抽象和分解来设计和构造复杂系统的计算方法;是一种通过合适的方式去描述一个问题,并对问题进行相关的建模和处理的思维方法；是利用启发式推理寻求解答，即在不确定情况下规划、学习和调度的思维方法。计算思维的普及和应用，为科技人员提供了一种新的求解问题的视角和思维方式。计算思维是人类的思想活动，它是人类用以求解问题、管理日常生活、建立与他人交流和互动的计算理念。

在理解计算思维时，要特别注意以下几个问题。

① 计算思维并不仅仅像计算机科学家那样去为计算机编程，还要求能够在多个层次上运用抽象思维。计算机科学不只是关于计算机，就像音乐产业不只是关于麦克风一样。

② 计算思维是一种根本技能，是每一个人为了在计算机时代发挥职能所必须具有的思维方式。

③ 计算思维是人类求解问题的一条途径，但绝非要使人类像计算机那样去思考。计算机枯燥且沉闷，人类聪颖且富有想象力。是人类赋予了计算机激情，计算机给了人类强大的计算能力，人类应该好好利用这种能力去解决各种需要大量计算工作的现实问题。

④ 计算思维是思想，不是人造品。计算机科学不只是将软硬件等人造物呈现在人们的生活中，更重要的是计算的概念，它被人们用来求解问题、管理日常生活以及与他人进行交流和互动。计算机科学在本质上源自数学思维，它的形式化基础建筑于数学之上。计算机科学又从本质上源自工程思维，因为人们建造的是能够与现实世界互动的系统。所以计算思维是数学与工程思维的互补与融合。计算思维无处不在，当计算思维真正与人类活动融为一体时，它作为一个解决问题的有效工具，人人都应掌握，处处都会被使用。

4.1.4　计算思维与问题求解

2016 年 3 月，谷歌人工智能系统 AlphaGo 挑战世界顶尖围棋选手李世石的"人机大战"这一事件轰动全球。李世石在五局的比赛中最终以总比分 1 : 4 负于 AlphaGo，再次引起了人们对人工智能的热议。围棋一直被看作人类最后的智力竞技高地。据估算，围棋的可能下法数量超越了可

计算思维与
问题求解

观测宇宙范围内的原子总数。那么，AlphaGo 是如何做到战胜人类的呢？它是怎样将它所学习的 3000 万步的职业棋手棋谱运用自如，并寻找比基础棋谱更多的办法来击败人类的呢？

纵观计算机发展史，从解决数学难题到计算机绘画、雕塑，从宇宙飞船上天到影视动画特技，从气象灾害预报到智能交通管理，从军事指挥系统到电子游戏机，从微博、微信到洗衣机自动控制，从计算机辅助制造到机器人手术，从电子商务到银行自动取款机……到处都可以看到计算机的应用踪迹。那么，计算机是如何解决各行各业的各种问题，实现如此丰富多彩的应用的呢？

其实，计算机能够解决各种不同类型的问题，其原因不仅在于它的计算速度和精度，更重要的是人们为计算机开发出了数量宏大、能指挥计算机完成各种简单和复杂工作的程序。程序实现了千变万化的复杂功能的构造、表达与执行。一台计算机的硬件虽然固定不变，但通过加载执行不同的程序，就能够实现不同的功能，解决不同的问题。小到求解一元二次方程的根，大到各种信息管理系统，甚至是 AlphaGo 这样的大型复杂系统，都是将各种数值或非数值算法通过计算机程序语言编写成计算机程序来实现的。

思政课堂

　　AlphaGo创新性地将深度强化学习DRL和蒙特卡罗树搜索MCTS相结合,通过价值网络评估局面以减小搜索深度,利用策略网络降低搜索宽度,使搜索效率得到大幅提升,胜率估算也更加精确。

　　在民族复兴进程中,神威·太湖之光超级计算机首次模拟千万核并行运算、量子计算机"九章"成功研制、嫦娥五号成功采集月球样本等科技突破性进展不断涌现,是中国特色社会主义道路的胜利。同学们要将个人的职业前途和国家的繁荣昌盛、个人的职业奉献与民族的自强不息紧密结合在一起。

4.1.4.1　问题求解中的计算思维

　　运用计算思维求解问题,是指人借助计算机,通过建立数学模型和数据结构,采用相应的计算方法以及编制计算机程序,让计算机按照人们给出的计算步骤来完成原本无法由人类独立完成的复杂问题求解和系统设计。由此可以看出,用计算思维求解问题的过程涉及人的思维、计算机、数学模型、数据结构、计算方法和程序设计等环节。它把人类求解问题的过程描述为一个可计算的问题,然后编写成相应的计算程序,用计算机来完成。因此,要用计算机求解问题就必须用计算思维的理念来描述该问题,这就是用计算思维求解问题的基本思想。

4.1.4.2　计算思维问题求解案例

　　(1) 汉诺塔问题

　　相传在古印度圣庙中,有一种被称为汉诺塔的游戏。该游戏大致过程为,在一块铜板装置上有3根柱子(编号A、B、C),在A柱上自下而上、由大到小按顺序放置64个金盘,如图4-1所示;天神梵天要该庙的僧侣把这些金盘全部由A柱移到另外一根指定的柱子上,一次只能移一个,不管在什么情况下,金盘的大小次序不能改变,即小金盘永远只能放在大金盘上面。只要有一天这64个金盘能从A柱完全转移到另外一根指定的柱子上,世界末日就会到来。19世纪,法国数学家鲁卡斯(E. Lucas)曾经研究过这个问题,他正确地指出,要完成这个任务,僧侣们搬动金盘的总次数为$2^{64}-1=18446744073709551615$。假设僧侣们个个身强力壮,每天24小时不知疲倦地不停工作,而且动作敏捷快速,1秒钟就能移动1个金盘,那么完成这个任务也得花5800亿年!显然,人类要完成这个工作是不可能的,但采用计算思维的理念,借助计算机就可以顺利求解。

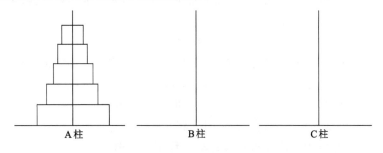

图 4-1　汉诺塔问题(以5个金盘为例)

（2）求解过程描述

假设有 3 根柱子（A,B,C）和 3 个不同尺寸的金盘（X,Y,Z）。最初,全部 3 个金盘都堆在柱子 A 上:最大的金盘 Z 在底部,最小的金盘 X 在顶部。要求把所有金盘都移到柱子 C 上,每次只许移动一个,而且只能先搬动柱子顶部的金盘,还不许把尺寸较大的金盘堆放在尺寸较小的金盘上。对 3 个金盘的移动过程如图 4-2 所示,需要移动 7 次才能完成。同理,4 个金盘的移动次数等于把前 3 个金盘重复一遍,又增加了一次,需要移动 15 次才能完成。如此下去,N 个金盘的移动次数为 $2^{N}-1$。显然,当 N 较大时,靠人工完成是不可能的。问题是能不能用计算机解决呢？这就需要将问题转换为一个可计算的问题。

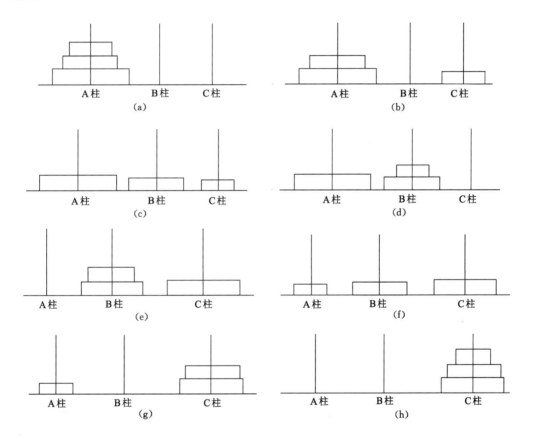

图 4-2　3 个金盘的移动过程

（3）计算思维求解问题

用计算机求解汉诺塔问题就需要运用计算思维的理念。计算思维求解问题的步骤是:首先从具体问题中抽象出一个适当的数学模型;其次选择适当的数据结构并给出计算方法;最后编写计算程序用计算机完成计算工作。求解过程如图 4-3 所示。

在移动金盘的过程中发现要搬动 n 个金盘,必须先将 n−1 个金盘从 A 柱搬到 B 柱上,再将 A 柱上的最后一个金盘搬到 C 柱上,最后从 B 柱上将 n−1 个金盘搬到 C 柱上。搬动 n 个金盘和搬动 n−1 个金盘的方法是一样的,当金盘搬到只剩 1 个时,递归结束。

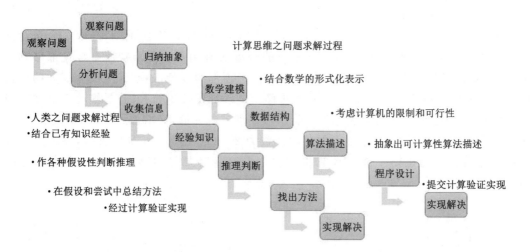

图 4-3　计算思维求解问题与人类求解问题过程的比较

用 C 语言描述求解问题的计算程序如下：

```
#include <stdio.h>
int main( )
{
    void hanoi(int n,char one,char two,char three);  /* 对 hanoi 函数的声明 */
    int m;
    printf("input the number of disks:");
    scanf("%d",&m);
    printf("The step to move %d disks:\n",m);
    hanoi(m,'A','B','C');
    return 0;
}
void hanoi(int n,char one,char two,char three)      /* 定义 hanoi 函数 */
                                                    /* 将 n 个金盘从 one 座借助
                                                       two 座,移到 three 座 */
{
    void move(char x,char y);                       /* 对 move 函数的声明 */
    if(n==1)
        move(one,three);
    else
        {
        hanoi(n-1,one,three,two);
        move(one,three);
        hanoi(n-1,two,one,three);
        }
```

```
}
void move(char x,char y)                        /∗定义 move 函数∗/
{
    printf("%c--->%c\n",x,y);
}
```

4.2　算 法 基 础

4.2.1　计算机求解问题的过程

用计算机求解问题,一般需要人类对问题抽象化、形式化后才能机械地执行。具体问题求解过程如图 4-4 所示。

计算机求解
问题的过程

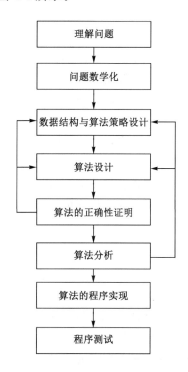

图 4-4　计算机求解问题流程

(1) 理解问题

设计算法前必须做的第一件事,就是完全理解问题,然后用科学规范的语言对所求解的问题作准确和完整的描述。通常,可以通过不断提问,考虑特殊或边值情况,搞清楚问题的各个方面。

(2) 问题数学化

即建立数学模型。通过对问题的分析,找出其中的所有操作对象及操作对象之间的关系并用数学语言加以形式化描述。

（3）数据结构与算法策略设计

数据结构是计算机存储、组织数据的方式,指相互之间存在一种或多种特定关系的数据元素的集合。根据要处理问题的数据特点,选择恰当的数据结构,特别是非数值运算问题,恰当的数据结构将非常有利于设计解决问题的高效算法。确定数据结构后,再根据所选数据结构制定算法设计策略。

（4）算法设计

根据数学模型及数据结构,在满足时空效率及计算机硬件的条件下设计问题的计算机求解算法。

（5）算法的正确性证明

尽可能从理论上证明算法对一切合法输入均能在有限次计算后产生正确输出。若证明算法不正确,则需要返回设计阶段修改算法;若找不到正确的算法,则需要修改算法设计策略,甚至修改数据结构。对于难以从理论上证明的算法,可以忽略此步骤,通过程序测试环节在一定程度上弥补。

（6）算法分析

对该算法的时空效率进行分析和评估,也就是对算法进行时间复杂度和空间复杂度分析,判断它是否满足各种约束条件,能否解决问题;若是否定的结果,则转到算法设计阶段修改算法,甚至是重新制定算法设计策略或者修改数据结构。

（7）算法的程序实现

用程序设计语言正确地编写源程序实现算法,并完善注释。

（8）程序测试

精心设计测试用例进行白盒测试或者黑盒测试,以发现程序中的错误或者算法中的不足并加以改进。白盒测试用于测试算法或者程序的内部逻辑结构,黑盒测试侧重于测试算法或者程序实现的功能。

4.2.2 算法的基础知识

4.2.2.1 算法概述

算法的
基础知识

算法是关于按照一定规则解决具体问题的准确而完整、明确而有限的步骤的描述,是解决问题的有限运算序列。

通常一个问题可以有多个算法,一个给定的算法解决一个特定问题。作为一个算法,它一般应具备以下五个基本特征。

（1）可行性

算法中的每一步都是可行的;针对实际问题而设计的算法,执行后能够得到满意的结果。

（2）确定性

算法中的每一步都必须有确切的含义,且无二义性。

（3）有穷性

算法必须在有限的时间内完成。

（4）输入

一个算法有多个或零个输入,这些输入在运算开始之前给出,也可以在算法执行过程中提供。

（5）输出

作为算法运算的结果，一个算法产生一个或多个输出，这些输出是与输入有某种特定关系的量。

4.2.2.2 算法的基本要求

一个好的算法，除了具备上述五个基本特征之外，通常还应考虑如下几个要求。

（1）正确性

算法的正确性是指在合理的数据输入条件下，算法能够正确地执行预先规定的功能要求，在有限的运行时间内得出正确的结果。正确性是设计和评价一个算法的首要条件。

（2）可读性

一个算法应该便于阅读和交流。好的可读性有助于人们对算法的理解，也有助于程序的调试和维修。在保证算法正确性的前提下，应强调算法的可读性。为了达到这个目的，需要有一个清晰的算法逻辑和保持良好的编程风格。

（3）健壮性

一个健壮（鲁棒性强）的算法应该能对不合理的输入进行检查和异常处理，以提高算法的容错性，减小出现异常中断或死机现象的概率。

（4）高效性

高效性指算法的执行效率高，包括时间效率和空间效率两个方面。时间效率指执行算法所需要的时间，空间效率指执行算法所需要的存储量。对于同一个算法，如果执行时间越短，所需存储量越小，则算法效率越高。时间和存储量这两者都与问题的规模有关。

4.2.2.3 算法的分类

目前已经广泛使用的算法有很多，常见的算法分类方法有以下两种。

（1）按参与运算的数据类型分类

按参与运算的数据类型，可将算法分为数值运算算法和非数值运算算法两大类别。

数值运算算法主要用于科学计算，这类算法的特点是输入和输出少量的数据，运算比较复杂。例如，计算圆周率、求方程的根、求函数的积分等的算法。

非数值运算算法涉及面十分广泛，最常见的是用于信息管理、事务管理等领域的算法，如图书检索、人事管理、行车调度管理等的算法。这类算法的特点是一般含有大量的输入和输出数据，算术运算比较简单，包含大量的逻辑运算。例如，用于排序、查找和替换等的算法。随着计算机技术的发展和应用面的普及，非数值运算算法涉及面更广，研究的任务更重。

（2）按运算结果的确定性分类

按照运算结果的确定性与否，可将算法分成确定性算法和非确定性算法两类。确定性算法得出的结果常取决于输入数据，也就是说对于相同的输入数据，算法会得到相同的输出结果。因此，确定性算法适宜处理可以用函数描述的问题。而非确定性算法对于一个或一些给定的数值，算法的输出结果并不是唯一的或者确定的。非确定性算法经常用于随机事件或者事务的处理。

4.2.3 算法的描述

设计出来的算法需要用一种工具来描述，以清楚地表达问题的求解步骤。描述算法的工具通常有自然语言、流程图、程序设计语言等。

算法的描述

下面以判断一个任意给定的自然数 n 是否为素数为例，分别讲述使用自然语言、流程图及程序设计语言等进行算法描述的过程。

数学依据：如果一个自然数 n 不能被从 2 到 n 的平方根之间的任何一个数整除，那么它是一个素数。

4.2.3.1 自然语言描述

用自然语言描述算法，优点是容易理解，缺点是算法表达不够精准，容易出现二义性。

算法描述如下：

① 输入自然数 n。

② 判断 n 能否被从 2 到 n 的平方根之间的任意一个数整除。

③ 如果能被整除，输出"非素数"信息；否则，输出该素数。

④ 程序结束。

4.2.3.2 流程图描述

用图形化的方法即流程图来描述算法是常用的方法。目前，流程图有两种，即传统流程图（ANSI 标准）和 N-S 流程图（ISO 标准），它们都用国际通用的流程图图形符号来表示算法的求解步骤。

（1）传统流程图

绘制传统流程图使用的符号有圆角矩形、矩形、菱形、平行四边形及流程线等。图 4-5 为流程图常用符号及符号表示的含义。图 4-6 所示为求自然数 n 是否为素数的传统流程图。

起止框　　输入/输出框　　处理框　　判断框　　流程线

图 4-5　流程图常用符号及其含义

（2）N-S 流程图

N-S 流程图和传统流程图的最大区别是取消了流程线，这样，就可避免流程不受限制地跳转，而只能按由上至下的顺序执行。图 4-7 所示为求自然数 n 是否为素数的 N-S 流程图。

4.2.3.3 程序设计语言描述

用程序设计语言描述算法，就是直接用某种程序设计语言表达算法的求解过程。其优点是算法描述准确、严谨、结构化程度高，通过编译和链接生成机器代码后就可以直接运行。其不足是细节过多，直观性差，常需要借助程序注释才能明白算法的含义。常用于算法描述的程序设计语言有 C，C++，Java 等。例 4-1 采用 C 语言作为描述算法的工具，判断一个任意给定的自然数 n 是否为素数。

【例 4-1】 判断一个任意给定的自然数 n 是否为素数。

程序设计语言有很多种，用 C 语言编写的程序代码如下：

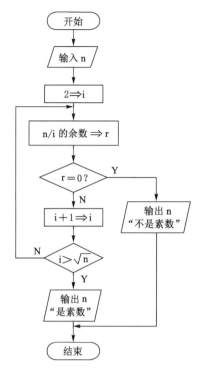

图 4-6 求自然数 n 是否为素数的传统流程图

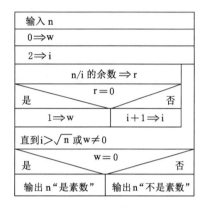

图 4-7 求自然数 n 是否为素数的 N-S 流程图

```
#include "stdio. h"
#include "math. h"
void main( )
{
    int n,is Prime,j;
    printf("Input a number:");
    scanf("%d",&n);
    is Prime=1;
    for(j = 2;j < (int)sqrt(n);j++){
            if(n%j == 0){
                        is Prime = 0;
                        break;
                }
                    }
    if(is Prime == 1)
        printf("%d is a Primenumber. ",n);
    else
        printf("%d is not a Primenumber. ",n);
}
```

4.2.4 数学建模与算法设计的基本方法

数学建模与
算法设计的
基本方法

在生活、工作中,人们总是会遇到并解决各种各样的问题,科学技术的发展史可以说是一部发现问题、提出问题、解决问题的历史。面对各种各样的问题,各个学科既遵循或运用一般科学方法,又采用一整套本学科独有的专门方法。在现代计算机发明之前,人们在长期的科学研究、社会实践中,已经发现许多问题可以采用计算方法求解,如大家熟知的黎曼积分法求积分、牛顿迭代法求方程的根;不过由于受到计算工具、计算速度的限制,许多问题无法通过计算来求解,如气象预测、核弹爆炸模拟等,因而计算方法没有成为一般科学方法。

20 世纪 40 年代电子计算机发明以后,因具有速度快、精度高、逻辑运算能力强、自动化程度高等特点,计算机为各学科的问题求解提供了新的手段和方法,使许多问题通过计算轻而易举地得到了解决。

用计算机如何求解问题? 或者说,问题是多种多样、千差万别的,抛开具体的问题,从方法论的角度去看,计算思维求解问题的过程或模型是什么? 2006 年周以真教授提出了计算思维的本质是抽象和自动化。也就是说,从本质上来说,求解问题的过程大致可以分成两步:一是问题抽象,完全超越物理的时空观,并用符号来表示;二是自动化,机械地一步一步自动执行,即编写程序。

4.2.4.1 抽象

抽象是从众多的事物中抽取出共同的、本质性的特征,而舍弃其非本质的特征,如哥尼斯堡七桥问题抽象成图论问题。在计算机科学中,抽象是简化复杂的现实问题的最佳途径。抽象的具体形式是多种多样的,但是离不开两个要素,即形式化和数学建模。

(1)形式化

在计算机科学中,凡是采用严格的数学语言,具有精确的数学语义的方法,都称为形式化方法。形式化是基于数学的方法,运用数学语言描述清楚问题的条件、目标以及达到目标的过程。形式化是问题求解的前提和基础,不同的形式化方法的数学基础是不同的。例如,有的形式化方法以集合论和递归函数为基础,有的以图论为基础。

(2)数学建模

数学建模是指通过计算得到的结果来解释实际问题,并接受实际的检验,建立数学模型的全过程。数学模型一般是实际事物的一种数学简化,常常是以某种意义上接近实际事物的抽象形式存在的,但与真实的事物有着本质的区别。例如,龙卷风模型、潮汐模型等。

形式化和数学建模都是基于数学的方法。从某种意义上来说,数学建模就是一种形式化方法,形式化方法当面向模型时是通过建立一个数学模型来求解问题和说明系统行为的。

4.2.4.2 自动化

抽象以后就是自动化,抽象是自动化的前提和基础。计算机通过程序实现自动化,而程序的核心是算法。因此,对于常见的简单问题,自动化分两步:设计算法和编写程序。

下面通过猴子吃桃问题说明计算思维中求解简单问题的一般过程。

【例 4-2】 猴子吃桃问题。猴子第 1 天摘下若干个桃子,当即吃了一半,还不过瘾,又多吃了一个。第 2 天早上将剩下的桃子吃掉一半,且又多吃了一个。以后每天早上都吃了前一天剩下的一半零一个。到第 10 天早上想再吃时，就只剩一个桃子了。求第 1 天共摘了多少个桃子？

假定用 x_n 表示第 n 天桃子的数量。

（1）抽象

采用逆向思维，从后往前推断，发现数学的递推公式：

$$x_n = \begin{cases} 1 & n=10 \\ \dfrac{1}{2} \times x_{n-1} - 1，即\ x_{n-1} = (x_n + 1) \times 2 & n=2,3,\cdots,10 \end{cases}$$

（2）自动化

设计算法和编写程序。

① 设计算法。根据上述递推公式设计算法。描述算法的方法有很多，下面给出用自然语言和伪代码两种方法描述的算法。

● 自然语言描述算法	● 伪代码描述算法
① 置初态：x←1，i←10；	Begin
② 如果 i 等于 1，则转⑥；	$\quad$ x = 1
③ x←(x＋1)＊2；	$\quad$ i = 1
④ i←i－1；	$\quad$ while(i >= 1)
⑤ 转②；	$\quad$ {
⑥ 输出 x 的值；	$\qquad$ x = (x ＋ 1) ＊ 2
⑦ 结束。	$\qquad$ i = i － 1
	$\quad$ }
	$\quad$ Print x
	end

② 编写程序。程序设计语言有很多种，用 C 语言编写的程序代码如下。

```c
#include<stdio.h>
int main( )
{
int day,x1,x2；
day=9；
x2=1；
while(day>0)
{x1=(x2+1)*2；          /*第 1 天的桃子数是第 2 天的桃子数加 1 后的 2 倍*/
x2=x1；
day--；
}
printf("total=%d\n",x1)；
return 0；
}
```

由上述例子可以看出，计算机求解问题的过程大致分成两步：抽象和自动化。需要注意的是,上述例子是最简单的初等问题,问题求解的线路图非常清晰,而当面对复杂的问题时,求解的形式极其复杂,但是抽象和自动化是不会变的。

4.2.4.3 算法设计的基本方法

（1）列举法

列举法的基本思想是根据提出的问题,列举出所有可能的情况,并用问题中给定的条件检验哪些是满足条件的,哪些是不满足条件的。列举法通常用于解决"是否存在"或"有哪些可能"等问题。例如,我国古代的趣味数学题:"百钱买百鸡""鸡兔同笼"等,均可采用列举法求解。使用列举法时,要对问题进行详细的分析,将与问题有关的知识条理化、完备化、系统化,从中找出规律。

（2）归纳法

归纳法的基本思想是通过列举少量的特殊情况,经过分析,找出一般的关系。归纳是一种抽象,即从特殊现象中找出一般规律。但由于在归纳法中不可能对所有的情况进行列举,因此,该方法得到的结论只是一种猜测,还需要进行证明。

（3）递推法

递推,即从已知的初始条件出发,逐次推出所要求的各个中间环节和最终结果。其中,初始条件或问题本身已经给定,或通过对问题的分析与化简而确定。递推的本质是一种归纳,递推关系式通常是归纳的结果。例如,斐波那契数列,就是采用递推法解决问题的。

（4）减半递推法

减半递推法是指在递推法的基础上,通过数学分析将问题的规模减半,然后重复相同的递推操作。

（5）递归法

在解决一些复杂问题时,为了降低问题的复杂程度,通常将问题逐层分解,最终归结为一些最简单的问题。这种将问题逐层分解的过程,并没有对问题进行求解,而只是解决了最终那些最简单的问题,之后再沿着原来分解的逆过程逐步进行综合,这就是递归法。

递归分为直接递归和间接递归两种方法。如果一个算法直接调用自己,则称为直接递归法;如果一个算法 A 调用另一个算法 B,而算法 B 又调用算法 A,则称为间接递归法。

（6）回溯法

对有些实际问题,很难归纳出一组简单的递推公式或直观的求解步骤,也不能使用无限的列举。对于这类问题,只能采用试探的方法,通过对问题的分析,找出解决问题的线索,然后沿着该线索进行试探,如果试探成功,就得到问题的解,如果不成功,再逐步回退,换别的路线进行试探。这种方法,称为回溯法。如人工智能中的机器人下棋。

4.3 程 序 设 计

4.3.1 程序、程序设计与软件

程序是按某种顺序排列的,能完成某种功能的指令集合。程序设计是指设计、编制、调试程序的方法和过程。它是目标明确的智力活动,是软件构造

程序、程序
设计与软件

活动中的重要组成部分。程序设计的基本过程是:对待解决的问题进行分析,定义用户需求,描述数据和加工过程(算法),再把这种描述细化、编码,从而转换成计算机可以接受的表示形式。好的程序设计能使程序更加科学、可靠、易读,并且代价合理。程序和程序设计发展到一定规模便逐步形成软件。软件不是程序,而是程序、数据以及开发、使用和维护程序需要的所有文档的完整集合。软件工程则是运用计算机科学理论和技术以及工程管理原则和方法,按预算和进度要求开发和维护满足用户要求的软件产品的工程,或以此为研究对象的学科。

4.3.1.1　程序

程序一词来自生活,通常指完成某项事务的一整套活动过程及活动方式。例如,去图书馆借书的程序可简单地描述为:进入图书馆—查书目—填写索书单—交工作人员取书—办理借书手续—离开图书馆。

计算机是进行科学计算和信息处理的工具,其本质特征就是能够自动地按照程序指令工作。通常,把指示计算机进行某一工作的命令称为指令,而把为完成某一任务的若干条指令的有序集合称为程序。在计算机工作的过程中,程序体现了程序员要求计算机执行的操作,是人与计算机交流信息的最基本的方式。程序通常以文件的形式保存,需要被执行时调入内存,完成对计算机的控制。

著名的计算机科学家沃思(W. Wirth)提出:程序=数据结构+算法。

其中,数据结构是对数据的描述,也就是描述问题的每个对象及它们之间的关系;算法是对这些对象操作步骤的描述,即问题求解算法。在这里,数据是操作的对象,操作的目的是对数据进行加工处理,以得到期望的结果。

此外,一个程序的开发还应当采用一种程序设计方法,如结构化程序设计方法或面向对象程序设计方法,并且用一种计算机语言表示,即还必须有语言工具和环境的支持。下面以一个例子使读者对程序有一个基本了解。

【例 4-3】　给出三角形的三条边长,求三角形面积。

```
#include <stdio.h>                        /*包含输入输出库函数*/
#include <math.h>                         /*包含数学库函数*/
int main( )                               /*定义主函数*/
{
    double a,b,c,s,area;                  /*定义各变量,均为 double 型*/
    a=7.34;                               /*对边长 a 赋值*/
    b=10.86;                              /*对边长 b 赋值*/
    c=12.42;                              /*对边长 c 赋值*/
    s=(a+b+c)/2;                          /*计算 s*/
    area=sqrt(s*(s-a)*(s-b)*(s-c));       /*计算 area*/
    printf("a=%f\tb=%f\t%f\n",a,b,c);     /*输出三边 a,b,c 的值*/
    printf("area=%f\n",area);             /*输出面积 area 的值*/
    return 0;
}
```

C 语言程序一般由两部分组成:说明部分和执行部分。说明部分完成数据类型、函数及类型的说明等,主要对程序中用到的数据进行定义和描述,如该程序中定义变量的语句;执行部分完成具体的计算和处理任务,如程序中的输入、计算和输出部分。

4.3.1.2 程序设计

简单地讲,计算机程序设计就是用计算机语言编写一些代码来驱动计算机完成特定的功能。也就是说,用计算机能够理解的语言告诉计算机如何工作,这也是很多初学者所理解的程序设计。实质上,程序设计应该包含利用计算机解决问题的全过程,通常先要针对特定的问题进行分析并建立数学模型,然后考虑数据的组织方式和算法,并选择一种程序设计语言编写程序,最后进行程序的调试,使之产生预期的结果,最终完成问题的求解。具体的程序设计步骤如下。

（1）分析问题

一般说来,一个具体的问题涉及许多方面,在交给计算机处理前必须对问题作出明确的分析、定义,并最终翻译成计算机能够识别的语言。分析问题的方法很多,当问题复杂时,还要借助一些原则、方法和工具,但分析问题一般要明确以下几点。

① 问题的输入,即已知什么条件,使用什么格式。

② 期望的输出,即希望得到什么结果,输出什么类型的报告、图表或信息。

③ 数据具体的处理过程和要求,即希望计算机对输入信息做什么加工。

【例 4-4】 学生成绩管理系统的简单分析。

在一个学生成绩管理系统的设计中,需要已知问题的输入条件,比如学生的学号、姓名、各科的学习成绩等。系统的输出结果之一是要在屏幕上输出总成绩第一的学生的姓名和成绩。那么,相应的处理过程就要对各个学生的各科成绩求和,并找出合计值最大的学生作为第一名。

（2）算法设计

算法是解决问题的步骤及其描述,是根据问题分析中的信息得来的,是对问题处理过程的进一步细化。但它只是程序编码前对处理思想的一种描述,不能被计算机直接执行。

【例 4-5】 对例 4-4 中问题设计一种算法。

① 输入全部学生的姓名、学号及本学期的所有课程的成绩。

② 对每个学生的各科成绩求和。

③ 按总成绩的升序对学生进行排序。

④ 取该排序列表的第一个学生。

（3）程序编码

程序编码是指用计算机能够识别的语言编写源程序的过程。首先应当选择一种合适的程序设计语言,然后用该语言来描述前面设计的数据结构和算法。应当注意,用不同语言写出的程序有时会有较大的差别。

【例 4-6】 用 C++ 语言编写程序,求两个数中的较大数。

```cpp
#include <iostream.h>          //包含输入输出流处理的头文件
void main ( )                  //主函数
{
    int i,j,max;              //定义变量
    cin>>i>>j;                //输入 i,j 的值
```

```
    if(i>j);                           //判断 i 和 j 中的较大数
      max = i;
    else
      max = j;
    cout<<"max="<<max;                 //输出较大数
}
```

（4）调试运行

程序编码可以在计算机上进行，也可以在纸张上进行，但最终编写好的程序代码要通过编辑器输入计算机，经过调试，找出语法错误和逻辑错误，然后才能正确运行。尽管不同的程序设计语言其运行环境相差很大，但现代的程序设计语言一般都提供一个集成开发环境。所谓集成开发环境是指将程序的编辑、编译、运行、调试集成在同一环境下，使程序设计者既能高效地执行程序，又能方便地调试程序，甚至是逐条调试和执行源程序。例 4-6 中的 C 程序在 Microsoft Visual C++ 6.0 集成开发环境下调试运行的过程如图 4-8 所示。一般说来，程序设计语言的检查功能只能查出语法错误，即程序是否按规定的格式书写；但更为困难的是排除逻辑错误，而这可能直接导致错误的结果。调试程序需要有耐心和毅力，还需要有不断积累的调试程序经验。

图 4-8　在集成开发环境下调试程序运行过程

（5）整理文档

文档由程序说明文件和用户操作手册组成。程序说明文件记录程序设计的算法、实现以及修改的过程等，以保证程序的可读性和可维护性。用户操作手册使用户了解程序的使用以及正确地输入数据。对于微小程序来说，有没有文档并不重要；但对于一个需要多人合作，并且开发、维护周期较长的软件来说，文档至关重要。在软件工程中，开发过程每一步的文档编写都有指导性的建议。

程序中的注释就是一种很好的文档，用以描述程序中各模块的功能、变量及函数的意义等。注释不能被计算机执行，但可被读程序的人理解。C 语言的注释放在"/ * "" * /"之间，C++ 的注释用"//"开头，Basic 的注释则用 REM 开头。

4.3.1.3　软件

软件是由计算机程序和程序设计的概念发展演化而来的，是在程序和程序设计发展到一定规模并且逐步商品化的过程中形成的。1983 年,IEEE 将软件定义为:计算机程序、方法、规则、相关的文档资料以及在计算机上运行程序时所必需的数据。可见,软件并不只是可以在计算机上运行的程序,而与这些程序相关的文件一般也被认为是软件的一部分。

(1) 软件生存周期

同任何事物一样,一个软件产品或软件系统也要经历孕育、诞生、成长、成熟、衰亡等阶段,一般称为软件生存周期,又称为软件生命周期或系统开发生命周期。通常,软件生存周期包括三个时期,每个时期又可细分为几个阶段。

① 计划时期:问题定义、可行性研究。

② 开发时期:需求分析、概要设计、详细设计、编码实现、测试。

③ 运行和维护时期:运行、维护、废弃。

把整个软件生存周期划分为若干阶段,每个阶段都要有定义、工作、审查并形成文档,以供交流或备查,这可以使得规模大、结构复杂和管理复杂的软件开发变得容易控制和管理。软件开发一旦完成,它就进入一个既被运行又被维护的循环,直到该软件报废。对于软件来说,其运行维护阶段的主要任务是持久地满足用户的需要,通常包括软件的改错和更新。软件进入维护阶段的主要原因是发现错误或软件应用中发生的变化需要在软件中作相应的修改。事实上,在软件生命周期中的计划、开发阶段多做努力,就会使软件的维护更加容易。

(2) 软件开发

软件开发是根据用户要求建造出软件系统或者系统中软件部分的一个产品开发的过程。软件开发是一项包括需求获取、开发规划、需求分析和设计、编程实现、软件测试、版本控制的系统工程。软件开发经历了从程序设计阶段到软件设计阶段再到软件工程阶段的演变。

① 程序设计阶段(1946—1955 年)

这个阶段尚无软件的概念,程序设计主要围绕硬件进行,规模很小,工具简单,无开发者和用户等的明确分工;程序设计追求节省空间和编程技巧,除程序清单外基本上没有文档资料,主要用于科学计算。

② 软件设计阶段(1956—1969 年)

这个阶段硬件环境相对稳定,出现了"软件作坊"的开发组织形式。开始广泛使用可购买的软件产品,从而建立了软件的概念。随着计算机技术的发展和计算机应用的日益普及,软件系统的规模越来越庞大,高级编程语言层出不穷,应用领域不断拓宽,开发者和用户有了明确的分工,社会对软件的需求量剧增。但因软件开发技术没有重大突破,软件产品的质量不高,生产效率低下,从而导致了"软件危机"的产生。

③ 软件工程阶段(1970 年至今)

由于"软件危机",人们不得不重视软件开发的技术手段和管理方法,因此进入了软件工程时代。这个阶段硬件已向巨型化、微型化、网络化和智能化四个方向发展,数据库技术已成熟并广泛应用,第三代、第四代编程语言出现;软件技术不断发展,如结构化程序设计在数值计算领域取得优异成绩,软件测试技术、方法、原理用于软件生产过程,处理需求定义技术用于软件需求分析和描述。

思政课堂

　　科学技术的革新与进步始终趋于造福社会的需要以及人们对科学的追求和对真理的信仰。而在利益驱动与激烈竞争压力下,科学道德问题日益突出。对于计算机类专业人才而言,信息网络道德日益重要,计算机类专业的课程思政亟须融入科学道德素养。科学道德素养所蕴含的崇尚科学、实事求是、尊重知识、勇于创新、知识共享、科学协作、诚信正直、社会责任等内涵对于计算机类专业的大学生和未来步入社会的科技工作者而言,是必须一直遵循的道德准则。

4.3.2　程序设计语言

程序设计语言

　　程序设计语言是一个能完整、准确和规则地表达人们的意图,并用以指挥或控制计算机工作的符号系统。简单地说,程序设计语言就是书写程序用的语言,也称为计算机语言,是人与计算机进行交流的工具。在计算机科学发展的过程中,科学家们先后设计了上千种程序设计语言,有的重在提高效率,有的重在提高程序设计速度,还有的面向教学,等等。其中大部分语言已经退出了历史舞台,目前使用较为广泛的程序设计语言大概有数百种,且各类程序设计语言具有一定的共性。

4.3.2.1　程序设计语言的发展

　　程序设计语言的发展是一个不断演化的过程,从发展历程来看,程序设计语言可以分为三类:机器语言、汇编语言和高级语言。

　　(1) 机器语言

　　机器语言是用二进制代码表示的计算机能直接识别和执行的指令集合,是计算机的设计者通过计算机的硬件结构赋予计算机的操作功能。不同型号的计算机其机器语言是不同的,按照一种计算机的机器指令编写的程序,不能在另一种计算机上执行。机器语言也是所有语言中唯一能被计算机直接理解和执行的语言。无论是用什么程序设计语言编写的程序,只有在转换成机器语言之后才能被计算机执行。

　　机器语言中的每一条语句实际上都是一条二进制形式的指令代码,其指令格式如图 4-9 所示。

图 4-9　机器指令的组成结构

　　操作码指出应该执行什么样的操作,操作数指出参与操作的数本身或它在内存中的地址。指令代码具体的表现形式和功能与计算机系统的结构有关。

　　【例 4-7】　用机器语言程序实现 5+7 的运算。

10110000　00000101:把 5 送入累加器 AL 中
00101100　00000111:7 与累加器 AL 中的值相加,结果仍放入 AL 中

11110100　　　　　　　;结束,停机

机器语言具有灵活、直接执行和速度快等特点。但是用机器语言编程,不仅指令操作需要用规定的二进制代码描述,程序里的数据也要程序设计者安排存储位置,这使得程序设计工作量大、编程困难,指令难记忆、难书写,程序可读性差,容易出错又不容易修改,程序开发工作的效率非常低。据统计,使用机器语言,一个人一天平均只能写出几条指令。现在,除了计算机生产厂家的专业人员外,绝大多数程序员已经不再学习机器语言了。

（2）汇编语言

为了克服机器语言的上述缺点,出现了用符号来表示二进制指令代码的符号语言,称为汇编语言。汇编语言用与指令代码实际含义相近的英文缩写词、字母和数字等助记符来代替机器语言中的指令操作码。例如,"MOV"表示数据传送,"ADD"表示加法运算,"SUB"表示减法运算等。操作也用符号形式表示,如用 X、Y 代表两个存储数据的容器。

【例 4-8】 用汇编语言程序实现 5+7 的运算。

MOV　　AL,05　　　　　;把 5 送入累加器 AL 中
ADD　　AL,07　　　　　;7 与累加器 AL 中的值相加,结果仍放入 AL 中
HLT　　　　　　　　　　;结束,停机

汇编语言的出现使得程序的编写方便了许多,并且编写的程序便于检查和修改。由于汇编语言接近机器语言,因此具有编程质量高、占存储空间少、执行速度快的优点,常用于实时控制程序（如系统软件和过程控制软件）的设计。但汇编语言仍然是面向机器的程序设计语言,与具体的计算机硬件有着密切的关系。汇编语言指令与机器语言指令基本上是一一对应的,不同型号的计算机有着不同结构的汇编语言。针对同一问题所编制的汇编语言程序,在不同种类的计算机间是不通用的。因此,利用汇编语言编写程序必须了解机器的某些细节,这使得汇编语言程序编写困难,通用性差,而且可读性也差。需要说明的是,用汇编语言编写的程序不能被计算机直接识别和执行,必须经过"翻译",将其符号指令转换成机器指令。

（3）高级语言

高级语言是一种接近人们自然语言的程序设计语言。它按照人们的语言习惯,使用日常用语、数学公式和符号按照一定的语法规则来编写程序。高级语言与自然语言更接近,且与硬件功能相分离,彻底脱离了具体的指令系统;编程者不需要掌握过多的计算机专业知识便可掌握和使用高级语言。高级语言的通用性强,兼容性好,便于移植。高级语言的产生,大大扩展了计算机的应用范围,推动了各行各业的发展。

【例 4-9】 用 C++ 语言程序实现 5+7 的运算。

```
#include <iostream.h>          //包含输入输出流处理的头文件
void main( )                   //主函数
  {
    int a;                     //声明整型变量a
    a = 5 + 7;                 //加法运算
    cout<<"a="<<a<<endl;       //输出结果
  }
```

高级语言可分为以下三类。

① 面向过程的语言

面向过程的语言致力于用计算机能够理解的逻辑来描述所要解决的问题和解决问题的具体方法、步骤。也就是说，用这类语言编程时，不仅要说明做什么，还要详细地告诉计算机如何做，在程序中需要详细描述解题的过程和细节。面向过程的语言最为常用，经历时间也最长，而且种类繁多，如 Fortran、Basic、Pascal、C 等都属于面向过程的语言。

② 面向问题的语言

面向问题的语言又称非过程化语言或第四代语言(4GL)。用面向问题的语言编程解题时，不必关心问题的求解算法和求解过程，只需要指出问题是要计算机做什么、数据的输入和输出形式，就能得到所需结果。面向问题的语言和数据库的关系非常密切，能够对大型数据库进行高效处理。用于关系数据库查询的结构查询语言(Structure Query Language，SQL)就是一种典型的面向问题的语言。

③ 面向对象的语言

20 世纪 80 年代推出的面向对象的语言将客观事物看作具有属性和行为的对象，并抽象出同一类对象的共同属性和行为形成类。通过类的封装、继承和多态可以方便地实现程序修改、代码重用，从而大大提高程序的开发效率。面向对象的语言发展有两个方向：一个是如 Smalltalk、Eiffel 等纯面向对象语言；另一个是在传统的面向过程的语言及其他语言中加入类、继承等面向对象的语言成分，形成混合型面向对象语言，如 C++、Objective-C 等。随着面向对象和可视化技术(可以给人们以"所见即所得"的感觉和效果)的发展，还出现了 Visual Basic、Visual C++、Visual J++、PowerBuilder、Python 等利用可视化或图形化接口编程的语言。

需要说明的是，用高级语言编写的程序同样不能被计算机直接识别和执行，也必须经过"翻译"，将其转换成机器指令。

(4) 程序设计语言的发展趋势

随着计算机科学技术的发展，旧的程序设计语言逐渐被淘汰，新的语言不断涌现，仍在使用的语言也在不断变化。其中，推动语言发展的因素很多，一个重要的原因是人们对程序设计工作应该怎样做、需要什么东西去描述程序等不断产生新的认识；另一个原因是应用的发展使得新的应用领域常常对描述工具提出新的要求，这些认识和要求促使人们改造已有的语言或者提出新的语言。

依据 TIOBE 对程序设计语言流行趋势的评估，2002—2020 年期间，Java 语言基本上是流行趋势的"常胜将军"，而 C 语言依然生命力强盛，C++ 语言也得到了绝大多数程序员的偏爱。

从更长期的统计来看，1986—2021 年期间，Top20 程序设计语言排行榜起起伏伏，但是 Java、C、C++ 语言力主沉浮，一直是热门的程序设计语言。

由近年来的热门语言及其发展来看，计算机程序设计语言越来越向人们所习惯的自然语言靠拢，并且越来越多地采用自动编程技术，以及越来越多地发展软件构件复用技术。可以预见，未来的语言将是一种可以不受限制地在个人与计算机之间会话的语言。它将不再是一种单纯的语言标准，将会更加容易地表达现实世界，更易于人们编程。人们只需要很少的，甚至不需要程序设计训练，就完全可以用定制真实生活中一项工作流程的简单方式来完成编程。

4.3.2.2 语言处理程序

只要不是用机器语言编写的程序,计算机都是无法直接执行的。因此,用汇编语言和高级语言编写的程序都需要"翻译"。语言处理程序的作用就是将汇编程序和高级语言程序翻译成等价的机器语言程序。被翻译的程序称为源程序,翻译后生成的机器指令程序称为目标程序。下面分别介绍汇编语言程序和高级语言程序的翻译方式。

(1) 汇编语言的语言处理程序

用汇编语言编写的程序不能被计算机直接识别和执行,必须由"汇编程序"这一软件将其转换成机器语言之后才能执行,这个过程称为"汇编",如图 4-10 所示。由汇编语言编写的源程序经过汇编之后的目标程序是机器语言程序,它一经被安置在内存的预定位置,就能被计算机的 CPU 处理和执行。

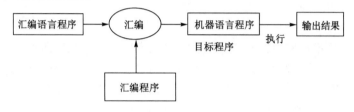

图 4-10　汇编过程

(2) 高级语言的语言处理程序

高级语言的语言处理程序有两种工作方式,即编译方式和解释方式。

① 编译方式

编译方式是由"编译程序"这一软件实现的。编译时,把用高级语言程序编写的源程序看作符合一定语法结构的符号串,对它进行加工变换。通常,编译程序对源程序的加工分为两个阶段:首先是"编译",源程序被整个翻译成用机器语言表示的与之等价的目标程序;然后是"连接",把这些目标程序与其他一些基本模块连接在一起,最终形成可执行目标程序。这样的程序就可以在计算机上实际运行了。编译方式的工作过程如图 4-11 所示。

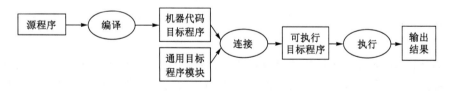

图 4-11　编译过程

② 解释方式

解释方式是由"解释程序"这一软件实现的。解释程序在工作方式上与编译程序不同,它不事先对源程序进行翻译,而在源程序进入计算机时,边扫描边解释,逐句输入,逐句翻译,逐句执行,并不产生目标程序。解释方式的工作过程如图 4-12 所示。

编译方式因为只做一次翻译,运行时不需要再翻译,所以编译型语言的程序执行速度快、效率高,同等条件下对系统的要求较低。因此,像开发操作系统、大型应用程序、数据库系统等都采用编译型语言,C、C++、Pascal、Delphi、Fortran 等都是编译型语言。而一些网页脚

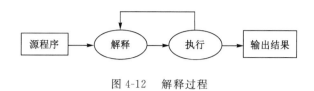

图 4-12 解释过程

本、服务器脚本及辅助开发接口这样的对速度要求不高、对不同系统平台间的兼容性有一定要求的程序则通常使用解释型语言，如 JavaScript、VBScript、Perl、Python、Ruby、Matlab 等。但是随着硬件的升级和设计思想的变革，一些新兴的高级语言，其编译方式和解释方式的界限越来越模糊。

4.3.2.3 高级程序设计语言的构成

程序设计语言的种类很多，尽管各种高级程序设计语言的功能、风格、书写格式、语法规则及应用领域各不相同，但它们在语言的构成要素方面大致相同。这些语言都包括一些共同的成分：数据类型、常量和变量、运算符和表达式、语句、控制结构、输入和输出以及过程和函数等。

（1）数据类型

在计算机中，数据就是描述客观事物的数字、字符及所有能输入计算机并能被计算机处理的符号的集合。为了有效地保存、处理数据，各种程序设计语言都会提供若干种数据类型供用户在程序设计时使用。数据类型一般分为基本数据类型和构造数据类型两大类。

① 基本数据类型

基本数据类型是程序设计语言系统内置的，不能再分解的数据类型，一般有整数类型、实数类型、字符类型、逻辑类型等。例如，100 是整数类型的数据；3.14 是实数类型的数据。

② 构造数据类型

构造数据类型是由基本数据类型按某种方式组合而成的，可以由语言系统提供，也可以由用户自定义。它一般有数组类型、枚举类型、结构体类型、文件类型等。

数据类型决定该类型数据的取值形式、范围和在计算机中的存储与表示方式。例如，在 C 语言中，整数类型只能存储整数，在 16 位系统中占用两字节的存储空间。另外，数据类型还决定该类型数据所能执行的操作种类。例如，对数值（整数、实数）类型的数据可以施加算术、关系运算；对逻辑类型的数据可以施加逻辑运算；对字符类型的数据可以施加连接、求子字符串和关系运算等。

（2）常量和变量

① 常量

常量是指在程序执行过程中其值不发生变化的量。常量是有数据类型的，如 3 是整型常量，而 3.45 是实型常量。常量可以数字常量和符号常量两种形式出现。例如，在圆面积的计算公式 Area＝3.1415926 * r * r 中，3.1415926 就是数字常量。但是因为这个数字较长，表达不方便，可用符号 PI 来代替它，如 C 语言中的"＃define PI 3.1415926"，这样圆面积的计算公式就可以写为 Area＝PI * r * r，PI 就是符号常量，它的值是之前定义的 3.1415926，在整个程序运行过程中是不允许改变的。

② 变量

变量是指在程序执行过程中其值可以发生变化的量。在程序设计中，变量可以用指定的标识符来代表,称为变量名;而变量的内容称为变量值,其在程序运行过程中可以改变。如例 4-3 中定义的 double 型变量 a、b、c 等,在程序运行过程中,给 a、b、c 赋以不同的值,就可以得到不同的三角形面积。

一般程序员在编程时并不知道数据和程序会存放在内存的哪个地址中,因而在程序中使用变量来代替内存地址,使编程变得简单。变量名实质上就代表了内存单元的地址,而变量值则是存储在内存单元中的数据值。因为数据具有多种数据类型,因而在定义变量时,不仅要说明变量名,还要说明变量的数据类型。这样在编译时,编译程序就可以为内存中的变量分配相应大小的存储空间,以存放该变量的值。

(3) 运算符和表达式

① 运算符

在程序中,对数据的处理主要是通过运算实现的,而程序设计语言能够提供的运算主要体现在运算符上。不同的程序设计语言提供的运算符种类不同,表示形式也可能不同,但一般都有如下几类,注意括号中是 C 语言运算符的表达形式。

算术运算:加(+)、减(−)、乘(*)、除(/)、取余(%)。

逻辑运算:与(&&)、或(||)、非(!)。

关系运算:大于(>)、大于或等于(>=)、小于(<)、小于或等于(<=)、等于(==)、不等于(!=)。

② 表达式

表达式是由一些运算符将一系列的操作数连接而成的,是程序中进行计算的基本单位。操作数可以是常量、变量、函数调用等。表达式的结果是一个具体的值。例如,PI * r * r 就是一个表达式,PI 是符号常量,* 是乘法运算,r 是变量,给定 r 的值就可以计算出该表达式的值。

(4) 语句

语句是程序中具有独立含义的基本单位,通常分为说明性语句和执行性语句。

说明性语句通常用来说明程序中的变量以及变量的数据类型,如例 4-3 中的变量定义语句"double a,b,c,s,area;"。执行性语句常见的有赋值语句、输入输出语句等,如例 4-3 中计算 s 的语句"s=(a+b+c)/2;"。

(5) 控制结构

控制结构规定了程序中语句的执行顺序,高级程序设计语言中含有多种形式的控制结构,其中最基本的是顺序结构、选择结构和循环结构。

① 顺序结构

顺序结构是按照语句出现的先后顺序依次执行的,是最简单的一种基本结构。如图 4-13 所示,程序执行了 A 语句后再执行 B 语句。如例 4-3 中,先输入变量 a、b、c 的值,再计算 s 的值。

② 选择结构

选择结构又称为分支结构,它可以根据条件判断的结果,决定程序的执行次序。如图 4-14 所示,当条件 P 成立时执行 A 部分,不成立则执行 B 部分。值得注意的是,无论条件 P 是否成立,程序只能执行 A 或 B 之一,不可能既执行 A 又执行 B,也不可能 A 和 B 都不执行。

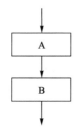

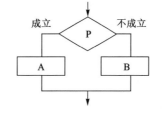

图 4-13　顺序结构　　　　　图 4-14　选择结构

③ 循环结构

循环结构又称为重复结构,在满足条件的情况下,程序会反复执行某个或某些操作。循环结构一般有两种形式:当型循环结构和直到型循环结构。

当型循环结构先判断后执行,当条件满足时执行循环。如图 4-15 所示,先判断条件 P,如果 P 成立则执行循环体 A,并在 A 执行结束后自动返回到循环入口处,再次判断条件 P,如此反复;当 P 不成立时,则退出循环结构。

直到型循环结构先执行后判断,直到条件成立时停止循环。如图 4-16 所示,先执行循环体 A,然后判断条件 P,如果 P 不成立,则返回循环入口处继续执行 A,如此反复,直到条件 P 成立停止循环。

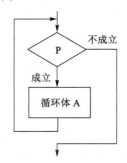

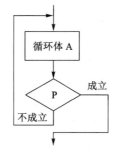

图 4-15　当型循环结构　　　　　图 4-16　直到型循环结构

对同一个问题,既可以用当型循环结构来处理,也可以用直到型循环结构来处理。

【例 4-10】　使用循环结构编程计算 1＋2＋3＋…＋100。

用 C 语言实现的当型循环结构:

```
int i = 1,sum = 0;
while(i<100)
{
    sum = sum+i;
    i = i + 1;
}
```

用 VB 语言实现的直到型循环结构:

```
Sum = 0
i = 1
Do
    Sum = Sum+1
    i = i + 1
Loop Until i >100
```

(6) 输入和输出

程序的输入和输出主要有两种形式:当数据量较大时,可以在程序运行时以文件的形式传送数据;当数据量较小时,可以使用人机交互的方式传送数据。输入和输出在不同的程序设计语言中可由不同的语句或函数来实现。如例 4-1 中,C 语言提供了输入函数 scanf( ),可以从键盘上为程序输入数据;输出函数 printf( ),可以在屏幕上显示需要的内容。

（7）过程和函数

为了降低程序的复杂度,使程序在结构上更加清晰,避免程序段的重复编写,将重复处理的程序段或程序分解的子功能编写成一个逻辑上独立的程序段,这样的程序段称为过程（或子程序）或函数。

过程和函数只有在某个程序中被调用才能被执行。高级程序设计语言提供了大量的已定义好的函数,程序设计者可以根据需要在程序中直接调用这些函数,从而大大提高编程的效率。

4.3.3　程序设计方法

4.3.3.1　结构化程序设计方法

程序设计
方法

在计算机刚刚出现的早期,其价格昂贵、内存很小、速度不高,而且早期的程序设计语言主要面向科学计算,程序规模通常较小。程序员为了高效利用计算机资源,不得不使用巧妙的手段和技术来编程。其中显著的特点是程序中大量使用 goto 语句,这使得程序结构混乱、可读性差、可维护性差、通用性更差。尤其是 20 世纪 60 年代以后出现的"软件危机"更是直接威胁到了软件的质量。

结构化程序设计就是在对程序质量标准的探讨中逐步形成的技术。在有关程序质量标准的讨论中,计算机科学家提出"goto 语句是有害的",它是造成程序难以控制复杂性的根源;并且从理论上证明了只用"顺序""选择""循环"三种基本控制结构就能实现任何单入口单出口的程序。在这种形势下,20 世纪 60 年代末至 70 年代中期逐渐形成了结构化程序设计技术。典型的结构化程序设计语言有 C、Pascal 等。

（1）结构化程序设计的基本思想

结构化程序设计的基本思想是:采用"自顶向下、逐步求精"的模块化程序设计原则,采用"单入口单出口"的控制结构,少用或最好不用 goto 语句。即从需要解决的问题本身开始,对所要设计的系统有一个全面的了解,从全局入手将复杂问题逐步分解成一个个相对简单并且独立的模块。每个模块可以再进一步分解,步步深入,逐层细分,直到一系列的处理步骤能方便地使用某种程序设计语言写出为止。这是一种"分而治之"的思想,可以保证设计过程条理清楚、不重复、不丢失、逻辑性强。结构化程序设计方法所设计的程序结构清晰,具有易读、易理解、通用性好、易于分工合作编写和调试等优点,而且执行时具有较高的效率。

① 自顶向下

自顶向下是指在进行程序设计时,先从上层总体目标开始规划系统的功能,然后对功能逐步进行划分,并确定它们之间的关系。即应该先考虑总体,后考虑细节,先考虑全局目标,后考虑局部目标,不要一开始就过多追求细节。

② 逐步求精

逐步求精是指程序设计是一个渐进的过程,是自顶向下设计的具体体现。即先把一个复杂问题分解成几个相对独立的简单模块,再把每个模块的功能逐步分解细化为一系列的具体步骤,直到能用程序设计语言的基本控制语句来实现。

③ 模块化

模块化是指把程序分解为不同的功能模块,一个模块可以是一个函数、一段程序或是一条语句。模块内部相关功能要结合紧密,各模块之间尽量减少相互依赖,即所谓的"高内聚低耦合"。模块化的原则使得修改和重新设计软件时可复用的代码增加,从而显著提高了软件开发的成功率和生产率。

④ "单入口单出口"的控制结构,限制使用 goto 语句

在编程中为了确保模块逻辑清晰,应该使所有的模块仅由顺序、选择和循环三种基本控制结构通过组合、嵌套构成,这就保证了模块是单入口、单出口的。这样,不论一个程序包含多少个模块,每个模块包含多少个基本的控制结构,整个程序都能保持结构清晰,从而使得程序容易阅读、理解和测试。而且应该少用或者不用 goto 语句,如果不加限制地使用 goto 语句来实现路径控制,则会增加程序执行时路径的复杂度,使得程序的可读性和可靠性降低。

仅由顺序、选择和循环三种基本控制结构构成的程序,称为结构化程序。显然,在一个结构化的程序中,应当只有一个入口和一个出口,不能有永远执行不到的死语句,也不能无限制地循环(即死循环)。反之,任何满足这些条件的程序,都可表示为由以上三种基本控制结构构成的结构化程序。

(2) 结构化程序设计方法举例

【例 4-11】　使用结构化程序设计方法,求一元二次方程 $ax^2+bx+c=0$ 的根。

依据结构化程序设计的基本思想,这个问题的求解过程如下。

① 对问题进行全局分析,抽象出解决问题的数学模型,确定程序的总体结构。根据数学知识,如果已知 a、b、c,那么一元二次方程的根为:

$$x=\frac{-b\pm\sqrt{b^2-4ac}}{2a}$$

程序的总体结构即根据输入的 a、b、c 的值计算一元二次方程的根,并输出计算结果。

② 将整体问题分解为若干相对独立的子问题,确定每个子问题的功能及其相互之间的关系。根据上述分析,可以将该问题分解为 3 个子问题,也就是 3 个模块:输入模块、计算模块和输出模块,它们之间应该是顺序执行的关系。

③ 细化每个子问题,确定每个子问题的解决方法。

输入模块和输出模块已经可以用 C 语言的语句来实现,无须再细分。

```
scanf("%lf,%lf,%lf",&a,&b,&c);          /*输入语句*/
printf("x1=%6.21f,x2=%6.21f\n",x1,x2);  /*输出语句*/
计算模块的求解细化如下:
  disc=b*b-4*a*c;                       /*计算语句*/
  if(disc>=0)                           /*选择结构*/
{
    x1=(-b+sqrt(disc))/(2*a);
    x2=(-b-sqrt(disc))/(2*a);
    printf("x1=%6.21f,x2=%6.21f\n",x1,x2);
    }
```

```
else
    printf("方程没有实根\n");
```

到此为止,根据自顶向下、逐步求精的模块化原则,求一元二次方程根的问题分解已经基本完成。

④ 选择合适的程序设计语言进行描述。

用 C 语言编写计算机程序,计算一元二次方程的根。

```
#include <stdio.h>                        /*包含输入输出库函数*/
#include <math.h>                         /*包含数学库函数*/
int main()                                /*定义主函数*/
{
    double a,b,c,disc,x1,x2;              /*定义变量*/
    printf("请输入方程的系数 a,b,c:\n");   /*输入提示*/
    scanf("%lf,%lf,%lf",&a,&b,&c);        /*输入 a,b,c 的值,注意 a 不能为 0*/
    disc=b*b-4*a*c;                       /*计算 b*b-4*a*c 的值,赋给变量 disc*/
    if(disc>=0)                           /*若 b*b-4*a*c>=0,则计算两个实根并输出*/
    {
        x1=(-b+sqrt(disc))/(2*a);
        x2=(-b-sqrt(disc))/(2*a);
        printf("x1=%6.21f,x2=%6.21f\n",x1,x2);
    }
    else                                  /*不满足 b*b-4*a*c>=0,输出提示信息*/
        printf("方程没有实根\n");
}
```

结构化程序设计采用自顶向下、逐步求精和模块化的分析方法,有效地将复杂程序设计任务分解成许多易于控制和处理的子模块,每个子模块由基本的控制结构组成,确保了程序结构的流畅、清晰、简洁,从而使得程序易于阅读与理解。

随着计算机应用的日趋广泛,需要开发的软件越来越复杂,结构化程序设计在解决"软件危机"的问题上也显得"力不从心"。一方面,结构化程序设计方法是基于功能的,但功能是易变的,因而程序具有不稳定性、易变性,往往功能的变化就意味着程序的重新设计。另一方面,结构化程序设计方法是一种面向数据和过程的设计方法,设计中数据和过程分离为相互独立的两部分,数据代表问题空间中的实体,过程体现处理这些数据的算法。这使得程序模块和数据是松散地耦合在一起的。因此,当程序复杂时,容易出错,难以维护。况且随着软件的日益庞大和复杂,开发的难度越来越大,这样就希望设计出的程序具有可复用性,即能建立一些具有已知特性的部件,应用程序通过部件组装即可得到一个新的系统。然而结构化程序设计方法的基本单元是模块,每个模块只是实现特定功能的过程描述,因此它的可复用单位只能是模块。由于存在上述弱点,结构化程序设计已经不能很好地适应人们对软件开发的更高要求,面向对象程序设计应运而生。

4.3.3.2 面向对象程序设计方法

面向对象程序设计始于面向对象程序设计语言的出现,它产生的直接原因是为了提高程序的抽象程度,以控制软件的复杂性。面向对象程序设计几乎没有引入精确的数学描述,而倾向于建立一个对象模型,它能够近似地反映应用领域的实体之间的关系,其本质上更接近一种人类认知事物所采用的计算模型。20 世纪 90 年代以来,面向对象的概念和应用已逐渐超越程序设计和软件开发,扩展到更宽的范畴,如数据库系统、交互式界面、应用结构、应用平台、分布式系统、网络管理结构、CAD 技术和人工智能等领域。一些新的工程概念及其实现,如并发工程、综合集成工程等也需要面向对象的支持。

（1）面向对象的基本概念

面向对象的基本概念体现了面向对象程序设计的一些核心思想。准确地了解这些概念的含义,是理解面向对象程序设计的一个重要前提。

① 对象

对象是指包含现实世界事物特征的抽象实体。对象可以是事、物或抽象概念,比如一张桌子、一项计划等。在面向对象的程序设计中,任何对象都具有属性和方法两个要素。属性用于描述对象的状态特征,用数据来表示。例如,学生管理系统中学生对象的属性有学号、姓名、性别、专业、班级、出生年月等。不同的对象有不同的属性,用属性值加以区别,如张明和李丽是两个不同的学生对象。方法用于描述对象的行为特征,是对属性的各种操作,用代码来实现。针对学生对象的方法,有选修课程、参加活动、查询成绩等,如张明参加篮球社的活动,李丽参加排球社的活动。一个对象可以有多项属性和多项方法,其属性和方法结合成一个整体,而属性值只能由这个对象的方法来存取。

② 类

类是具有相同属性和方法的一组对象的集合。类给出了属于该类的全部对象的性质,而对象则是符合这种性质的一个实例。例如,将三角形、矩形、五边形等具体的对象抽象为"几何图形"这个类。类为对象提供了统一的抽象描述,包括属性和方法两部分。属性是对状态的抽象,如三角形有三条边、矩形有四条边,几何图形这个类则抽象出一个属性"边数"。方法是对对象行为的抽象,如计算面积。

在面向对象的程序设计中,类是一个独立的程序单位,总是先定义类,再用类生成对象。在程序中,每个对象需要有自己的存储空间,以保存自己的属性值。同类对象具有相同的属性和方法,是指它们的定义形式相同,而不是说每个对象的属性值都相同。

③ 消息

消息是对象之间进行通信的一种方式。一条消息需要包含消息的接收者和要求接收者执行某项操作的请求。发送者发送消息,接收者通过调用相应的方法响应消息,这种通信机制称为消息传递。消息传递是对象之间相互联系的唯一途径。消息传递的过程不断重复,从而驱动整个程序的运转。另外,发送消息的对象并不需要知道接收消息的对象如何响应请求,具体的操作过程由接收者自行决定,这样可以很好地保证系统的模块性。

【例 4-12】　图 4-17 为对象、类、消息传递的示例。

（2）面向对象程序设计的基本思想

面向对象程序设计的基本出发点是尽可能按照人类认识世界的方法和思维方式来分析和解决问题。对于面向对象程序设计来说,需要把问题背景中的实体抽象为对象,而类则描述了同一种对象的特征。面向对象的设计思路不是将问题分解为过程,而是将问题分解为对象,而对象的属性和方法又被封装成一个整体,供程序设计者使用。面向对象的程序更侧

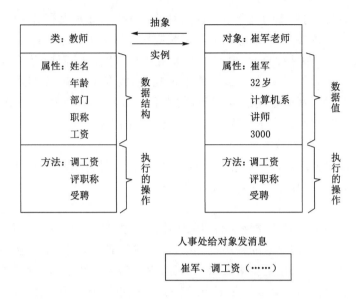

图 4-17　对象、类和消息传递

重于对象之间的交互。对象之间的相互作用通过消息传递来实现。这样,多个对象就可以各司其职,相互协作以完成目标。目前,这种"对象＋消息"的面向对象程序设计模式有取代"数据结构＋算法"的结构化程序设计模式的趋势。当然,面向对象程序设计并不是要抛弃结构化程序设计方法,当所要解决的问题被分解为低级代码模块时,仍需要结构化程序设计的方法和技巧。但是从程序员的角度来看,它分解一个大问题为小问题时采取的思路与结构化程序设计方法不同。结构化程序设计的分解突出过程,强调代码的功能是如何实现的;面向对象程序设计的分解突出真实世界和抽象的对象,它将大量的工作交给相应的对象来完成,程序员在应用程序中只需要说明要求对象完成的任务。

（3）面向对象程序设计的特点

面向对象程序设计方法具有四个基本特征。

① 抽象性

抽象是指忽略事物的非本质特征,只注意那些与当前目标有关的本质特征。例如,在学生成绩管理系统中考查学生对象时,只关心学生的学号、班级、成绩等,而学生的身高、体重等信息可以忽略。抽象包括两方面:一是数据抽象,定义了对象的属性和状态;二是代码抽象,定义了某类对象的共同行为特征或具有的共同功能。

② 封装性

封装就是把对象的属性和行为封装在对象类中,用户只能看到封装界面上的信息,而不必知道内部的实现细节。例如,当用户需要看电视时,只需要知道开关按钮怎么用即可,而不必关心电视机的工作原理。封装实现了数据隐藏的效果,保证了数据的安全,可以防止外部程序破坏类的内部数据,使得程序的维护、修改和移植较为容易。

③ 继承性

继承可以在已有类的基础上定义新的类。根据继承与被继承的关系,可将类分为子类和父类。子类可以获得父类所有的属性和方法,并且可以通过继承和改造获得属于自己的一套属性和方法。例如,在学生管理系统中,可以将"人"作为父类,具有姓名、性别等通用属性,而学生类可作为子类从人类继承,学生类除了具有人类所有的属性和方法外,还可具有学号、班级等自己的属性和方法;同时,学生类又可以作为父类,进一步派生出本科生类和研究生类。继承性使得程序员可以只对新类与已有类之间的差异进行编码而很快地建立新类,从而有效地支持了软件代码的复用,降低了编码和维护的工作量。

④ 多态性

多态性是指允许不同类的对象对同一消息作出响应。也就是当同样的消息被不同的对象接收时,产生完全不同的行为。例如,一个几何体类具有计算面积的方法,如果矩形类和圆形类分别继承了几何体类,它们就都有了计算面积这个方法;而由于矩形和圆形的面积计算公式不同,尽管这两个方法具有相同的名字,但是会根据自己的公式进行不同的运算。利用多态性,可以在父类和子类中使用同样的函数名定义不同的操作,从而实现"一个接口,多种方法",这可大大提高软件的可重用性和可扩充性,有利于程序的开发和维护。

(4) 面向对象程序设计方法举例

【例 4-13】　使用面向对象程序设计方法,简单分析学校成绩管理系统的设计。

根据面向对象程序设计方法的基本思想,面向对象程序设计方法的重点是对象以及它们在问题中的交互作用。因此,面向对象程序设计的问题求解方法需要把问题中的实体抽象为类,类的实例(对象)之间通过发送消息(调用其他对象的子程序)进行通信。一旦收集到了问题中所有的类,类由数据(属性)和处理数据的操作(方法)构成,它们就能构成问题的解决方案。学校的成绩管理系统的分析和设计过程如下。

① 分析待求解问题的问题域,抽象出问题中的主要类或对象。

简单来说,学校成绩管理系统的用户主要是学生和教师。学生可以使用系统查询自己本学期选修的课程、授课教师以及各门课程成绩等。教师可以使用系统查询本人开设的课程、选修课程的学生情况以及输入学生的考试成绩等。根据分析,学生和教师是系统的主要参与者,可以抽象出学生类和教师类。除此之外,系统中的活动都围绕课程和成绩来展开,因此还可以抽象出课程类和成绩单类。

② 识别每个类的属性、方法以及类之间的关系等。

对于学生类而言,它可以具有学号、姓名、专业、班级等属性;方法可以是查询课程、查询教师、查询成绩等。对于教师类而言,它可以具有教师号、姓名、职称等属性;方法可以是查询学生、查询课程、输入成绩等。对于课程类而言,它可以具有课程编号、课程名称、学时、学分等属性;方法可以是加入选课学生、加入授课教师等。对于成绩单类而言,它可以具有学号、课程编号、成绩等属性;方法可以是生成成绩单、打印成绩单等。这些类之间的联系很多,如学生可以查询课程、教师和成绩,教师可以查询学生、课程、输入成绩等。

③ 选择适当的面向对象程序设计语言,编程建立类数据类型,并且用类声明对象,通过对象间传递信息完成程序预定的功能。这里不再详述。

面向对象程序设计以对象和类为核心,其继承性和封装性等特性使得程序的编码可重用性强,从而可缩短程序开发时间。它用符合人类认识世界的思维方式来分析、解决问题,便于对软件开发过程所有阶段进行综合考虑,能有效降低软件的复杂度,提高软件质量。

习　题

一、单项选择题

1. 结构化程序设计主要强调的是_____。

A. 程序的规模　　　　　　　　　B. 程序的易读性

C. 程序的执行效率　　　　　　　D. 程序的可移植性

2. 关于建立良好的程序设计风格,下列描述正确的是_____。

A. 程序应简单、清晰、可读性好　　B. 符号名的命名只需要符合语法

C. 充分考虑程序的执行效率　　　　D. 程序的注释可有可无

3. 下列关于对象的概念描述错误的是_____。

A. 任何对象都必须有继承性　　　B. 对象是属性和方法的封装体

C. 对象间的通信靠消息传递　　　D. 操作是对象的动态属性

4. 软件开发过中能准确地确定软件系统必须具备哪些功能的阶段是_____。

A. 概要设计　　　B. 详细设计　　　C. 可行性研究　　　D. 需求分析

5. 检查软件产品是否符合需求定义的过程称为_____。

A. 确认测试　　　B. 集成测试　　　C. 验证测试　　　D. 验收测试

6. 下列不属于软件设计原则的是_____。

A. 抽象　　　　　B. 模块化　　　　C. 自底向上　　　D. 信息隐蔽

7. 在结构化程序设计方法中,软件功能分解属于软件开发中的_____阶段。

A. 详细设计　　　B. 需求分析　　　C. 总体设计　　　D. 编程调试

8. 软件调试的目的是_____。

A. 发现错误　　　　　　　　　　B. 改正错误

C. 改善软件的性能　　　　　　　D. 挖掘软件的潜能

9. 软件需求分析阶段的工作,可以分为四个方面:需求获取,需求分析,编写需求规格说明书,以及_____。

A. 阶段性报告　　B. 需求评审　　　C. 总结　　　　　D. 都不正确

10. 下列对算法特征的描述中错误的是_____。

A. 有零个或多个输入　　　　　　B. 有零个或多个输出

C. 有穷性　　　　　　　　　　　D. 有效性

11. _____是面向对象程序设计语言。

A. C++ 语言　　　B. Basic 语言　　C. C 语言　　　　D. HTML 语言

12. 传统流程图中的判断框有_____。

A. 1 个入口和 2 个出口　　　　　B. 2 个入口和 2 个出口

C. 1 个入口和 1 个出口　　　　　D. 1 个入口和多个出口

13. C、C++、Java 可归类为_____语言。

A. 机器　　　　　B. 符号　　　　　C. 高级　　　　　D. 自然

14. 在数据结构中,从逻辑上可以把数据结构分成_____。

A. 动态结构和静态结构　　　　　B. 紧凑结构和非紧凑结构

C. 线性结构和非线性结构　　　　　　D. 内部结构和外部结构

15. 算法指的是解决问题的（　　　），它必须具备输入、输出和（　　　）等 5 个特性。

A. 计算方法　可执行性、可移植性和可扩充性

B. 排序方法　确定性、有穷性和稳定性

C. 有限运算序列　可行性、确定性和有穷性

D. 调度方法　易读性、稳定性和安全性

二、填空题

1. 结构化程序设计的三种基本控制结构为顺序结构、选择结构和_____。

2. 计算机软件包括程序、数据和_____三部分。

3. 计算机能够直接识别的程序设计语言是_____，其直接使用_____编写程序。

4. 一段程序代码需要多次反复执行，通常用_____结构来表达。

5. 在面向对象程序设计方法中，信息隐蔽是通过对象的_____来实现的。

6. 目前最常用的两种程序设计方法是_____程序设计和_____程序设计。

7. "程序"用一个经典的公式可表示为_____。

8. _____的目的是暴露错误，评价程序的可靠性；而_____的目的是发现错误的位置并改正错误。

第 5 章 数据库基础

内容与要求：

本章主要介绍数据库系统的基本概念及组成、数据库管理系统的功能、数据库系统的模式结构、数据模型的概念和分类、关系数据库的特点及设计步骤、关系数据库标准语言SQL、分布式数据库和非关系型数据库、大数据概述及应用等内容。

通过本章的学习，学生应理解数据库系统的功能与基本组成；了解常见数据库管理系统的功能和特点；掌握概念模型及常见数据模型；了解建立关系数据库的过程；掌握SQL的功能及主要语句；了解分布式数据库和非关系型数据库；了解大数据及其在日常生活中的应用；培养爱国精神、细致严谨的工作作风，大力弘扬"自力更生、艰苦奋斗、为国争光、勇攀高峰"的职业精神，提升专业认同感及民族自豪感，体会法治和规范的重要性。

知识体系结构图：

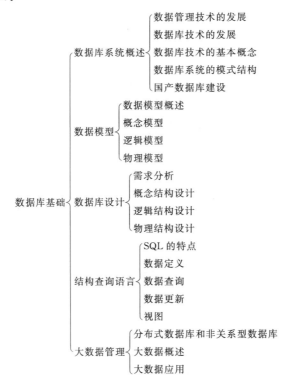

5.1 数据库系统概述

数据库技术是计算机科学与技术等相关学科和工程应用领域的重要基础。经过几十年的发展,它已形成较为完整的理论体系和实用架构,在各个领域都获得了广泛的应用。从小型事务处理到大型信息系统,从一般企业管理到计算机辅助设计与制造,从电子政务与商务、地理信息系统到购物网站、社交网络,从普通的数据分析到"互联网＋"时代的智能信息处理,数据库技术已渗透到社会工作和生活的方方面面。

数据库
系统概述

5.1.1　数据管理技术的发展

数据处理是计算机应用中很重要的一个分支。在数据处理过程中,数据计算相对简单,但处理的数据量大,并且数据之间存在着复杂的联系,因此数据处理的关键是数据管理。

数据管理是指对数据的收集、整理、组织、存储和检索等操作。有效的数据管理可以提高数据的使用率,减轻程序开发人员的负担,数据库技术就是针对数据管理的计算机软件技术。

随着计算机硬件和软件的发展,数据管理技术也不断发展。数据管理技术的发展大致经过了人工管理、文件管理和数据库管理三个阶段。

(1) 人工管理阶段

人工管理阶段大约在 20 世纪 50 年代中期以前,计算机技术相对落后,硬件主要是磁带、纸带、卡片,没有磁盘,计算机应用主要是科学计算,没有操作系统以及管理数据的软件,数据由计算或处理它的程序自行携带。数据管理的任务包括存储结构、存取方法、输入/输出方式等,完全由程序设计人员负责。

人工管理阶段数据管理的特点是:

① 数据不保存。

② 没有对数据进行管理的软件。

③ 没有文件的概念。

④ 一组数据对应一个程序,数据依赖特定的应用程序,缺乏独立性;程序之间存在大量的重复数据,造成了数据的冗余。

以上特点可用图形来表示,如图 5-1 所示。

图 5-1　人工管理阶段的数据管理

(2) 文件管理阶段

文件管理阶段约为 20 世纪 50 年代后期到 60 年代中期,此时的计算机出现了磁鼓、磁盘、磁带等大容量数据存储设备,新的数据处理系统迅速发展起来。这种数据处理系统把计算机中的数据组织成相互独立的数据文件,系统可以按照文件的名称对其进行访问,对文件中的记录进行存取,并可以实现对文件的修改、插入和删除,这就是文件系统。文件系统实现了记录内的结构化,即给出了记录内各种数据间的关系。这一时期计算机数据管理的特点是：

① 数据可以长期保存在外存上供反复使用。

② 程序和数据之间有了一定的独立性。

③ 文件的存取基本上以记录为单位。

④ 文件从整体来看是无结构的,其数据面向特定的应用程序,因此数据共享性、独立性差,且冗余度大,管理和维护的代价也很大。

以上特点可用图形来表示,如图 5-2 所示。

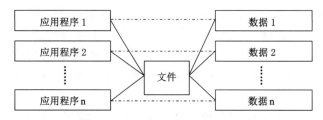

图 5-2　文件管理阶段的数据管理

（3）数据库管理阶段

20 世纪 60 年代后期,在硬件方面有了大容量的可快速存取的磁盘,数据管理规模更为庞大,应用更广泛,数据量剧增,共享要求更高,以文件系统作为数据管理手段已经不能满足应用的需求,软件方面出现了数据库技术和统一管理数据的专门软件系统——数据库管理系统。

数据库管理系统将程序员进一步解脱出来,就像当初操作系统将程序员从直接控制物理读写中解脱出来一样。程序员此时不需要再考虑数据会不会因为改动而不一致,也不用担心应用功能的扩充而导致程序重写以及数据结构重新变动。

数据库管理系统的目标是解决数据冗余问题,实现数据独立性,实现数据共享并解决由于数据共享而带来的数据完整性、安全性及并发控制等一系列问题。

这一时期数据管理的特点是：

① 对所有的数据进行统一、集中和独立式的管理。

② 数据存储独立于使用数据的程序,减少了数据的冗余,节约了存储空间,提高了数据的一致性和完整性,充分实现了数据的共享。

③ 多个用户能够同时访问数据库中的数据,应用程序的开发和维护成本降低。

④ 具有良好的用户接口,用户可方便地开发和使用数据库。

以上特点可用图形来表示,如图 5-3 所示。

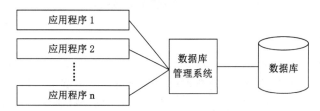

图 5-3　数据库管理阶段的数据管理

5.1.2　数据库技术的发展

数据库技术是指数据管理的技术。数据库技术自 20 世纪 60 年代中期诞生以来,已有多年历史,它发展速度快、应用范围广。数据库技术,已经成为先进信息技术的重要组成部分,是现代计算机信息系统和计算机应用系统的基础和核心。

数据模型是数据库系统的核心和基础。依据数据模型的进展,数据库系统可分为以下三个发展阶段。

(1) 第一代数据库系统

第一代数据库系统的层次数据模型和网状数据模型都是格式化模型,它们从体系结构、数据库语言到数据存储管理均具有共同特征。

层次数据模型是用树状层次结构来组织数据的数据模型,如图 5-4 所示,该图是一个教员学生层次数据模型。该层次数据模型有 4 个记录类型:记录类型"系"是根节点,由系编号、系名、办公地点 3 个字段组成,它有 2 个子节点"教研室"和"学生";记录类型"教研室"是"系"的子节点,同时又是"教员"的父节点,它由教研室编号和教研室名 2 个字段组成;记录类型"学生"由学号、姓名、成绩 3 个字段组成;记录类型"教员"由职工号、姓名、研究方向 3 个字段组成;记录类型"学生"与"教员"是叶子节点,它们没有子节点。

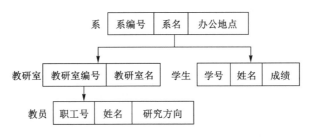

图 5-4　教员学生层次数据模型

网状数据模型是基于网状结构的数据模型,它允许任意两个节点间有多种联系。层次数据模型实际上是网状数据模型的一个特例,比如:学生选课,一个学生可以选修多门课程,某一门课程也可以被多名学生选修。

第一代数据库系统的代表:

1969 年由 IBM 公司研制的层次模型数据库管理系统 IMS。

20 世纪 70 年代美国数据库系统语言研究会(Conference on Data Systems Languages,CODASYL)下属的数据库任务组(Data Base Task Group,DBTG)对数据库方法进行了系统的研究和探讨。DBTG 所提出的方法是基于网状结构的,是网状模型数据库的典型代表。

第一代数据库系统的特点:

① 支持三级模式(外模式、模式、内模式)的体系结构。模式之间具有转换(或映射)功能。

② 用存储路径来表示数据之间的联系。这是数据库系统和文件系统的主要区别之一。数据库不仅存储数据,而且存储数据之间的联系。数据之间的联系在层次数据库系统和网状数据库系统中都是用存取路径来表示和实现的。

③ 独立的数据定义语言。层次数据库系统和网状数据库系统有独立的数据定义语言,

用以描述数据库的三级模式以及相互映像。

④ 导航式的数据操纵语言。层次数据库和网状数据库的数据查询和数据操纵语言是一次一个记录的导航式的过程化语言。导航式的数据操纵语言的优点是按照预设的路径存取数据,效率高;缺点是编程烦琐,应用程序的可移植性较差,数据的逻辑独立性也较差。

(2)第二代数据库系统

支持关系数据模型的关系数据库系统是第二代数据库系统。

1970 年,IMB 公司的研究员科德(E. F. Codd)(见图 5-5)提出了数据库的关系模型,开创了数据库关系方法和关系数据理论的研究,为关系数据库技术奠定了理论基础。

20 世纪 70 年代是关系数据库理论研究和原型开发的时代。

第二代数据库系统奠定了关系模型的理论基础,给出了人们普遍接受的关系模型的规范说明;研究了关系数据语言,包括关系代数、关系演算、SQL 及 QBE 等,确立了 SQL 为关系数据库语言标准;研制了大量的关系数据库管理系统原型,攻克了系统实现中查询优化、事务管理、并发控制、故障恢复等一系列关键技术。这不仅大大丰富了数据库管理系统实现技术和数据库理论,更促进了数据库的产业化。

图 5-5 科德

第二代数据库系统具有模型简单清晰、理论基础好、数据独立性强、数据库语言非过程化和标准化等特点。

(3)新一代数据库系统

第一代和第二代数据库系统的数据模型虽然描述了现实世界数据的结构和一些重要的相互联系,但是仍然不能捕捉和表达数据对象所具有的丰富而重要的语义。

新一代数据库系统支持多种数据模型(比如关系模型和面向对象的模型),并和诸多新技术相结合(比如分布处理技术、并行计算技术、人工智能技术、多媒体技术、模糊技术),广泛应用于多个领域(商业管理、GIS、计划统计等),由此也衍生出以下一些新的数据库技术。

① 分布式数据库

分布式数据库是指用计算机网络将物理上分散的多个数据库单元连接起来组成的一个逻辑上统一的数据库。每个被连接起来的数据库单元称为站点或节点。分布式数据库由一个统一的数据库管理系统(称为分布式数据库管理系统)来进行管理。

② 并行数据库

近年来,数据库系统的应用已经从商业数据处理迅速拓展到诸如超大型数据检索、数据仓库、联机数据分析、数据挖掘以及高吞吐量 OLTP(Online Transaction Processing,即联机事务处理)等许多应用领域。这些应用领域的特点是数据量大、复杂度高、用户数目多,对数据库系统的处理能力提出了非常高的要求。这些应用需求直接驱动了新一代高性能数据库系统——并行数据库系统的研制。并行数据库系统试图通过充分利用通用并行计算机的处理机、磁盘等硬件设备的并行数据处理能力来提高数据库系统的性能。

③ 多媒体数据库

多媒体数据库提供了一系列用来存储图像、音频和视频的对象类型,能更好地对多媒体数据进行存储、管理、查询。

④ 模糊数据库

模糊数据库是指存储、组织、管理和操纵模糊数据的数据库,可以用于模糊知识处理。模糊的概念,比如一张白纸上的一片墨迹,由于墨水外渗,墨迹边缘不清楚,要判断边缘上的一些位置是被墨迹污染了,还是没有被污染都不能明确回答,只能用"肯定不可能,极不可能,很小可能,较小可能,可能,较大可能,极大可能,肯定可能"等词语来描述该位置是否被墨迹污染。

新一代数据库系统应具有的三个基本特征:

① 新一代数据库系统应支持数据管理、对象管理和知识管理。

除提供传统的数据管理服务外,新一代数据库系统将支持更加丰富的对象结构和规则,集数据管理、对象管理和知识管理为一体。

② 新一代数据库系统必须保持或继承第二代数据库系统的技术。

新一代数据库系统应继承第二代数据库系统已有的技术,保持第二代数据库系统的非过程化数据存取方式和数据独立性,这不仅能很好地支持对象管理和规则管理,而且能更好地支持原有的数据管理,支持多数用户需要的查询等。

③ 新一代数据库系统必须对其他系统开放。

数据库系统的开放性表现在支持数据库语言标准,在网络上支持标准网络协议,具有良好的可移植性、可连接性、可扩展性和可互操作性等。

人们期望新一代数据库系统能够提供丰富又灵活的造模能力,扩充的系统功能,从而能针对不同应用领域的特点,利用通用的关系模块比较容易地构造出多种多样的特种数据库。

5.1.3　数据库技术的基本概念

数据、数据库、数据库管理系统和数据库系统是数据库技术中常用的基本术语,下面简单介绍。

(1) 数据

数据(Data)是数据库系统研究和处理的基本对象。早期的计算机系统主要用于科学计算领域,处理的数据基本都是数值型数据,而数值型数据其实只是数据的一种最简单的形式。随着计算机的应用范围不断扩大,数据的种类也更加丰富,如文本、图形、图像、音频、视频等都属于数据的范畴。

(2) 数据库

数据库(Data Base,DB)是指存储在计算机内有组织的、可共享的相关数据集合。它可以供各种用户共享,具有最小冗余度和较高的独立性。

(3) 数据库管理系统

数据库管理系统(Data Base Management System,DBMS)是对数据库进行管理的系统软件,是位于用户与操作系统之间的数据管理软件。它的职能是有效地组织和存储数据,获取和管理数据,接受和完成用户提出的各种数据访问请求。

数据库管理系统的主要功能包括以下几个方面。

① 数据定义功能

数据库管理系统提供数据定义语言(Data Definition Language,DDL),用户可以方便地创建、修改、删除数据库及数据库对象。

② 数据操纵功能

数据库管理系统提供数据操作语言(Data Manipulation Language,DML),供用户实现对数据库中数据的追加、删除、更新、查询等操作。

③ 数据库的运行管理功能

数据库的运行管理功能是数据库管理系统的核心部分,包括并发控制、安全性检查、故障恢复、完整性约束条件的检查和执行、数据库的内部维护等,这些功能可保证数据库系统的正常运行。

④ 数据库的维护功能

数据库的维护功能包括数据库初始数据的输入、转换功能,数据库的转储、恢复功能,数据库的重组功能和性能监控、分析功能等,这些功能通常由一些实用程序完成。

(4) 数据库系统

数据库系统(Data Base System,DBS)是指在计算机系统中引入数据库后的系统,一般由数据库、操作系统、数据库管理系统(及其开发工具)、应用系统、数据库管理员和用户构成。

5.1.4 数据库系统的模式结构

模式是数据库中全体数据的逻辑结构和特征的描述,它仅仅涉及类型的描述,不涉及具体的值。模式的一个具体值称为模式的一个实例。同一个模式可以有很多实例。模式是相对稳定的,而实例是相对变动的。模式反映的是数据的结构和关系,而实例反映的是数据库某一时刻的状态。

(1) 数据库系统的三级模式结构

数据库系统的三级模式结构是指数据库系统由内模式、逻辑模式和外模式三级构成,通过二级映像功能将三个模式联系起来,如图 5-6 所示。

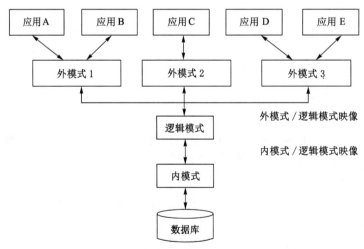

图 5-6　数据库系统的三级模式结构

① 内模式

内模式又称存储模式,是数据物理结构和存储结构的描述,是数据在数据库内部的表示方式,包括内部记录的类型、索引和文件的组织方式、数据控制方面的细节。一个数据库只有一个内模式。

②　逻辑模式

逻辑模式又称模式,是数据库中全体数据的逻辑结构和特征的描述,是所有用户的公共数据视图。它是数据库系统模式结构的中间层,既不涉及数据的物理存储细节和硬件环境,也与具体的应用程序、所使用的开发工具及高级程序设计语言无关。一个数据库只有一个逻辑模式。

③　外模式

外模式又称子模式或用户模式,是数据库用户(包括应用程序员和最终用户)看见和使用的局部数据的逻辑结构和特征的描述,是数据库用户的视图,是与某一应用有关的数据的逻辑表示。外模式通常是模式的子集,一个数据库可以有多个外模式。由于外模式是各个用户的数据视图,如果不同的用户在应用需求、对数据保密的要求等方面存在差异,则他们的外模式描述是不同的。另外,外模式也可以为某一用户的多个应用程序所应用,但是一个应用程序只能使用一个外模式。

(2) 数据库系统的二级映像

数据库系统的三级模式的结构差别很大,为实现三个抽象层次的联系与转换,数据库系统在这三级模式之间提供了两个层次的映像功能:外模式/逻辑模式映像和逻辑模式/内模式映像,从而保证数据库系统的数据具有较高的逻辑独立性和物理独立性。

①　外模式/逻辑模式映像

外模式/逻辑模式映像定义了外模式与逻辑模式之间的对应关系。当逻辑模式发生变化时,修改相应的外模式/逻辑模式映像,使得用户所使用的那部分外模式不变,从而不必修改应用程序,以保证数据具有较高的逻辑独立性。

一个逻辑模式,可以有多个外模式。对于每一个外模式,数据库系统都有一个外模式/逻辑模式映像。

②　内模式/逻辑模式映像

内模式/逻辑模式映像定义了数据库全局逻辑结构与存储结构之间的对应关系。当数据库的存储结构发生变化时,修改相应的内模式/逻辑模式映像,使得数据库的逻辑模式不变,其外模式不变,应用程序不用修改,从而保证数据具有较高的物理独立性。

对于一个数据库而言,其逻辑模式只有一个,内模式也只有一个,因此内模式/逻辑模式映像是唯一的。

5.1.5　国产数据库建设

随着互联网技术的快速发展,数据库、中间件和操作系统已经并列成为全球三大基础软件技术。而随着大数据时代的来临,各行各业对于数据库的依赖程度逐步提高,尤其是银行、通信、互联网等行业。我国在数据库行业的发展起步较晚,虽有自己的产品,但数据库的市场长期被 Oracle(甲骨文)、微软等美国公司所控制。然而经过发展,国产数据库已经形成南大通用、人大金仓等几款不错的产品,今后国产数据库发展空间还很大,现在取得的成绩只是初步的。

(1) 南大通用数据库

天津南大通用数据技术股份有限公司(简称南大通用)成立于 2004 年 5 月,是天津南开创元信息技术有限公司的控股子公司。它以数据处理与数据安全技术为核心竞争力,提供具有国际先进技术水平的数据库产品。南大通用已经形成了在大规模、高性能、分布式、高安全性的数据存储、管理和应用方面的技术储备,同时在数据整合、应用系统集成、PKI(Public Key Infrastructure,即公钥基础设施)安全等方面具有丰富的应用开发经验。南大通用数据库已在政府、电信、医疗等部门和行业有了较为广泛的应用。

(2)武汉达梦数据库

武汉达梦数据库股份有限公司(简称武汉达梦)成立于 2000 年 11 月,其前身是华中科技大学数据库与多媒体研究所,总部位于武汉。武汉达梦数据库管理系统是武汉达梦推出的具有完全自主知识产权的高性能数据库管理系统,简称 DM。武汉达梦数据库产品已成功用于我国国防军事、公安、安全、财政金融、电力、水利、电信、审计、交通、信访、电子政务、税务、自然资源、制造、消防、电子商务、教育等 20 多个部门、行业及领域。

(3)人大金仓数据库

人大金仓数据库最早起源于中国数据库学科发源地——中国人民大学信息学院,信息学院创始人萨师煊老师在 1978 年将数据库学科引入中国。经过 20 多年的技术攻关,1999年,萨师煊、王珊老师创建人大金仓,开启国产数据库产品研发与推广之路。

人大金仓主要产品包括金仓企业级通用数据库、金仓安全数据库、金仓商业智能平台、金仓数据整合工具、金仓复制服务器、金仓高可用软件,覆盖数据库、安全、商业智能、云计算、嵌入式和应用服务等领域,在分布式处理、并行处理、海量数据管理、数据库安全、数据分析展现等数据库相关技术方面凸显优势,引领国产数据库及相关领域的发展。

人大金仓企业级通用数据库 KingbaseES 是入选国家自主创新产品目录的唯一数据库软件产品,也是应用广泛的国产数据库产品之一。KingbaseES 具有大型通用、"三高"(高可靠性、高性能、高安全性)、"两易"(易管理、易使用)、运行稳定等特点。

KingbaseES 主要面向事务处理类应用,兼顾各类数据分析类应用,可用作管理信息系统、业务及生产系统、决策支持系统、多维数据分析、全文检索、地理信息系统、图片搜索等的承载数据库。它支持多种操作系统和硬件平台,支持 UNIX、Linux 和 Windows 等数十个操作系统产品版本;支持 X86、X86_64 及国产龙芯、飞腾、申威等 CPU 硬件体系结构,并具备与这些版本服务器和管理工具之间的无缝互操作能力。

在产品兼容性方面,KingbaseES 支持 SQL92、SQL2003 标准数据类型,提供自动化数据迁移工具,可实现与 Oracle、DB2、SQL Server、Sybase 等国外主流数据库产品进行数据迁移,不会产生任何长度和精度损失。与 Oracle 等数据库产品相比,KingbaseES 在服务器、接口、工具等各组件中全面改进了兼容性,缩小了产品之间的差异,减少了现有应用移植和新应用开发的成本,降低了数据库系统管理员、应用开发人员等学习和使用的难度。

人大金仓数据库已在政府、国防军事、电力、医疗、审计、金融保险等部门和行业有了较为广泛的应用。

(4)神舟通用数据库

天津神舟通用数据技术有限公司(简称神舟通用)是由北京神舟航天软件技术有限公司、天津南大通用数据技术股份有限公司、东软集团股份有限公司、浙大网新科技股份有限公司四家公司共同投资组建的国家高新技术软件公司。神舟通用数据库标准版提供了大型关系型数据库通用的功能,具有丰富的数据类型、多种索引类型、存储过程、触发器、内置函数、视图、行级锁、完整性约束、多种隔离级别、在线备份、支持事务处理等通用特性,支持 SQL 通用数据库查询语言。该数据库已在航天、电信、国防军事等行业和部门有了较为广泛的应用。

（5）阿里云关系型数据库

阿里云关系型数据库 RDS(Relational Database Service)是一种稳定可靠、可弹性伸缩的在线数据库服务,基于阿里云分布式文件系统和固态盘(Solid State Disk,SSD)高性能存储。RDS 支持 MySQL、SQL Server、PostgreSQL 和 MariaDB TX 引擎,并且提供了容灾、备份、恢复、监控、迁移等方面的全套解决方案,彻底解决了数据库运维的烦恼。

思政课堂

　　虽然国产数据库相对国外起步较晚,但是在国家的大力支持下,再加上中国教育水平的大幅提升,国产数据库在自身实力、产品、技术方面都有了质的提升。

　　通过学习国产数据库的发展状况,同学们要树立信心,弘扬"自力更生、艰苦奋斗、为国争光、勇攀高峰"的职业精神,提升专业认同感及民族自豪感。

5.2　数 据 模 型

数据模型是描述数据、数据间的联系、数据的语义以及数据一致性约束的概念工具集合。现有的数据库管理系统均是基于某种数据模型实现的,因此,了解数据模型的基本概念是学习数据库课程的基础。

数据模型

5.2.1　数据模型概述

（1）数据模型的概念

由于计算机不可能直接处理现实世界中的具体事物,人们必须把具体事物转换成计算机能处理的数据。在数据库中用数据模型这个工具来抽象、表示和处理现实世界中的数据和信息。即数据模型是现实世界的模拟。现有的数据库系统均是基于某种数据模型的。

数据库管理系统是按照一定的数据模型组织数据的,数据结构、数据操作和完整性约束称为数据模型的三要素。

① 数据结构

数据结构是所描述的对象类型的集合。这些对象是数据库的组成部分,数据结构指对象和对象间联系的表达和实现,是系统静态特征的描述,包括两个方面:一是数据的类型、内容、性质,如关系模型中的域、属性、关系等;二是数据之间是如何相互联系的,如关系模型中的主码、外码的联系。

② 数据操作

数据操作是指对数据库中对象(类型)的实例(值)允许执行的操作集合,主要包括检索和更新(插入、删除、修改)两类操作。数据模型必须定义这些操作的确切含义、操作符号、操作规则(如优先级)以及实现语言。数据操作是对系统动态特征的描述。

③ 完整性约束

完整性约束是一组完整性规则的集合,规定数据库状态及状态变化所应满足的条件,以保证数据的正确性、有效性和相容性。

(2)数据模型的分类

数据从现实世界到计算机里的具体表示一般要经历现实世界、信息世界和机器世界三个阶段,这三个阶段的关系如图 5-7 所示。按照不同的应用层次,可将数据模型分为概念模型、逻辑模型和物理模型。

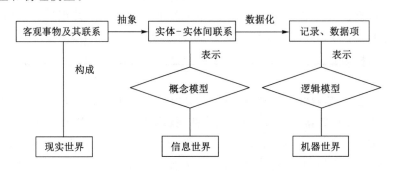

图 5-7　数据客观描述的层次

5.2.2　概念模型

概念模型是现实世界在人脑中的反映。即通过人脑把现实世界抽象成为人易于理解的信息结构,这种信息结构并不依赖具体的计算机系统。

概念模型用于信息世界的建模,是现实世界到信息世界的第一层抽象,是用户与数据库设计人员之间进行交流的语言。因此,概念模型一方面应该具有较强的语义表达能力,能够方便直接表达应用中的各种语义知识;另一方面应该简单、清晰,易于用户理解。

(1)信息世界中的基本概念

① 实体

现实世界中具有相同性质的同一类事物称为实体。实体可以是具体的对象,如客户、商品,也可以是抽象的概念和联系,如客户订购商品、商品出库等。

② 属性

实体所具有的某一特征称为属性。一个实体由若干个属性来刻画。例如,商品实体由商品编号、商品名称、规格、生产厂商、性能等属性刻画。一个实体本身具有许多属性,能够唯一标识实体的属性称为该实体的主键。例如,学号是学生实体的主键,每个学生都有一个属于自己的学号,通过学号可以唯一确定是哪一位学生,在同一所学校里不允许有两名学生具有相同的学号。

③ 域

某个或某些属性的取值范围称为该属性的域。例如,员工性别的域为(男,女),月份的域为 1~12 的整数。一个域可以被多个实体的属性共享使用。

④ 实体型

实体名与其属性名集合共同构成实体型。例如,员工(编号,姓名,性别,工作部门,职称）。应注意实体型和实体（值）之间的区别，后者是前者的一个特例。例如，实体（9509010，张丽，女，财务科，会计师）是实体型"员工"的一个特例。

⑤ 实体集

同型实体的集合称为实体集。例如，全体员工、全体合同、全部商品等。

⑥ 码

能唯一标识实体的属性或者属性组称作超码。

虽然超码可以唯一标识一个实体，但是大多数超码中可能含有多余的属性，所以需要候选码。其任意真子集都不能成为超码的最小超码称为候选码。

从所有候选码中选定的用来区别同一实体集中的不同实体的候选码，叫作主码。如果候选码只有一个，那么候选码就是主码。

很显然，超码包括候选码，候选码包括主码。

例如：学生是一个实体，学生的集合是一个实体集，而超码用来在学生的集合中区分不同的学生。假设学生（实体）具有多个属性：学号，身份证号，姓名，性别。通过学号可以找到唯一一个学生，所以｛学号｝是一个超码，同理｛学号，身份证号｝、｛学号，身份证号，姓名｝、｛学号，身份证号，姓名，性别｝、｛身份证号｝、｛身份证号，姓名｝、｛身份证号，姓名，性别｝也是超码。而不同的学生可能拥有相同的姓名，所以姓名不可以区分一个学生，即｛姓名｝不是一个超码，同样，｛性别｝、｛姓名，性别｝也不是超码。

在上例中，｛学号｝、｛身份证号｝都是候选码。

⑦ 联系

联系是指实体内部以及实体之间的联系。如客户与产品之间的订购联系，学生与老师之间的授课联系。联系也可以有属性，如客户与产品之间的订购联系有订购数量、单价等作为其属性。

⑧ 联系集

同类联系的集合称为联系集。例如，学生与课程两个实体集间的选课联系。

（2）实体内部和实体之间的联系

实体内部的联系通常是指实体的各属性之间的联系。

实体之间的联系可分为如下 3 种类型。

① 一对一联系（1∶1）

实体集 A 中的每一个实体在实体集 B 中只能找到唯一的一个实体与之相对应，反之亦然，则称实体集 A 与实体集 B 之间为一对一联系，记作 1∶1。例如，一个学校只能有一位校长，一位校长只能在一个学校任职，则学校和校长之间具有一对一联系。

② 一对多联系（1∶n）

如果对于实体集 A 中的每一个实体，实体集 B 中有多个实体与之对应，而对于实体集 B 中的每一个实体，实体集 A 中只能找到唯一的一个实体与之对应，则称实体集 A 与实体集 B 之间为一对多联系，记作 1∶n。例如，一个部门有多个员工，而一个员工只能属于一个部门，则部门和员工之间具有一对多联系。

③ 多对多联系（m∶n）

如果对于实体集 A 中的每一个实体，实体集 B 中有多个实体与之对应，且对于实体集 B 中的每一个实体，实体集 A 中也有多个实体与之对应，则称实体集 A 与实体集 B 之间为多对多联系,记作 m∶n。例如,一门课程同时有若干个学生选修,一个学生可以同时选修多门课程,则称课程和学生之间具有多对多联系。

(3) 概念模型的表示方法

目前描述概念模型最常用的方法是实体-联系(Entity-Relationship,E-R)图方法。E-R图中包括实体、属性和联系三种基本要素。约定用矩形表示实体,用椭圆形表示属性,用菱形框表示实体间的联系。图 5-8 所示为 E-R 图的基本符号表示。

图 5-8　E-R 图的基本符号表示

在菱形框内写入联系名,用无方向的连线将菱形框与其关联的实体连接起来,在连线的旁边标明实体间的联系类型。图 5-9 所示为实体间的联系。

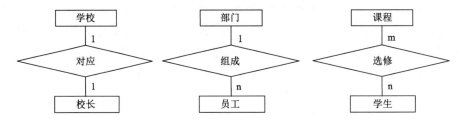

图 5-9　实体间的联系

如果把实体学生和课程的属性以及联系选修的属性都表示出来,则可用图 5-10 来表示学生与课程的 E-R 图。

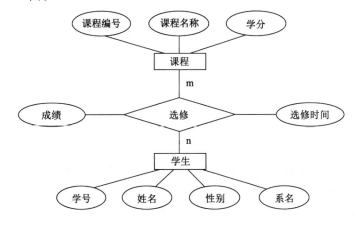

图 5-10　学生与课程的 E-R 图

5.2.3　逻辑模型

逻辑模型是按计算机系统的观点对数据建模,即把概念模型转换为计算机上某一数据库管理系统所支持的数据模型。常用的逻辑模型有层次模型、网状模型和关系模型。

(1) 层次模型

　　用层次结构表示实体类型及实体间联系的模型称为层次模型。在这种模型中,数据被组织成由根开始的倒置的一棵树,每个实体由根开始沿着不同的分枝放在不同的层次上。

　　层次模型的优点是结构简单,层次清晰,易于实现。它适合描述类似家族关系、行政编制及目录结构等信息载体的数据结构。

　　但层次模型有两个限制:

　　① 有且仅有一个节点无父节点,此节点为树的根;

　　② 其他节点有且仅有一个父节点。

　　层次模型的缺点是只能表示一对多联系或一对一联系,不能直接表示多对多联系。尽管有许多辅助手段能实现多对多联系,但是比较复杂。

　　(2)网状模型

　　用网络结构表示实体类型及实体之间联系的模型称为网状模型。网状模型主要有以下两个特征:

　　① 允许一个以上的节点无父节点;

　　② 一个节点可以有多个父节点。

　　网状模型的主要优点是在表示数据之间的多对多联系时具有很大的灵活性,但是这种灵活性是以数据结构的复杂化为代价的。

　　(3)关系模型

　　在关系模型中,用一个二维表格来描述实体之间的联系。关系模型如表 5-1 和表 5-2 所示。

表 5-1　学生表

学号	姓名	性别	年龄	所在系
2013001	李宇琳	女	18	计算机
2013002	周文全	男	20	工商管理
2013003	张　文	女	18	机械
2013004	林丹阳	女	20	计算机
2013005	吴梦欧	男	19	电子

表 5-2　成绩表

学号	课程编号	成绩
2013001	3002	55
2013002	3003	75
2013002	4001	90
2013003	3002	50
2013004	5002	55

　　① 关系术语

　　a. 关系。关系对应通常所说的二维表,每一个关系都有一个关系名。对关系的描述称为关系模式,关系模式的一般格式:

关系名(属性名 1,属性名 2,……,属性名 n)

b. 属性(字段)。二维表中的一列称为一个属性,每一列都有一个属性名,每一列的值称为属性值。

c. 元组(记录)。二维表中的一行称为一个元组。

d. 域。属性的取值范围称为域。

e. 关键字(Key)。能够唯一确定一个元组的属性集合称为关键字。例如,学生表中的属性"学号"可以唯一确定一个学生,因此它可以作为学生表的关键字。

f. 主键(Primary Key)。一个关系中可以有多个关键字,选择其中一个作为主关键字,即称为主键。

g. 外键(Foreign Key)。如果一个属性组 S(一个属性或几个属性的组合)不是所在关系 S1 的主键,而是所在的另一个关系 S2 的主键,则称该属性组 S 为关系 S1 相对关系 S2 的外键。

② 关系的性质

关系是一个二维表,但并不是所有的二维表都是关系。关系应具有以下性质:

a. 每一列不可再分,即不能表中有表;

b. 关系的每一列上,属性值应取自同一值域;

c. 在同一个关系中不能有相同的属性名;

d. 在同一个关系中不能有完全相同的元组;

e. 在一个关系中行、列的顺序无关紧要。

③ 关系运算

在一个关系中访问数据时,必须要进行一定的关系运算。关系模型主要支持的三种基本关系运算为选择、投影和连接,它们操作的对象和结果都是关系。

a. 选择

选择运算是指从指定的关系中选择满足指定条件的元组(记录)形成新的关系的操作。选择从行的角度对二维表格的内容进行筛选,形成一个新的关系。

【例 5-1】 建立一个选择运算,从学生表 5-1 中筛选出"女"同学的记录。执行后所得结果如表 5-3 所示。

表 5-3　选择运算结果

学号	姓名	性别	年龄	所在系
2013001	李宇琳	女	18	计算机
2013003	张　文	女	18	机械
2013004	林丹阳	女	20	计算机

b. 投影

投影运算是指从指定的关系中找出若干个属性(字段)列组成新的关系的操作。投影从列的角度对二维表格的内容进行筛选或重组,形成一个新的关系。

【例 5-2】 建立一个投影运算,从学生表 5-1 中筛选出学生的学号、姓名和所在系。执行后所得结果如表 5-4 所示。

表 5-4　投影运算结果

学号	姓名	所在系
2013001	李宇琳	计算机
2013002	周文全	工商管理
2013003	张　文	机械
2013004	林丹阳	计算机
2013005	吴梦欧	电子

c. 连接

连接运算是指从两个关系的笛卡尔积中选取属性之间满足一定条件的元组形成新的关系的操作。

连接运算有两种常用的连接：一种是等值连接，另一种是自然连接。等值连接选取 R 和 S 的笛卡尔积的属性值相等的那些元组。自然连接要求两个关系中进行比较的分量必须是相同属性组，且要在结果中把重复的属性去掉。

设关系 R 和关系 S 分别如表 5-5 和表 5-6 所示。关系 R 中的属性 A 和关系 S 中的属性 A 取自相同的域。

表 5-5　关系 R

A	B	C
a1	b1	c1
a2	b2	c2
a3	b3	c3

表 5-6　关系 S

A	D
a1	d1
a3	d2

关系 R 和关系 S 的笛卡尔积如表 5-7 所示。

表 5-7　关系 R 和关系 S 的笛卡尔积

R×A	B	C	S×A	D
a1	b1	c1	a1	d1
a1	b1	c1	a3	d2
a2	b2	c2	a1	d1
a2	b2	c2	a3	d2
a3	b3	c3	a1	d1
a3	b3	c3	a3	d2

【例 5-3】 关系 R 和关系 S 按属性 A 的值进行等值连接的结果如表 5-8 所示,而自然连接的结果如表 5-9 所示。

表 5-8 等值连接后的结果

R×A	B	C	S×A	D
a1	b1	c1	a1	d1
a3	b3	c3	a3	d2

表 5-9 自然连接后的结果

R×A	B	C	D
a1	b1	c1	d1
a3	b3	c3	d2

【例 5-4】 建立一个连接运算,从学生表 5-1 和成绩表 5-2 中筛选出"课程编号"为 3002 的学生的学号、姓名、课程编号和成绩。执行后所得结果如表 5-10 所示。

表 5-10 连接运算结果

学号	姓名	课程编号	成绩
2013001	李宇琳	3002	55
2013003	张 文	3002	50

总之,关系模型具有特别强的数据表示能力,可表示一对一联系、一对多联系和多对多联系,且易学易用,因而关系模型是目前使用最广的逻辑模型。

5.2.4 物理模型

物理模型是对真实数据库的描述。物理模型反映数据的存储结构。它不但与数据库管理系统有关,还与操作系统和硬件有关。

5.3 数据库设计

数据库设计

数据库设计的任务是在数据库管理系统的支持下,按照应用的要求,为某一部门或组织设计一个结构合理、使用方便、效率较高的数据库及其应用系统。从数据库应用系统开发的全过程来考虑,可将数据库设计归纳为四个步骤,即需求分析、概念结构设计、逻辑结构设计和物理结构设计。

5.3.1 需求分析

简单地说,需求分析就是分析用户的需求。需求分析是数据库设计的起点,分析结果是否准确地反映了用户的实际需求,将直接影响后面各个阶段的设计,并影响设计结果是否合理和符合实际。

　　该过程的主要任务是从数据库的所有用户那里收集对数据的需求和对数据处理的要求,主要涉及应用环境分析、数据流程分析、数据需求收集与分析等,并把这些需求写成用户和设计人员都能接受的说明书。新系统必须充分考虑今后可能的扩充和改变,不能仅仅按当前应用需求来设计数据库。

　　本书以"学生信息管理系统"的开发为例,简单描述数据库的开发流程。以某校学生处及教务处的学生管理流程为基础,收集到其所需的基本要求包括:学生档案管理(能够查询、修改、添加学生的基本档案信息)、课程管理(能够修改所开课程、添加新开设课程、删除淘汰的课程)、学生成绩管理(能够记录学生成绩、查询学生成绩、修改学生成绩)和系统管理(提供用户登录验证、用户修改密码)等,按此需求为基础设计数据库。

5.3.2　概念结构设计

　　将需求分析得到的用户需求抽象为信息结构即概念模型的过程就是概念结构设计。通过对人、事、物和概念进行人为处理,抽取人们关心的共同特征,忽略非本质的细节,并把这些特征用各种概念精确地加以描述,形成一个独立于具体的数据库管理系统的概念模型。描述概念结构设计的主要工具是 E-R 图。

　　E-R 图方法的基本步骤是:

　　(1) 根据需求分析的结果(数据流图、数据字典等)对现实世界的数据进行抽象,设计各个局部 E-R 图。

　　(2) 集成局部的 E-R 图。

　　① 划分和确定实体类型和关系类型。

　　② 确定属性,找出该实体所包含的实际属性。

　　③ 画出 E-R 图。

　　(3) 通过消除冲突、修改与重构优化局部 E-R 图,产生全局 E-R 图。

　　针对"学生信息管理系统"的需求,抽取各实体及其所需属性并形成局部 E-R 图,学生实体 E-R 图和课程实体 E-R 图如图 5-11 所示。

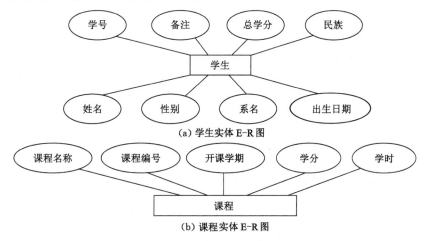

图 5-11　学生实体 E-R 图和课程实体 E-R 图

学生实体与课程实体之间的联系用选课 E-R 图表示,如图 5-12 所示。用户实体 E-R 图如图 5-13 所示。

图 5-12　选课 E-R 图　　　　　　　　图 5-13　用户实体 E-R 图

对局部 E-R 图综合整理后得到全局 E-R 图,如图 5-14 所示。

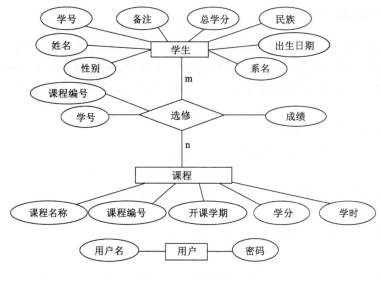

图 5-14　全局 E-R 图

5.3.3　逻辑结构设计

设计逻辑结构应该先选择最适于描述与表达相应概念结构的数据模型,然后选择最适合的数据库管理系统。目前最常用的逻辑数据模型是关系数据模型。逻辑结构设计就是把在概念结构设计阶段确定的 E-R 图转换为关系模型,这种转换一般遵循如下原则:

① 一个实体转化为一个关系模型,实体的属性即关系的属性,实体的关键字就是关系的关键字。

② 若是一对一(1∶1)联系,可在联系两端的实体关系中的任意一个关系的属性中加入另一个关系的关键字。

③ 若是一对多(1∶n)联系,可在 n 端实体转换成的关系中加入 1 端实体关系中的关键字。

④ 若是多对多(m∶n)联系,可转化为一个关系。联系两端各实体关系的关键字组合构成该关系的关键字,组成关系的属性中除关键字外,还有联系本身的属性。

⑤ 三个或三个以上实体间的一个多元联系转换为一个关系模式。

⑥ 实体集的实体间的联系,即自联系,也可按上述 1∶1、1∶n、m∶n 三种情况分别

处理。

⑦ 具有相同关键字的关系可以合并。

按照上述转换原则，将图 5-14 所示的学生信息管理系统全局 E-R 图转换为如下的关系模型：

学生档案(学号,姓名,性别,系名,出生日期,民族,总学分,备注)

课程信息(课程编号,课程名称,开课学期,学时,学分)

学生成绩(学号,课程编号,成绩)

用户信息(用户名,密码)

5.3.4　物理结构设计

数据库在物理设备上的存储结构与存取方法称为数据库的物理结构,它依赖给定的数据库管理系统和计算机系统。为一个给定的逻辑数据模型选取一个最适合应用环境的物理结构的过程,就是数据库的物理结构设计。它主要包括五方面的内容：

① 确定数据的存储结构。

② 设计数据的存储路径。

③ 确定数据的存放位置。

④ 确定系统配置。

⑤ 评价物理结构。

"学生信息管理系统"功能较少,所需表结构简单,而且物理结构设计依赖给定的数据库管理系统和计算机系统,因而对其数据库物理结构设计不做过多的叙述。

5.4　结构查询语言

结构查询
语言

结构查询语言(Structure Query Language,SQL)是使用最为广泛的数据库语言。不管你是应用程序开发者、数据库管理员,还是只使用 Microsoft Office 的普通用户,掌握 SQL 知识对用好数据库都是很重要的。从数据库应用系统开发的全过程来考虑,SQL 的功能主要包括数据定义、数据操纵和数据控制。

5.4.1　SQL 的特点

SQL 最早是 IBM 公司的圣约瑟研究实验室为其关系数据库管理系统 SYSTEM R 开发的一种查询语言,它的前身是 SQUARE 语言。SQL 结构简洁,功能强大,简单易学,所以自从 IBM 公司 1951 年推出以来,SQL 得到了广泛的应用。如今无论是像 Oracle、Sybase、Informix、SQL Server 这些大型的数据库管理系统,还是像 Visual FoxPro、PowerBuilder 这些 PC 上常用的数据库开发系统,都支持 SQL 作为查询语言。

美国国家标准协会(American National Standards Institute,ANSI)和国际标准化组织(ISO)已经制定了 SQL 标准。尽管不同的关系数据库使用的 SQL 版本有一些差异,但大多数都遵循 ANSI SQL 标准。SQL 主要特点如下：

(1) 综合统一

SQL 集数据定义语言 DDL、数据操纵语言 DML、数据控制语言 DCL 的功能于一体,语言风格统一,可以独立完成数据库生命周期中的全部活动(包括定义关系模式、插入数据、建立数据库;对数据库中的数据进行查询和更新;数据库重构和维护;数据库安全性、完整性控制等),这为数据库应用系统的开发提供了良好的环境。

(2) 高度非过程化

非关系数据模型的数据操纵语言是"面向过程"的语言,用"过程化"语言完成某项请求,必须指定存取路径。而用 SQL 进行数据操作,只要提出"做什么",而无须指明"怎么做",因此用户无须了解存取路径,存取路径的选择以及 SQL 的操作过程由系统自动完成。这不但大大减轻了用户负担,而且有利于提高数据独立性。

(3) 用同一种语法结构提供两种使用方式

SQL 既是独立的语言,又是嵌入式语言。作为独立的语言,它能够独立地用于联机交互的使用方式,用户可以在终端键盘上直接键入 SQL 命令对数据库进行操作;作为嵌入式语言,SQL 语句能够嵌入高级语言程序中,供程序员设计程序时使用。而在两种不同的使用方式下,SQL 的语法结构基本上是一致的。这种以统一的语法结构提供多种不同使用方式的做法,为用户提供了极大的灵活性与方便性。

(4) 语言简洁,易学易用

SQL 功能极强,但由于设计巧妙,语言十分简洁,完成核心功能只需 9 个动词,如表 5-11 所示。而且 SQL 语法简单,接近英语口语,因此易学易用。

表 5-11　SQL 的动词

SQL 功能	动词
数据查询	SELECT
数据定义	CREATE DROP ALTER
数据操作	INSERT UPDATE DELETE
数据控制	GRANT REVOKE

5.4.2　数据定义

SQL 的数据定义功能包括模式定义、表定义、视图和索引定义。

数据定义语句操作对象包括数据库、模式、表、视图、索引。下面介绍数据库和表的定义。

(1) 数据库的定义

① 数据库的定义

数据库定义的语法格式:

CREATE DATABASE <数据库名>

【例 5-5】　创建一个学生选课数据库,取名为 StudentInfo。

CREATE DATABASE StudentInfo

② 数据库的删除

数据库删除的语法格式:

DROP DATABASE ＜数据库名＞

【例 5-6】　将数据库 StudentInfo 删除。

DROP DATABASE StudentInfo

（2）表的定义

① 表的定义

SQL 使用 CREATE TABLE 语句定义表,其一般格式为:

CREATE TABLE ＜表名＞(＜列名＞ ＜数据类型＞[列级完整性约束定义]

[,＜列名＞ ＜数据类型＞[列级完整性约束定义]…]

[,表级完整性约束定义])

有三个关系模式:

学生(学号,姓名,性别,年龄,所在系)

课程(课程编号,课程名称,学分)

选课(学号,课程编号,成绩)

【例 5-7】　定义学生表 Student,学号是主键,性别只能为"男"或"女",年龄在 18～45 岁之间,所在系设缺省值"计算机"。

CREATE TABLE Student(Sno char (7) PRIMARY KEY,

Sname char (10) NOT NULL,

Ssex char (2) CHECK(Ssex＝'男' OR Ssex＝'女'),

Sagetinyint CHECK(Sage＞＝18 AND Sage＜＝45),

Sdept char (20) DEFAULT '计算机')

约束说明:学号 Sno 为主键,取值唯一;性别 Ssex 有 CHECK 约束,取"男"或"女",年龄 Sage 取值范围为(18,45);所在系 Sdept 有默认值"计算机"。

【例 5-8】　定义课程表 Course。

CREATE TABLE Course(Cno CHAR(5) PRIMARY KEY,

Cname CHAR(20),

Ccredit SMALLINT)

【例 5-9】　定义选课表 Sc。

CREATE TABLE Sc(Sno CHAR(10),

Cno CHAR(5),

Grade SMALLINT,

PRIMARY KEY(Sno,Cno))

如果完整性约束条件涉及该表的多个属性列,则必须定义在表级上,否则既可以定义在列级上,也可以定义在表级上。

② 表结构的修改

在定义完表之后,如果需求有变化,比如添加列、删除列或修改列定义,可以使用 ALTER TABLE 语句实现。ALTER TABLE 语句可以对表添加列、删除列、修改列的定义、定义主键和外键,也可以添加和删除约束。

修改表结构的语法格式:

ALTER TABLE ＜表名＞

［ALTER COLUMN ＜列名＞ ＜新数据类型＞］

｜［ADD ＜列名＞ ＜数据类型＞］

｜［DROP COLUMN ＜列名＞ ］

｜［ADD PRIMARY KEY(列名［,… n］)］

｜［ADD FOREIGN KEY(列名) REFERNECES 表名(列名)］

｜［ADD DEFAULT［默认值］FOR(列名)］

｜［ADD CHECK(约束表达式)］

【例 5-10】 为 Course 表添加"修课类别"列,此列的定义为:XKLB char(4)。

ALTER TABLE Course

ADD XKLB char(4) NULL

【例 5-11】 将新添加的 XKLB 的类型改为 char(5)。

ALTER TABLE Course

ALTER COLUMN XKLB char(5)

【例 5-12】 删除 Course 表的 XKLB 列。

ALTER TABLE Course

DROP COLUMN XKLB

③ 表的删除

当确信不再需要某个表时,可以将其删除,删除表时会将与表有关的所有对象一起删掉,包括表中的数据。

删除表的语法格式:

DROP TABLE ＜表名＞

【例 5-13】 删除 Sc 表。

DROP TABLE Sc

5.4.3 数据查询

SQL 是一种查询功能很强的语言,只要是数据库中的数据,SQL 总能通过适当的方法将它从数据库中查找出来。SELECT 语句语法格式如下:

SELECT ［ALL｜DISTINCT］目标列名或列表达式［,目标列名或列表达式］…

［INTO 新数据表］

FROM 基本表或视图名

［WHERE 条件表达式］

［GROUP BY 列名集合［HAVING 条件表达式］］

［ORDER BY 列名［ASC｜DESC］［,列名［ASC｜DESC］…］

整个语句的语义为,先从 FROM 子句列出的表中选择满足 WHERE 子句给出的条件表达式的元组,然后按 GROUP BY 子句(分组子句)指定列的值分组,再提取满足 HAVING 子句中组条件表达式的那些组,最后按 SELECT 子句给出的列名或列表达式求值输出。ORDER 子句(排序子句)用于对输出的目标表进行重新排序,并可附加说明 ASC(升序)或 DESC(降序)排列。INTO 子句用于将查询的结果集创建一个新的数据表。

(1) 无条件查询

【例 5-14】　找出所有学生的选课情况,以及找出所有学生的情况。

SELECT Sno,Cno

FROM Sc

SELECT ＊

FROM Student

"＊"为通配符,表示查找 FROM 所指出表的所有属性的值。

（2）条件查询

条件查询即带有 WHERE 子句的查询,所要查询的对象必须满足 WHERE 子句给出的条件。

【例 5-15】　找出课程编号为 3002 的,考试成绩不及格的学生。

SELECT Sno

FROM Sc

WHERE Cno ＝'3002' AND Grade ＜50

（3）排序查询

排序查询是指将查询结果按指定属性的升序(ASC)或降序(DESC)排列,由 ORDER BY 子句指明。

【例 5-16】　查找不及格的课程,并将结果按课程编号从大到小排列。

SELECT UNIQUE Cno

FROM Sc

WHERE Grade ＜50

ORDER BY Cno DESC

（4）嵌套查询

嵌套查询是指 WHERE 子句中又包含 SELECT 子句,它用于较复杂的跨多个基本表查询的情况。

【例 5-17】　查找所选课程编号为 3002 且课程成绩在 50 分以上的学生的学号、姓名。

SELECT Sno,Sname

FROM Student

WHERE Sno IN （SELECT Sno

FROM Sc

WHERE Cno＝'3002' AND Grade＞50 ）

（5）计算查询

计算查询是指通过系统提供的特定函数(聚合函数)在语句中的直接使用,而获得某些只有经过计算才能得到的结果。常用的函数有:

COUNT(＊)　 计算元组的个数。

COUNT(列名)　 对某一列中的值计算个数。

SUM(列名)　 求某一列值的总和(此列值是数值型的)。

AVG(列名)　 求某一列值的平均值(此列值是数值型的)。

MAX(列名)　 求某一列值中的最大值。

MIN(列名)　 求某一列值中的最小值。

【例 5-18】 求男学生的总人数和平均年龄。

SELECT COUNT(＊),AVG(Sage)

FROM Student

WHERE Ssex＝'男'

5.4.4 数据更新

数据更新包括数据插入、删除和修改操作。它们分别由 INSERT 语句、DELETE 语句及 UPDATE 语句完成。这些操作都可在任何基本表上进行,但在视图上有所限制。其中,当视图由单个基本表导出时,可进行插入和修改操作,但不能进行删除操作;当视图从多个基本表中导出时,上述三种操作都不能进行。

(1) 数据插入

INSERT INTO 表名(列名 1[,列名 2]…)

VALUES(列值 1[,列值 2]…)

其中,列名序列为要插入值的列名集合,列值序列为要插入的对应值。若插入的是一个表的全部列值,则列名可以省略不写;若插入的是表的部分列值,则必须列出相应列名,此时,未列出的列名取空值。

【例 5-19】 向基本表 Sc 中插入一个成绩元组(2013005,3002,95)。

INSERT INTO Sc(Sno,Cno,Grade)

VALUES('2013005','3002',95)

(2) 数据删除

SQL 的删除操作是指从基本表中删除满足 WHERE＜条件表达式＞的记录。如果没有 WHERE 子句,则删除表中全部记录,但表结构依然存在。其语句语法格式为:

DELETE FROM 表名［WHERE 条件表达式］

① 单元组的删除

【例 5-20】 把学号为 2013002 的学生从表 Student 中删除。

DELETE FROM Student

WHERE Sno＝'2013002' //学号为 2013002 的学生在表 Student 中只有一个,所以为单元组的删除

② 多元组的删除

【例 5-21】 将学号为 2013002 的学生成绩从表 Sc 中删除。

DELETE FROM Sc

WHERE Sno＝'2013002' //学号为 2013002 的元组在表 Sc 中可能有多个,所以为多元组的删除

(3) 数据修改

UPDATE 表名 SET 列名＝列改变值

［WHERE 条件表达式］

修改语句按 SET 子句中的表达式,在指定表中修改满足条件表达式的记录的相应列值。

【例 5-22】 把学生"周文全"的所在系改为"市场营销"。

UPDATE Student

SET Sdept ＝'市场营销'

WHERE Sname＝'周文全'

【例 5-23】　将课程成绩达到 70 分的学生成绩提高 10%。

UPDATE Sc

SET Grade＝1.1 * Grade

WHERE Grade ＞＝70

5.4.5　视图

（1）视图的概念

视图是从一个或几个基本表（或视图）导出的虚拟表，它与基本表不同。基本表是一个正式的物理表，而视图是一个虚拟表。数据库中只存放视图的定义，而不存放视图对应的数据，这些数据仍存放在原来的基本表中。

（2）视图的优点

① 视图能够简化用户的操作。视图机制使用户可以将注意力集中在他所关心的数据上。如果这些数据不是直接来自表，则可以通过定义视图，使用户看到的数据库结构简单、清晰，并且可以简化用户的数据查询操作。

② 视图为数据库的重构提供了一定程度的逻辑独立性。数据库的逻辑独立性是指当数据库重构时，如增加新的关系或对原有关系增加新的字段等，用户或用户程序不会受影响。

③ 视图能够对机密数据提供安全保护。在设计数据库应用系统时，对不同的用户定义不同的视图，使机密数据不出现在不应看到这些数据的用户视图上，从而实现对机密数据的安全保护功能。

（3）视图创建

SQL 用 CREATE VIEW 命令创建视图，其一般格式为：

CREATE VIEW 视图名 [列名[,列名]…] AS SELECT 查询语句

【例 5-24】　建立一个视图 ST1，包含"计算机"系的学生记录。

CREATE VIEW ST1

AS SELECT * FROM Student WHERE Sdept＝'计算机'

（4）视图删除

视图创建好后，若导出此视图的基本表被删除了，该视图将失效，但一般不会被自动删除。删除视图要用 DROP WIEW 语句，语句语法格式如下：

DROP VIEW 视图名

【例 5-25】　将视图 ST1 删除。

DROP VIEW ST1

5.5　大数据管理

大数据，信息技术行业的一次技术变革，大数据的浪潮汹涌而至，对国家治理、企业决策

和个人生活都在产生深远的影响。未来将是一个"大数据"引领的智慧科技的时代。随着社交网络的逐渐成熟，移动带宽迅速提升，云计算、物联网应用更加丰富，更多的传感设备、移动终端接入网络，由此而产生的数据及其增长速度将比历史上的任何时期都要多、都要快。"大数据"，不仅指数据本身的规模，也包括采集数据的工具、平台和数据分析系统。大数据研发的目的是发展大数据技术并将其应用到相关领域，通过解决巨量数据处理问题促进其突破性发展。

大数据管理

5.5.1 分布式数据库和非关系型数据库

（1）分布式数据库

随着传统的数据库技术日趋成熟、计算机网络技术的飞速发展和应用范围的扩大，数据库应用已普遍建立于计算机网络之上。数据按实际需要已在网络上分布存储，若还采用集中式处理，势必造成通信开销大；应用程序集中在一台计算机上运行，一旦该计算机发生故障，整个系统就会受到影响，可靠性不高；集中式处理引起系统的规模和配置都不够灵活，系统的可扩展性差。集中式数据库面对大规模数据处理时已表现出其局限性，因此，人们希望寻找一种能快速处理数据和及时响应用户的访问的方法，也希望对数据进行集中分析、管理和维护，这已成为现实世界的迫切需求。

分布式数据库是在集中式数据库的基础上发展起来的，是计算机技术和网络技术结合的产物。分布式数据库是指数据在物理上分布而在逻辑上集中管理的数据库系统。物理上分布是指分布式数据库的数据分布在物理位置不同并由网络连接的节点或站点上；逻辑上集中是指各数据库节点之间在逻辑上是一个整体，并由统一的数据库管理系统管理。不同的节点分布可以跨不同的机房、城市甚至国家。从用户的角度看，一个分布式数据库系统在逻辑上和集中式数据库系统一样，用户可以在任何一个场地执行全局应用，就好像那些数据存储在同一台计算机上，由单个数据库管理系统管理一样，用户并没有感觉不一样。

分布式数据库系统适合单位分散的部门，允许各个部门将其常用的数据存储在本地，实施就地存放本地使用，从而提高响应速度，降低通信费用。分布式数据库系统与集中式数据库系统相比具有可扩展性，通过增加适当的数据冗余，提高系统的可靠性。

分布式数据库系统的分类：

① 同构同质型分布式数据库系统：各个场地采用同一类型的数据模型（譬如都是关系数据模型），并且是同一型号的数据库管理系统。

② 同构异质型分布式数据库系统：各个场地采用同一类型的数据模型，但是数据库管理系统的型号不同，譬如 DB2、Oracle、Sybase、SQL Server 等。

③ 异构型分布式数据库系统：各个场地的数据模型的型号不同，甚至类型也不同。随着计算机网络技术的发展，异种机联网问题已经得到较好的解决，此时依靠异构型分布式数据库系统就能存取全网中各种异构局部库中的数据。

分布式数据库系统的基本特点：

① 物理分布性：数据不是存储在一个场地上，而是存储在计算机网络的多个场地上。

② 逻辑整体性：数据物理分布在各个场地，但逻辑上是一个整体，它们被所有用户（全局用户）共享，并由一个数据库管理系统统一管理。

③ 场地自治性：各场地上的数据由本地的数据库管理系统管理，具有自治处理能力，完

成本场地的应用(局部应用)。

④ 场地之间协作性:各场地虽然具有高度的自治性,但是又相互协作构成一个整体。

分布式数据库系统的其他特点:

① 数据独立性;

② 集中与自治相结合的控制机制;

③ 适当增加数据冗余度;

④ 事务管理的分布性。

(2) 非关系型数据库

现代计算系统每天在网络上都会产生庞大的数据量。这些数据有很大一部分是由关系型数据库管理系统(RDBMS)来处理的,其严谨成熟的数学理论基础使得数据建模和应用程序编程更加简单。

虽然关系型数据库管理系统很优秀,但在大数据时代,面对快速增长的数据规模和日渐复杂的数据模型,关系型数据库系统已无法应对很多数据库处理任务,而非关系型数据库凭借其易扩展、大数据量和高性能以及灵活的数据模型等优点在数据库领域获得了广泛的应用。

NoSQL(Not only SQL)泛指非关系型数据库。NoSQL 的产生是为了应对大规模数据集合多重数据种类带来的挑战,尤其是大数据应用难题。

① 关系型数据库无法满足对海量数据的高效率存储和访问的需求

Web 2.0 网站要根据用户个性化信息实时生成动态页面和提供动态信息,基本上无法使用动态页面静态化技术,因此数据库并发负载非常高,往往要处理每秒上万次的读写请求。关系型数据库处理上万次 SQL 查询已经很困难了,要处理上万次 SQL 写数据请求,硬盘 I/O 实在无法承受。另外,在大型的社交网站中,用户每天产生海量的动态数据,关系型数据库难以存储这么大量的半结构化数据。在一张有上亿条记录的表中进行 SQL 查询,效率会非常低甚至是不可忍受的。

② 关系型数据库无法满足对数据库的高可扩展性和高可用性的需求

在基于 Web 的架构当中,数据库是最难进行横向扩展的。当一个应用系统的用户量和访问量与日俱增时,数据库无法像 Web 服务器那样简单地通过添加更多的硬件和服务器节点来扩展性能和负载能力。

③ 关系型数据库无法存储和处理半结构化/非结构化数据

开发者可以通过 Facebook、腾讯和阿里等第三方网站获取与访问数据,如个人用户信息、地理位置数据、社交图谱、用户产生的内容、机器日志数据及传感器生成的数据等。对这些数据的使用正在快速改变着通信、购物、广告、娱乐及关系管理的特质。开发者希望使用非常灵活的数据库,能够轻松容纳新的数据类型,并且不会被第三方数据提供商内容结构的变化所限制。很多新数据都是非结构化或是半结构化的,因此开发者还需要能够高效存储这种数据的数据库。但是,关系型数据库所使用的定义严格、基于模式的方式是无法快速容纳新的数据类型的,对于非结构化或半结构化的数据更是无能为力。

NoSQL 提供的数据模型则能很好地满足这种需求。很多应用都会从这种非结构化数据模型中获益,如 CRM、ERP、BPM 等,它们可以利用这种灵活性存储数据而无须修改表或创建更多的列。

④ 关系型数据库的事务特性对 Web 2.0 是不必要的

关系型数据库对数据库事务一致性需求很强。插入一条数据之后立刻查询，肯定可以读出这条数据。很多 Web 实时系统并不要求严格的数据库事务，对读一致性的要求很低，有些场合对写一致性要求也不高。

所以，对于 Web 系统来讲，没有必要像关系型数据库那样实现复杂的事务机制，从而可以降低系统开销，提高系统效率。

⑤ Web 2.0 无须进行复杂的 SQL 查询，特别是多表关联查询

复杂的 SQL 查询通常包含多表连接操作，该类操作代价高昂。但是，社交类型的网站，往往更多的是单表的主键查询，以及单表的简单条件分页查询，SQL 的功能被极大地弱化了。因此，Web 2.0 时代的各类网站的数据管理需求已经与传统企业应用大不相同，关系型数据库很难满足新时期的需求，于是 NoSQL 应运而生。

NoSQL 的优点：

① 易扩展

NoSQL 种类繁多，但是有一个共同的特点，即都去掉了关系型数据库的关系型特性。数据之间无关系，这样就非常容易扩展。无形之间，在架构的层面上带来了可扩展的能力。

② 大数据量、高性能

NoSQL 具有非常高的读写性能，尤其在大数据量下，表现同样优秀。这得益于它的无关系性，数据库的结构简单。一般 MySQL 使用 Query Cache，每次表更新 Cache 就失效，是一种大粒度的 Cache，针对 Web 2.0 的交互频繁的应用，Cache 性能不高。而 NoSQL 的 Cache 是记录级的，是一种细粒度的 Cache，所以从这个层面上来说 NoSQL 性能要高很多。

③ 灵活的数据模型

NoSQL 无须事先为要存储的数据建立字段，随时可以存储自定义的数据格式。而在关系型数据库里，增删字段是一件非常麻烦的事情。如果是非常大数据量的表，增加字段简直就是一个噩梦。这点在大数据量的 Web 2.0 时代尤其明显。

④ 高可用性

NoSQL 在不太影响性能的情况下，可以方便地实现高可用性的架构。比如 Cassandra、HBase 模型，通过复制模型也能实现高可用性。

NoSQL 的缺点：

① 没有标准

没有对 NoSQL 定义的标准，所以没有两个 NoSQL 是平等的。

② 没有存储过程

NoSQL 中大多没有存储过程。

③ 不支持 SQL

NoSQL 大多不提供对 SQL 的支持，如果不支持 SQL 这样的工业标准，将会对用户产生一定的学习和应用迁移上的成本。

④ 支持的特性不够丰富，产品不够成熟

现有产品所提供的功能都比较有限，不像 SQL Server 和 Oracle 那样能提供各种附加功能。大多数产品都还处于初创期，和关系型数据库几十年的完善不可同日而语。

常见的 NoSQL 有：

① MongoDB

MongoDB 是一个面向文档的数据库，使用 Json 风格的数据格式。它非常适合网站的数据存储、内容管理与缓存应用，并且通过配置可以实现复制与高可用性功能。MongoDB 具有很强的可伸缩性，性能表现优异。它使用 C++ 编写，基于文档存储。此外，MongoDB 还支持全文检索、跨 WAN 与 LAN 的高可用性、易于实现的复制、水平扩展、基于文档的丰富查询，在数据处理与聚合等方面具有很强的灵活性。

② Redis

Redis 是一个开源、高级的键值存储系统，属于非关系型数据库。由于在键中使用了Hash、Set、String、Sorted Set 及 List，因此 Redis 也称作数据结构服务器。Redis 可以执行原子操作，比如增加 Hash 中的值、集合的交集运算、字符串拼接、差集与并集运算等。Redis 通过内存中的数据集实现了高性能。此外，该数据库还兼容大多数编程语言。

③ HBase

HBase 是一个可伸缩、分布式的大数据存储系统，属于非关系型数据库。它可以用在数据的实时与随机访问的场景下。HBase 拥有模块化与线性的可伸缩性，并且能够保证读写的严格一致性。HBase 提供了一个 Java API，可以实现轻松的客户端访问；提供了可配置且自动化的表分区功能；还有 Bloom 过滤器以及 Block 缓存等配置。

5.5.2　大数据概述

随着 Internet 的不断发展，人们逐渐从简单的信息接收者变成了信息制造者。通过Internet，人们可以收发电子邮件，可以将视频信息上传到视频网站上，可以在 QQ 或WeChat 上发布消息，可以通过天猫或京东产生订单。有公司做过统计，全球每分钟发送上亿封电子邮件，有超过 40 万人登录微信，有超过 400 万的百度搜索请求；每天有超过2.88 万小时时长的视频上传到 YouTube 上。Intel 公司的研究表明，2020 年全球数据量达44 ZB，中国产生的数据量达 8 ZB，这个数量是非常惊人的，可以说，人类在信息时代产生的数据量超过了以往任何一个时代。面对浩如烟海的数据，传统的数据处理和分析技术已经完全没有招架之功，必须寻找更为有效的技术来收集、存储和分析利用这些数据。

大数据是一个涵盖多种技术的概念，简单地说，大数据是指无法在一定时间内用常规软件工具对其内容进行抓取、管理和处理的数据集合。大数据的 5 个特征，即 5 个 V——大量化（Volume）、多样化（Variety）、快速化（Velocity）、价值密度低（Value）、真实性（Veracity）（见图 5-15）。

（1）大量化

人类进入信息社会以后，数据以自然方式增长，其产生不以人的意志为转移。随着Web 2.0 和移动互联网的快速发展，人们可以随时随地、随心所欲地发布包括博客、微博、微信等在内的各种信息。随着物联网的推广和普及，各种传感器和摄像头遍布我们工作和生活的各个角落，这些设备每时每刻都在产生大量数据。各种数据产生速度之快，产生数量之大，已经远远超出人类可以控制的范围，"数据爆炸"成为大数据时代的鲜明特征。

（2）多样化

大数据的数据来源众多，科学研究、企业应用和 Web 应用等都在源源不断地生成新的数据。交通大数据、医疗大数据、电信大数据、金融大数据等都呈现"井喷式"增长，所涉及的

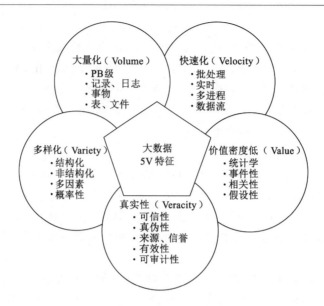

图 5-15　大数据 5V 特征

数量十分巨大,已经从 TB 级别跃升到 PB 级别。

　　大数据的数据类型丰富,包括结构化数据和非结构化数据。其中,后者占 90% 左右,种类繁多,主要包括邮件、音频、视频、微信、微博、位置信息、链接信息、手机呼叫信息、网络日志等。在类似 Web 2.0 等应用领域,越来越多的数据开始被存储在非关系型数据库中,这必然要求在集成的过程中进行数据转换,而这种转换的过程是非常复杂和难以管理的。在大数据时代,用户友好的、支持非结构化数据分析的商业软件将迎来广阔的市场空间。

　　(3) 快速化

　　大数据时代的数据产生速度非常迅速。大数据时代的很多应用都需要基于快速生成的数据给出实时分析结果,用于指导生产和生活实践。因此,数据处理和分析的速度通常要达到秒级响应,这一点和传统的数据挖掘技术有着本质的不同,后者通常不要求给出实时分析结果。

　　(4) 价值密度低

　　大数据的价值密度远远低于传统关系数据库中已经有的那些数据。在大数据时代,很多有价值的信息都是分散在海量数据中的。以小区监控视频为例,如果没有意外事件发生,连续不断产生的数据是没有任何价值的;当发生偷盗等意外情况时,也只有记录了事件过程的那一小段视频是有价值的。但是,为了能够获得发生偷盗等意外情况时的那一小段宝贵的视频,我们不得不投入大量资金购买监控设备、网络设备、存储设备,耗费大量的电能和存储空间,来保存摄像头连续不断传来的监控数据。

　　大数据包含很多深度的价值,大数据分析挖掘和利用将带来巨大的商业价值。

　　(5) 真实性

　　大数据的真实性是指数据的准确度和可信赖度,它代表数据的质量,也就是处理的结果要保证一定的准确性。

　　大数据的意义不仅仅在于生产和掌握庞大的数据信息,更重要的是对有价值的数据进行专业化处理,对数据进行深度价值挖掘与利用。从人类社会有了文字以来,数据就存在了,现在亦是如此。其中唯一改变的是数据从产生到记录,再到使用这整个流程的形式。如果数据只是堆积在某个地方,那它是毫无用处的。大数据的价值在于实用性,而不是数量和存储的地方。如果不能体现出数据的功能,大数据的所有环节都是低效的,也是没有生命力的。

从数据库到大数据,看似是一个简单的技术演进,但实际上两者有着本质的差别。大数据的出现必将颠覆传统的数据管理方式,在数据来源、数据处理方式和数据思维等方面都会带来革命性变化。这些差异主要体现在以下几个方面:

① 数据规模。传统的数据库处理对象通常以 MB 为基本单位,而大数据常常以 TB、PB 为基本处理单位。

② 数据类型。传统的数据库数据种类单一,仅有一种或少数几种,且这些数据以结构化数据为主。在大数据中,数据的种类繁多,数以千计,数据又包含结构化、半结构化以及非结构化的数据,并且半结构化和非结构化的数据所占份额越来越大。

③ 模式和数据的关系。传统的数据库先有模式,再产生数据。而大数据时代在很多情况下难以预先确定模式,模式只有在数据出现之后才能确定,且模式随着数据量的增长处于不断的演变之中。

④ 处理对象。传统的数据库中数据仅作为处理对象;而在大数据时代,要将数据作为一种资源来辅助解决其他诸多领域的问题。

人类历史上从未有哪个时代同今天一样产生如此海量的数据。数据的产生已经完全不受时间、地点的限制。从采用数据库作为数据管理的主要方式开始,人类社会的数据产生方式大致经历了三个阶段,而正是数据产生方式的巨大变化才最终导致大数据的产生。

① 运营式系统阶段:数据库的出现使得数据管理的复杂度大大降低,实际中数据库大都为运营系统所采用,作为运营系统的数据管理子系统。比如,超市的销售记录系统、银行的交易记录系统、医院病人的医疗记录系统等。数据库中保存了大量结构化的企业关键信息,用来满足企业各种业务需求。在这个阶段,数据的产生方式是被动的,只有当实际的企业业务发生时,才会产生新的记录并存入数据库。比如,超市每销售一件商品就会在数据库中产生一条相应的销售记录。

② 互联网系统阶段:互联网的出现,使得数据传播更加快捷,不需要借助磁盘、磁带等物理存储介质传播数据,网页的出现进一步加速了大量网络内容的产生,从而使得人类社会数据量开始呈现"井喷式"增长。互联网的诞生促使人类社会数据量出现第二次大的飞跃。但是真正的数据爆发产生于 Web 2.0 时代,Web 2.0 最重要的标志就是用户生产内容(User Generated Content,UGC)。首先是以博客、微博为代表的新型社交网络的出现和快速发展,使得用户生产数据的意愿更加强烈。其次是以智能手机、平板电脑为代表的新型移动设备的出现,使得人们在网上发表自己意见的途径更为便捷。这种数据的产生方式是主动的。

③ 感知式系统阶段:物联网的发展最终导致了人类社会数据量的第三次跃升,人类社会数据量的第三次跃升导致了大数据的产生,今天我们正处于这个阶段。这次飞跃的根本原因在于感知式系统的广泛使用。随着技术的发展,人们制造了极其微小的、带有处理功能的传感器,这些设备广泛地布置于社会的各个角落,通过这些设备来对整个社会的运转进行监控。这些设备会源源不断地产生新数据,这种数据的产生方式是自动的。

与 Web 2.0 时代的人工数据产生方式相比,物联网中的自动数据产生方式将在短时间内生成更密集、更大量的数量,使得人类社会迅速步入"大数据时代"。

简单来说,数据产生经历了被动、主动和自动三个阶段。这些被动、主动和自动产生的数据共同构成大数据的数据来源,而其中自动式数据才是大数据产生的最根本原因。

5.5.3 大数据应用

大数据重要的不仅仅是数据,而是合理使用数据以及从数据中洞察事实并作出反应,否则数据整理得再有条理,也没什么价值。

大数据的应用范围非常广,不单单限于互联网行业,在其他诸如交通、医疗、能源、金融、电信等方面也有非常大的应用价值。

下面分享几个大数据应用的例子。

(1) 趋势预测

大数据时代,看似不相干的一些行为和数据,其中蕴含着潜在的关联关系,可被挖掘出一定的价值。例如,谷歌公司通过分析大量用户的搜索记录,如"咳嗽""发烧"等特定词条,能准确预测美国冬季流感传播趋势。和官方机构相比,谷歌公司能提前一两周预测流感暴发,预测结果与官方数据的相关性高达 97%。

(2) 智能交通

交通拥堵已经成为亟待解决的城市管理难题。许多城市纷纷将目光转向智能交通,期望通过实时获得关于道路和车辆的各种信息,分析道路交通状况,发布交通诱导信息,优化交通流量,提高道路通行能力,有效缓解交通拥堵问题。智能交通将先进的信息技术、数据通信传输技术、电子传感技术、控制技术以及计算机技术等有效集成并运用于整个地面交通管理,同时可以利用城市实时交通信息、社交网络和天气数据来优化最新的交通情况。智能交通融合了物联网、大数据和云计算技术。遍布城市各个角落的智能交通基础设施(如摄像头等),每时每刻都在生成大量感知数据,这些数据构成了智能交通大数据。利用事先构建的模型对交通大数据进行实时分析和计算,就可以实现交通实时监控、交通智能诱导、公共车辆管理、旅行信息服务、车辆辅助控制等各种应用。

以公共车辆管理为例,很多大城市已经建立了公共车辆管理系统,道路上正在行驶的所有公交车和出租车都被纳入实时监控;通过车辆上安装的 GPS 导航定位设备,管理中心可以实时获得各个车辆的当前位置信息,并根据实时道路情况计算得到车辆调度计划,发布车辆调度信息,实现运力的合理分配,提高运输效率。作为乘客而言,只要在智能手机上安装了"掌上公交"等软件,就可以通过手机随时随地查询各条公交线路以及公交车当前到达位置,避免焦急地等待;如果要赶时间却发现自己等待的公交车还需要很长时间才能到达,就可以选择乘坐出租车。

(3) 个性化精准医疗

Seton Healthcare 是采用 IBM 公司最新沃森技术医疗保健内容分析预测的首个客户。该技术允许企业找到大量病人相关的临床医疗信息,通过大数据处理,更好地分析病人的信息。

在加拿大多伦多的一家医院,针对早产婴儿,每秒钟有超过 3000 次的数据读取。通过分析这些数据,医院能够提前知道哪些早产儿出现问题并且有针对性地采取措施,避免早产婴儿夭折。

大数据让更多的创业者更方便地开发产品,比如通过社交网络来收集数据的健康类 App。也许未来数年后,它们收集的数据能让医生给你的诊断变得更为精确,比方说服药不是通用的成人每日三次一次一片,而是检测到你的血液中药剂已经代谢完成,自动提醒你再次服药。

(4) 能源行业

智能电网的发展离不开大数据技术的发展和应用。大数据技术是组成整个智能电网的技术基石,将全面影响电网规划、技术变革、设备升级、电网改造以及设计规范、技术标准、运行规程乃至市场营销政策的统一等方方面面。电网全景实时数据采集、传输和存储,以及累积的海量多源数据快速分析等大数据技术,都是支撑智能电网安全、自愈、绿色、坚强及可靠运行的基础技术。随着智能电网中大量智能电表及智能终端的安装部署,电力公司可以每隔一段时间获取用户的用电信息,收集比以往粒度更细的海量电力消费数据,构成智能电网中用户侧大数据。以海量用户用电信息为基础进行大数据分析,可以更好地掌握电力客户的用电行为,优化短期用电负荷预测系统,提前预知未来 2～3 个月的电网需求电量、用电高峰和低谷,合理地设计电力需求响应系统。

习　题

一、单项选择题

1. 数据管理技术经历了三个阶段,其中不包括的阶段是_____。

A. 人工管理阶段　　　　　　　　　B. 数据库系统阶段

C. 文件系统阶段　　　　　　　　　D. 机器管理阶段

2. 在教学中,一个学生要学习多门课程,而一门课程又有多名学生学习,则学生与课程这两个实体之间存在着_____联系。

A. 一对一　　　　B. 一对多　　　　C. 多对多　　　　D. 多对一

3. 数据库系统的特点包括_____。

A. 数据的结构化　　　　　　　　　B. 数据共享

C. 数据的独立性和可控冗余度　　　D. 以上都是

4. 在关系模型中,如果从两个或多个关系中选取属性满足一定条件的元组组成一个新的关系,该关系运算属于_____。

A. 排序　　　　B. 选择　　　　C. 投影　　　　D. 连接

5. 在信息世界中,客观存在并且可以相互区别的事物称为_____。

A. 记录　　　　B. 属性　　　　C. 联系　　　　D. 实体

6. DBMS 不是_____。

A. 用户和计算机的接口　　　　　　B. 用户和数据库的接口

C. 数据库系统的组成部分　　　　　D. 整个数据库系统的核心

7. _____不是 SQL 数据查询的子句。

A. WHERE　　　　B. ORDER BY　　　　C. GROUP BY　　　　D. MAX

8. 用户利用 DBMS 的_____可以实现对数据库中数据的检索、修改、删除和统计。

A. DB   B. DBS   C. DML   D. DDL

9. 下列关于 SQL 特点的叙述中,错误的是_____。

A. 高度的过程化   B. 面向集合的操作方式

C. 可嵌入高级语言中   D. 语言简洁、功能强大

10. 数据管理技术的发展分为三个阶段,其中数据独立性最高的是_____管理阶段。

A. 人工   B. 文件系统   C. 数据库系统   D. 数据库

二、填空题

1. 数据库系统由_____、_____、_____、_____、_____及用户组成。

2. 数据模型包括_____、_____和_____三个要素。

3. 常见的数据模型有层次模型、_____和_____。

4. 描述实体的特性称为_____。

5. _____数据模型以数据表为基础结构。

三、简答题

1. 什么是数据模型?数据模型分为哪几种?

2. 关系模型的特点是什么?关系具有哪些基本性质?

3. 阐述数据库系统、数据库、数据库管理系统、数据库应用系统在概念上有何不同?

4. 解释现实世界、信息世界和数据世界的概念以及各自相关的术语。

5. 举例说明什么是实体、实体的属性以及实体之间的各种联系。

第6章 信息安全

内容与要求：

本章首先介绍了信息安全相关概念、目标、机制、意义等基础知识，使用户对信息安全有一个初步的认识。接着简要介绍了信息安全的理论知识和相关技术。在信息安全的理论知识部分，介绍了密码学的基本概念和密码体制、对称加密算法 DES 和公钥算法 RSA 的原理和应用。在信息安全的应用技术方面，介绍了数字签名的概念、作用、意义和实现方法，认证技术的基本概念、分类和实现方法，防火墙技术的作用、分类、工作原理和体系结构，入侵检测技术的作用、分类、工作原理等相关知识。同时，介绍了黑客入侵的基本过程、网络安全防范的策略和个人网络信息安全防范措施等内容。

通过本章的学习，学生应掌握信息安全的基本概念，了解常用的信息加密技术及其应用，了解数字签名、认证技术等常用的信息安全技术，了解网络系统中常用的防火墙和入侵检测系统等安全防护措施，掌握网络安全防范的策略和个人网络信息安全防范措施。

知识体系结构图：

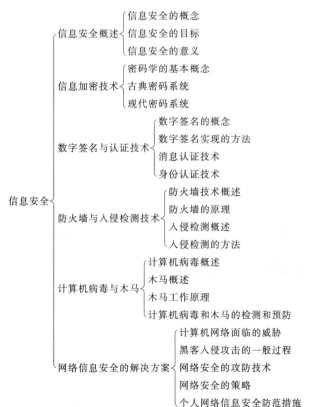

6.1 信息安全概述

信息安全
概述

信息、能源与材料称为现代社会发展的三大支柱。特别是近十几年来，计算机技术、通信技术和网络技术的迅速发展加快了信息技术在各行业的应用，信息技术已经渗透到了社会的方方面面。信息化对社会的政治、经济、科技和文化等方面产生着巨大的影响，信息化水平已成为衡量一个国家科学技术水平和经济发展程度的重要标志。

人们在享受信息化带来便利的同时，安全问题也变得越来越突出。人们在通过网络、计算机或其他通信终端对信息进行获取、处理、存储、传输等操作的过程中，信息随时都可能受到非授权的访问、篡改或破坏，也可能被阻截、替换而导致无法正确读取。随着信息化程度的加深和网络攻击技术的快速发展，信息安全形势变得越来越严峻。信息安全已经不仅是为了保障通信和数据的安全，而且涉及国家的政治、经济、军事以及社会稳定等各个领域，上升到了维护国家利益的战略性地位。党的十八大以来，以习近平同志为核心的党中央坚持从发展中国特色社会主义、实现中华民族伟大复兴中国梦的战略高度，系统部署和全面推进网络安全和信息化工作。

6.1.1 信息安全的概念

（1）信息

信息是对客观世界中各种事物的运动状态和变化的反映，是客观事物之间相互联系和相互作用的表征，表现的是客观事物运动状态和变化的实质内容。在一般的意义上，即没有任何约束条件，我们可以将信息定义为事物存在方式和运动状态的表现形式。这里的"事物"泛指存在于人类社会、思维活动和自然界中一切可能的对象。"存在方式"指事物的内部结构和外部联系。"运动状态"则指事物在时间和空间上变化所展示的特征、态势和规律。

图 6-1 信息论奠基人香农

人类通过获得、识别自然界和社会的不同信息来区别不同事物，得以认识和改造世界。在一切通信和控制系统中，信息是一种普遍联系的形式。信息论奠基人香农（C. E. Shannon）（见图 6-1）认为"信息是用来消除随机不确定性的东西"。控制论创始人维纳（N. Wiener）认为"信息是人们在适应外部世界，并使这种适应反作用于外部世界的过程中，同外部世界进行交换的内容和名称"。我国著名的信息学专家钟义信教授认为"信息是事物存在方式或运动状态，并以这种方式或状态直接或间接的表述"。

信息不同于信号，信号是信息的载体，信息是信号所承载的内容。信息不同于消息，消息是信息的外壳，信息是消息的内核。信息不同于数据，数据是记录信息的一种形式，同样的信息可以用文字或图像等不同形式来表现。

（2）信息技术

从信息的观点来看，人类认识世界和改造世界的过程就是一个不断从外部世界的客体中获取信息,并对这些信息进行变换、传递、存储、处理、比较、分析、识别、判断、提取和输出,最终把大脑中产生的决策信息反作用于外部世界的过程。

信息技术是指在信息科学的基本原理和方法的指导下扩展人类信息功能的技术。一般来说,信息技术是以电子计算机和现代通信为主要手段实现信息的获取、加工、存储、传递和利用等功能的技术总和。也有人认为信息技术简单地说就是 3C,即计算机(Computer)、通信(Communication)和控制(Control)。

信息技术的定义是广泛的,因其使用的目的、范围、层次不同而有不同的表述,这里就不再赘述。

（3）计算机安全

计算机安全是计算机与网络领域的信息安全的一个分支,其目标包括保护信息免受未经授权的访问、中断和修改,同时为系统的授权用户保持系统的可用性。

国际标准化委员会对计算机安全的定义是:为数据处理系统建立和采用的技术和管理的安全保护,保护计算机硬件、软件和数据不因偶然和恶意的原因遭到破坏、更改和泄露。

（4）网络安全

网络安全的研究对象是整个网络,研究领域比计算机安全更为广泛。网络安全的目标是创造一个能够保证整个网络安全的环境,包括网络内的计算机资源、网络中传输及存储的数据和计算机用户。采用各种技术和管理措施使网络系统正常运行,从而确保网络数据的可用性、完整性和保密性。所以,建立网络安全保护措施的目的是确保经过网络传输和交换的数据不会发生增加、修改、丢失和泄露等问题。

网络的安全措施一般分为三大类:逻辑上的、物理上的和政策上的。面对安全的种种威胁,仅仅依靠物理上的和政策(法律)上的手段来有效防止计算机犯罪显得十分有限和困难。因此,必须使用逻辑上的措施,即研究开发有效的网络安全技术,如安全协议、密码技术、数字签名、防火墙、安全管理、安全审计等,以防止网络上传输的信息被非法窃取、篡改、伪造,保证其完整性和保密性,防止非法用户的侵入,限制网络上用户的访问权限,保证信息存放的私有性。除此之外,一个安全的计算机网络还必须考虑通信双方的身份真实性和信息的可用性。

（5）信息安全

信息安全作为一个更大的研究领域,包含信息环境、信息网络和通信基础设施、媒体、数据、信息内容、信息应用等多个方面的安全需要。信息安全关注的是信息本身的安全,而不管是否应用计算机作为信息的处理手段。信息安全同时又是一门综合性的交叉学科,它涉及数学、密码学、计算机、通信、控制、人工智能、安全工程、人文科学、法律等诸多学科。如图 6-2 所示。

当前,信息安全主要任务是为防止意外事故和恶意攻击,而对信息基础设施、应用服务和信息内容的保密性、完整性、不可否认性、可用性和可控性进行的安全保护。信息安全的内容十分丰富,随着计算机网络的广泛应用,国际上已经把信息安全的概念扩展为信息保障,即信息的保护、检测和恢复。

图 6-2　信息安全

6.1.2　信息安全的目标

信息安全的目标,是指一个安全的信息系统应该具有的一些特征。

（1）保密性

保密性是指阻止非授权的用户读取信息。它是信息安全最重要的特性,也是信息安全主要的研究内容之一。更通俗地讲,就是说未授权的用户不能够获取敏感信息。对纸质文档信息,我们只需要保护好文件,不被非授权者接触即可。而对计算机及网络环境中的信息,不仅要制止非授权者对信息的读取,也要阻止授权者将其访问的信息传递给非授权者,以致信息被泄露。

（2）完整性

完整性是指针对非法篡改信息而设置的防范措施。即防止数据传输的过程中被修改、删除、插入、替换或重发,从而保护合法用户接收到的信息能够保持其原始状态,达到保持信息真实性的目的。

（3）可用性

可用性是指授权用户在需要信息时能及时得到服务的能力。即授权用户根据需要可以随时访问所需的信息。可用性是信息资源服务功能和性能可靠性的度量,是对信息系统整体可靠性的要求。

（4）不可否认性

不可否认性是指在网络环境中,信息交换的双方不能否认其在交换过程中发送信息或接收信息的行为。

（5）可控性

可控性是指对信息和信息系统实施安全监控管理,防止非法利用信息和信息系统。

信息安全的保密性、完整性和可用性主要强调对非授权主体的控制。而对授权主体的不正当行为如何控制呢? 信息安全的可控性和不可否认性恰恰是通过对授权主体的控制,实现对保密性、完整性和可用性的有效补充,主要强调授权用户只能在授权范围内进行合法的访问,并对其行为进行监督和审查。安全目标通俗的说法可以对应为"进不来""拿不走""看不懂""改不了""跑不掉",如图 6-3 所示。

进不来　　拿不走　　看不懂　　改不了　　跑不掉

图 6-3　安全目标通俗说法

6.1.3　信息安全的意义

（1）信息安全与政治

根据赛门铁克（信息安全领域全球领先的解决方案提供商）的调查，超过一半的企业表示怀疑或相当肯定自己曾遭受过带有特殊政治目的的网络攻击。

（2）信息安全与经济

恶意软件已经发展成一种犯罪业务模式，涉及数以亿计的资金，它们的目标是窃取机密信息以换取经济利益。

1999 年 4 月 26 日，CIH 病毒大暴发。据统计，我国受其影响的计算机总量达 36 万台之多，经济损失高达 12 亿元人民币。

2006 年，"熊猫烧香"病毒广泛传播。据了解，"熊猫烧香"的程序设计者李俊所制造的病毒感染无数门户网站，上百万台电脑均感染了病毒。凡是中了该病毒的电脑，在页面上均会显示一张熊猫手中握着香的图片，如图 6-4 所示。因此，这款病毒也被称为"熊猫烧香"。

图 6-4　熊猫烧香图标

2017 年 5 月 16 日，勒索病毒（见图 6-5）横扫全球，硅谷网络风险建模公司 Cyence 的首席技术官 George Ng 称，此次网络攻击造成的全球电脑死机直接成本总计约 80 亿美元。

图 6-5　勒索病毒

（3）信息安全与军事

2011 年，美国国防部发布了《网络空间行动战略》，这是美军首份网络军事战略指导性规划与策略，也是落实 2011 年 5 月美国政府出台的《网络空间国际战略》的一个重大战略性步骤。事实证明，美国已经基本完成对其网络安全的全面检视与认识工作，转向全面部署与实际行动阶段。《网络空间行动战略》大大加重了网络空间的军事色彩。网络空间已经成为国际军事实力较量和战争的新领域和新战场，为使国家安全免遭威胁与损害，网络技术及产品生产、应用的自主性与安全性将成为一个更加突出的问题。

（4）信息安全与社会稳定

2014 年 2 月 27 日，中央网络安全和信息化领导小组（现中国共产党中央网络安全和信息化委员会）正式成立，习近平总书记担任组长。习总书记在第一次会议上强调指出："网络安全和信息化是事关国家安全和国家发展、事关广大人民群众生活的重大战略问题，要从国际国内大势出发，总体布局，统筹各方，创新发展，努力把我国建设成为网络强国。"这一科学论断阐述了网络安全与国家信息化之间的紧密关系，使我们认识到网络安全为国家信息化建设提供安全保障的极端重要性。习总书记的重要讲话精神，为我们做好网络空间安全学科专业建设注入活力，极大地增强了我们做好网络空间安全学科的信心。网络安全已成为国家安全的重要组成部分，要从根本上提高我国网络安全水平，健全网络空间安全保障体系，必须培养高素质的网络空间安全专业人才。

 思政课堂

党的十八大以来，以习近平同志为核心的党中央坚持从发展中国特色社会主义、实现中华民族伟大复兴中国梦的战略高度，系统部署和全面推进网络安全和信息化工作。我国互联网发展和治理不断开创新局面，网络空间日渐清朗，信息化成果惠及亿万群众，网络安全保障能力不断增强，网络空间命运共同体主张获得国际社会广泛认同。

6.2 信息加密技术

信息安全离不开密码学，密码学是信息安全的基础，是实现信息安全目标不可或缺的重要工具，在信息安全领域占有重要地位。所以，用户应该掌握密码学的相关知识，为信息安全的后续学习打下理论基础。

信息加密
技术

6.2.1 密码学的基本概念

密码学是研究信息及信息系统安全的科学，它起源于保密通信技术。密码学又分为密码编码学和密码分析学。研究如何对信息编码，以实现信息及通信保密的科学称为密码编码学；研究如何破解或攻击加密信息的科学称为密码分析学。密码学是在编码与破译的矛盾斗争中逐步发展起来的，并随着计算机等先进科学技术的发展与应用，已成为一门综合性、交叉性的学科。它与语言学、数学、电子学、信息论、计算机科学等有着广泛而密切的联系。

下面列出一些密码学中最基本的术语。

① 明文(Plaintext/Message):需要秘密传送的消息,通常用 P 或 M 表示。明文可以是文本文件、图形、数字化存储的语音流或数字化的视频图像的比特流等。

② 密文(Cipher Text):明文经过加密处理后的形式,通常用 C 表示。

③ 加密(Encryption):指明文到密文的变换过程。

④ 解密(Decryption):指密文恢复成明文的过程。

⑤ 加密算法(Encryption Algorithm):对明文进行加密时采用的一组规则,通常用 E 表示。

⑥ 解密算法(Decryption Algorithm):对密文进行解密时采用的一组规则,通常用 D 表示。

⑦ 密钥(Key):加密和解密时使用的控制参数。加密和解密算法的操作通常是在一组密钥控制下进行的,分别称为加密密钥和解密密钥,通常用 K 表示。

⑧ 密码分析(Cryptanalysis):指截获密文者试图通过分析截获的密文而推断出原来的明文或密钥的过程。

⑨ 被动攻击(Passive Attack):指对一个保密系统截获密文并对其进行分析和攻击,这种攻击对密文没有破坏作用。

⑩ 主动攻击(Active Attack):指攻击者非法侵入一个密码系统,采用伪造、修改、删除等手段向系统注入虚假消息进行欺骗,这种攻击对密文具有破坏作用。

⑪ 密码系统(Cryptosystem):指用于加密和解密的系统。加密时,系统输入明文和加密密钥,加密变换后,输出密文;解密时,系统输入密文和解密密钥,解密变换后,输出明文。

一个密码系统可以用以下数学符号描述:

$S=\{P,C,K,E,D\}$

其中,P 表示明文空间;C 表示密文空间;K 表示密钥空间;E 表示加密算法;D 表示解密算法。

当给定密钥 $k \in K$ 时,加密、解密算法分别记作 E_k、D_k,密码系统表示为:

$S_k=\{P,C,k,E_k,D_k\}$

$C=E_k(P)$

$P=D_k(C)=D_k(E_k(P))$

一个密码系统还可以用如图 6-6 所示的一般模型来表示。

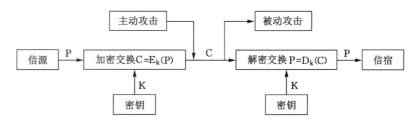

图 6-6　密码系统模型

6.2.2　古典密码系统

古典密码学的加密原理是基于对字符的替换和置换来实现的。这些加密技术的算法比较简单,其保密性取决于算法的保密性。下面简单介绍替换密码和置换密码的实现原理及方法。

6.2.2.1 替换密码

替换密码是指明文中的每一个字符被替换成其他字符。接收者对密文做反向替换就可以恢复出明文。在古典密码学中,采用替换运算的典型算法有单表替换密码、多表替换密码等。

（1）单表替换密码

单表替换密码对明文中的所有字母都使用同一个映射,著名的凯撒密码就是一个典型的例子。凯撒密码的规则是将明文信息中的每个字母,用它在字母表中位置的右边的第 3 个位置上的字母代替,从而获得它相应的密文。其规则如表 6-1 所示。

表 6-1　凯撒密码规则

明文	a b c d e f g h i j k l m n o p q r s t u v w x y z
密文	D E F G H I J K L M N O P Q R S T U V W X Y Z A B C

例如,明文信息为 computer,其相应的密文为 FRPSXWHU。

（2）多表替换密码

多表替换密码将明文字符划分为长度相同的消息单元,称为明文组,对不同明文组进行不同的替代,即使用多张单字母替代表,从而使同一个字符对应不同的密文,改变了单表替换密码中密文与明文字母的唯一对应性,使密码分析更加困难。多表替换密码的优点是很容易将字母的自然频度隐蔽或均匀化,从而可以抗击统计概率分析。

6.2.2.2 置换密码

置换密码是指加密过程中明文本身不发生改变,但顺序被打乱了,又被称为换位密码。在这里介绍一种较常见的置换处理方法:先将明文按行写在一张格纸上,然后按列的方式读出结果,即密文。为了增加变换的复杂性,可以设定读出列的不同次序(该次序即算法的密钥)。

【例 6-1】　明文 computer graphics,按照列宽 8 个字符的方式写出:

$$c \ o \ m \ p \ u \ t \ e \ r$$
$$g \ r \ a \ p \ h \ i \ c \ s$$

按照列的方式写出结果,得到的密文为:cgormapp uhtiecrs。

6.2.3　现代密码系统

现代密码学,虽然算法更加复杂,但原理基本没变。现代密码学的算法针对比特,古典密码学的算法针对字符进行变换,实际上这只是字母表长度上的改变,从 26 个元素变为 2 个元素。大多数优秀算法的主要组成部分仍然是替换和置换的组合,如著名的 DES 算法。

6.2.3.1 对称加密算法概述

对称加密算法(对称密码体制)是指在加密和解密时使用相同的密钥,或者加密密钥和解密密钥之间存在确定的转换关系,如图 6-7 所示。其实质是设计一种算法,能在密钥控制下,把 n 比特明文简单而又迅速地置换成唯一 n 比特密文,并且这种变换是可逆的。

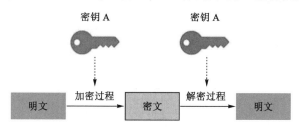

图 6-7　对称加密算法模型

对称加密算法的安全性主要取决于两个因素:第一,加密算法必须足够安全,使得不必为算法保密,仅根据密文就能破译是不可能的;第二,密钥的安全性,即密钥必须保密并保证有足够大的密钥空间来抵御穷举攻击。

对称加密算法的优点是效率高、系统开销小,适合加密大量数据。但是它也存在如下缺点:

① 对称加密算法的密钥分发过程复杂,所花代价高。在进行安全通信前,密钥如何安全地从发送方送到接收方,即以何种安全方式进行密钥交换是一个突出问题。

② 多人通信时密钥空间大。在多人采用对称加密算法的密码系统进行通信时,任意两人就需要一个密钥,若有 N 个用户进行两两通信,密码系统总共需要的密钥数为 $N(N-1)/2$ 个。

6.2.3.2　DES 算法简介

(1) DES 算法概述

数据加密标准(Data Encryption Standard,DES)算法是一种对计算机数据进行加密保护的对称加密算法。美国国家标准协会于 1973 年 5 月发出通告,公开征求一种标准算法,用于对计算机数据在传输和存储期间进行加密保护。1975 年,美国国家标准协会接受了IBM 公司推荐的一种密码算法并向全国公开征求意见,经过两年的激烈争论,美国国家标准协会于 1977 年 7 月正式采用该算法作为美国数据加密标准。1980 年 12 月,美国国家标准协会正式采用该算法作为美国的商用加密算法。20 世纪末期,随着三金工程的启动,DES 算法广泛应用在我国金融(如 ATM 机、磁卡、IC 卡等)、高速公路收费等领域。

(2) DES 算法的加密过程

DES 算法是一种对称加密算法,它所使用的加密和解密密钥是相同的。加密前,先将明文按照 64 bit 进行分组,最后一组不足的部分补 0;然后将 64 bit 的分组逐个送入密码器,密码器对输入的 64 bit 的数据进行初始置换,在 56 bit 主密钥产生的 16 个 48 bit 的子密钥控制下进行 16 轮迭代;接着进行逆初始置换;最后输出 64 bit 已加密的密文。其加密过程如图 6-8 所示。

(3) DES 算法的解密

解密算法与加密算法相同,只是子密钥的使用次序相反。将 64 bit 密文当作输入,第一次解密迭代使用子密钥 k_{16},第二次解密迭代使用子密钥 k_{15},第 16 次解密迭代使用子密钥 k_1,最终的输出便是 64 bit 的明文。

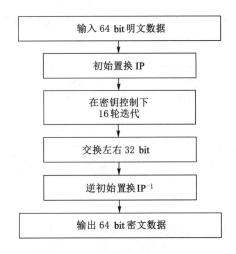

图 6-8　DES 算法加密过程

（4）DES 算法的安全性

DES 算法的出现是密码学史上的一个创举，以前任何设计者对于密码体制及其设计细节都是严加保密的，而 DES 算法是公开的，其安全性完全依赖于所用的密钥。自从 DES 算法公布以来，人们就对它有颇多的担心和争议，也进行过各种各样的研究攻击。从目前的成果来看，除了穷举攻击之外，还没有发现更好的破译方法。由于现在计算能力的提高，采用穷举攻击可以破译 DES 算法。虽然 DES 算法已经过时，但它为确保信息安全作出过不可磨灭的贡献。

6.2.3.3　其他对称加密算法简介

（1）三重 DES 算法

DES 算法在穷举攻击下相对比较脆弱，为提高 DES 算法的安全性，又能够利用实现 DES 算法的现有计算资源（硬件芯片及软件模块），一个现实的考虑是使用不同密钥对明文实施多次 DES 加密，这就是多重 DES 的解决方案。目前主要使用的是三重 DES 算法，用两个密钥（或三个密钥）对明文进行三次加密解密运算，密钥长度从 56 位变成 112 位（或 168 位）。其过程如图 6-9 所示。

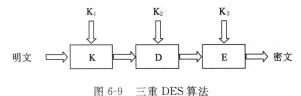

图 6-9　三重 DES 算法

（2）IDEA

国际数据加密算法（International Data Encryption Algorithm，IDEA），由瑞士的密码专家梅西（J. Massey）和来学嘉（华裔）于 1990 年联合提出，属于分组加密算法。IDEA 使用长度为 128 bit 的密钥，数据块大小为 64 bit。这种算法是在 DES 算法的基础上发展出来的。

与 DES 算法类似，IDEA 也是一种对称的分组加密算法，它设计了一系列加密轮次，每轮加密都使用从完整的加密密钥中生成的一个子密钥。IDEA 输入明文为 64 位，IDEA 是一种由 8 个相似圈和一个输出变换组成的迭代算法。

（3）AES 算法

高级加密标准（Advanced Encryption Standard,AES）算法,又称 Rijndael 加密算法,是美国联邦政府采用的一种区块加密标准。该算法由比利时密码学家德门（J. Daemen）和雷吉曼（V. Rijmen）设计。

1997 年,美国国家标准与技术研究院（National Institute of Standards and Technology,NIST）发起征集一个非保密的、可以公开技术细节的、全球免费使用的分组密码算法,作为新的数据加密标准,用来替代原先的 DES 算法。2000 年 10 月 2 日,NIST 宣布 Rijndael 算法从多个参选算法中获胜。2001 年 11 月 NIST 出版了该算法的最终标准 FIPS PUB 197,该标准于2002 年 5 月 26 日成为有效的标准。

6.2.3.4　非对称加密算法概述

1976 年,迪菲（W. Diffie）和赫尔曼（M. Hellman）提出了划时代的公开密钥密码系统的概念,这个观念为密码学的研究开辟了一个新的方向,有效地克服了秘密密钥密码系统通信双方密钥共享困难的缺点,并引进了创新的数字签名的概念。

公开密钥算法又称非对称加密算法（非对称密码体制）,可以对信息进行加解密或数字签名。非对称加密算法包含两个成对出现的密钥:一个是用来加密的加密密钥,可以完全公开,又称为公钥,记作 K_1;另一个是用来解密的解密密钥,必须严格保密,又称为私钥,记作 K_2,如图 6-10 所示。其加解密过程可用公式表示为:

加密:$C = E_{K_1}(P)$

解密:$P = D_{K_2}(C) = D_{K_2}(E_{K_1}(P))$

在非对称加密算法中,公钥和私钥必须成对出现且有唯一对应的数学关系,并且完全不同或无法相互推导。

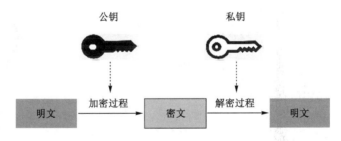

图 6-10　非对称加密算法模型

非对称密码体制的产生主要基于两个原因:一是为了解决常规密钥密码体制的密钥管理与分配的问题;二是为了满足对数字签名的需求。因此,非对称密码体制在信息的保密性、密钥分配和认证领域有着重要的意义。

非对称密码体制的优点:系统密钥空间小,便于管理,每个用户只需要一对密钥即可,即N 个用户仅需要 N 对密钥;密钥分发简单,公钥可基于公开的渠道分发给任何用户,不需要秘密的通道和复杂的协议来传送。

非对称密码体制的缺点:加密、解密处理速度较慢,系统开销大。

常用的非对称加密算法有 RSA 算法、Diffie-Hellman 算法、椭圆曲线加密算法等。

6.2.3.5　RSA 算法

（1）RSA 算法简介

RSA 算法是美国麻省理工学院的李维斯特（R. Rivest）、萨莫尔（A. Shamir）和阿德曼（L. Adleman）三位学者于 1978 年提出的，RSA 就是他们三人姓氏开头字母拼在一起组成的。RSA 算法是目前最有影响力的非对称加密算法，它能够抵抗到目前为止已知的绝大多数密码攻击，已被 ISO 推荐为公钥数据加密标准。

RSA 算法是第一个既能用于数据加密，也能用于数字签名的公开密钥密码算法。在 Internet 中，电子邮件收发的加密和数字签名软件 PGP 就采用了 RSA 算法。

（2）RSA 算法描述

RSA 算法描述如下：

① 选取两个大素数 p 和 q；（p、q 必须保密，一般应大于 10^{100}）

② 计算 $n=p\times q$ 和 $z=(p-1)\times(q-1)$；

③ 选择一个随机整数 e，且 $1<e<z$，满足 e 与 z 互质；

④ 计算出 d，使 $d\times e \bmod z=1$。

若定义公钥（n，e）、私钥（n，d），则：

加密函数：$C = P^e \bmod n$

解密函数：$P = C^d \bmod n$

（3）RSA 算法实例

在使用 RSA 算法加密时，首先将明文（看成一个长的比特串）分成 k 比特的块，要求满足 $k<\log_2^n$，然后利用加密函数进行加密。RSA 算法的测试可用 RSA 算法的工具来实现，本例测试结果如图 6-11 所示。

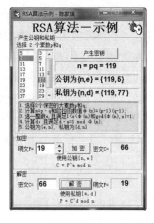

图 6-11　RSA 算法示例

【例 6-2】　选取 $p=7,q=17$；

则 $n=7\times17=119,z=(7-1)\times(17-1)=96$；

选择 $e=5$（5 与 96 互质）；

计算 d，$(d\times e) \bmod 96=1$，可得 $d=77$；

公钥（119，5）、私钥（119，77）；

加密函数：$C=P^5 \bmod 119$；

解密函数：$P=C^{77} \bmod 119$。

假定明文 $P=19$。

加密：$(19)^5 \bmod 119 = 66$，可得密文 $C=66$。

解密：$(66)^{77} \bmod 119 = 19$，可恢复明文 $P=19$。

（4）RSA 算法安全性分析

RSA 算法的安全性依赖于大整数 n。如果 n 很大，则攻击者将其成功地分解为 p、q 是极其困难的。而一旦攻击者从 n 中分解出 p、q，就可以计算出 $z=(p-1)\times(q-1)$，在知道 z 和 e 的情况下，计算出私钥就比较容易了。

虽然对大整数的因子分解是十分困难的，但是随着科学技术的发展，人们对大整数因子分解的能力不断提高，而且分解所需的成本不断下降。

6.3　数字签名与认证技术

数字签名与
认证技术

6.3.1　数字签名的概念

数字签名是一种实现消息完整性认证和不可否认性的重要技术。随着越来越多的敏感数据和文档使用电子服务设施,如电子邮件、电子货币支付系统等进行信息处理和传输,数字签名变得特别重要和迫切。为抵御对网络系统的主动攻击(假冒、篡改、重放、抵赖等),应该采用与信息完整性控制、真实性检验相关的认证和数学签名技术。

6.3.1.1　数字签名的含义

什么是数字签名呢? 这是初学者需要明确的概念。需要声明的是,将手写的签名经过扫描仪扫描后再输入电脑,这不是数字签名。数字签名是非对称密钥加密技术与数字摘要技术的应用。《中华人民共和国电子签名法》给出的电子签名的定义为:数据电文中以电子形式所含、所附用于识别签名人身份并表明签名人认可其中内容的数据。简言之,电子签名即数字签名就是一串数据,该数据仅能由签名人生成,并且该数据能够表明签名人的身份。数字签名和传统文件中的手写签名具有同等的法律效应。数字签名在提供身份认证和不可否认性等方面有着重要意义,如图 6-12 所示。

图 6-12　数字签名技术

6.3.1.2　数字签名的作用

为什么要使用数字签名呢? 为了说明这个问题,我们考虑下面的情况:假设 A 和 B 正通过网络完成一笔交易,那么可能出现两种欺骗行为。

① B 伪造一个消息并使用与 A 共享的密钥 K 产生该消息的认证码,然后声称该消息来自 A。但实际上 A 并未发送任何消息。

② 既然 B 有可能伪造 A 发来的消息,那么 A 就可以对自己发过的消息予以否认。

这两种欺骗行为在实际应用中都有可能发生。例如,在网上进行资金转账,接收者的账户将增加转账过来的资金,但接收者否认收到发送方转来的资金;股票经纪人代理委托人执行了某项交易的命令,结果这项交易是亏本的,发送方于是就否认发送过交易指令,以逃避责任。

网络通信双方之间必须要解决的问题：用户 A 发送一条信息给用户 B，既要防止用户 B 或第三方伪造，又要防止用户 A 事后因对自己不利而否认。

其实数字签名的目的就是认证网络通信双方身份的真实性，防止相互欺骗或抵赖。数字签名技术可以很好地解决这类问题。

为了实现其功能，数字签名必须满足以下三个条件。

① 接收方条件：接收方能够核实和确认发送方对消息的签名，但不能伪造对消息的签名。

② 发送方条件：发送方事后不能否认和抵赖对消息的签名。

③ 公证条件：公证方能确认接收方的信息，作出仲裁，但不能伪造这一过程。

6.3.2 数字签名实现的方法

目前，已有多种实现各种数字签名的方法。这些方法可分为两类：直接数字签名和基于仲裁的数字签名。

6.3.2.1 直接数字签名

直接数字签名的实现很简单，只涉及通信双方。假设消息接收者已经或者可以获得消息发送者的公钥。消息发送者用自己私钥对整个消息或者消息散列码进行加密来形成数字签名。可采用接收方的公钥，也可采用双方共享的密钥（对称加密）来进行加密。首先执行签名函数，然后执行外部的加密函数。出现争端时，第三方必须查看消息以及签名。如果签名是通过密文计算得出的，第三方需要解密密钥才能阅读初始的消息明文。如果签名作为内部操作，接收方可存储明文和签名以备以后解决争端时使用。直接数字签名模型如图 6-13 所示。

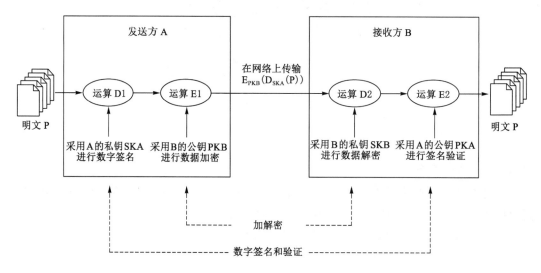

图 6-13 直接数字签名模型

目前的直接数字签名方案有一个共同的弱点：其有效性依赖于发送方私钥的安全性。发送方可以通过声称私钥被盗用，签名被伪造来否认发送过某个消息。

6.3.2.2　基于仲裁的数字签名

基于仲裁的数字签名需要可信第三方的参与。所谓可信第三方,是指所有通信方都可以信赖的一个通信实体。当需要数字签名时,发送方发往接收方的所有签名报文都先送给仲裁,仲裁检验该报文及其签名的出处、内容,然后标注报文日期,并附加上一个仲裁的签名,最后由仲裁发给接收方。

其过程可简单描述为:

设定 A 想对数字消息签名,发送给 B。C 是 A 和 B 共同承认的可信赖仲裁者。

① A 将准备发送给 B 的签名消息,先传送给 C。

② C 对 A 传送过来的消息以及签名进行检验。

③ C 对经检验的消息标注日期,并附上一个已经过仲裁证实的说明,再发送给 B。

6.3.3　消息认证技术

6.3.3.1　消息认证技术的含义

消息认证也称报文鉴别,指合法的接收方对消息内容是否伪造或遭到篡改进行验证的过程,验证内容包括两个方面:信息的发送者是真正的而不是冒充的,即真实性;消息在传送和存储过程中未被篡改,即完整性。消息认证技术主要通过加密技术来实现,对通信双方的验证可采用数字签名和身份认证技术;对消息内容是否伪造或遭篡改的验证通常使用的方式是在消息中加入一个认证码,并加密后发送给接收方,接收方通过对认证码的比较来确认消息的完整性。

消息认证实际上是对消息产生唯一的一个指纹信息(消息认证码),从而可以有效地保证消息的完整性,以及实现消息发送方的不可否认性。

6.3.3.2　消息认证方法

消息认证主要使用加密技术来实现。在实际使用中,通过消息认证函数产生用于鉴别的消息认证码,将其用于某个身份认证协议,发送方和接收方通过消息认证码对其进行相应的认证。

由此可见,在消息认证中,认证函数是认证系统的一个重要组成部分。常见的认证函数主要有以下三种。

① 消息加密:将整个消息的密文作为认证码。

② 哈希函数:通过哈希函数产生定长的散列值作为认证码。

③ 消息认证码:将消息与密钥结合产生定长值作为认证码。

在实际应用中,通常只使用哈希函数和消息认证码进行消息认证。

 思政课堂

　　中科院院士王小云教授从事密码理论及相关数学问题研究。王小云教授带领的研究小组于 2004 年、2005 年先后破解了被广泛应用于计算机安全系统的 MD5 和 SHA-1 两大密码算法,从而获得密码学领域刊物 *Eurocrypto* 与 *Crypto* 2005 年度最佳论文奖。破解 MD5 的论文获得 2008 年度汤姆森路透卓越研究奖。

6.3.4 身份认证技术

6.3.4.1 身份认证技术的含义

身份认证的目的是在不可信的网络上建立通信实体之间的信任关系。在网络安全中，身份认证的地位非常重要，它是基本的安全服务之一，也是信息安全的第一道防线。在具有安全机制的系统中，任何一个想要访问系统资源的人都必须首先向系统证实自己的合法身份，然后才能得到相应的权限。这好比生活中我们要进入某大楼，必须先向大楼保安人员出示工作证，否则将会被拦截在外。注意身份认证与消息认证的区别，消息认证只是验证消息的完整性和真实性。

实际网络攻击中，黑客往往先瞄准的就是身份认证，试图通过冒名顶替的手段非法获取信息。这类似于生活中的不法分子经常伪造身份证明来获得检查人员的信任，如图 6-14 所示。

图 6-14　身份认证技术

6.3.4.2 身份认证的原理

在真实世界，用户的身份认证基本方法可以分为以下三种。

① 根据你所知道的信息来证明你的身份，如口令等。

② 根据你所拥有的东西来证明你的身份，如加密密钥、智能卡、电子密钥卡等，这种类型的认证信息一般称为令牌。

③ 根据独一无二的生物特征来证明你的身份，比如指纹、视网膜、面貌等静态特征或者声音、书写特征等动态特征。

在网络系统中，常用的身份认证手段也是上述三种。上述三种认证手段均有缺陷，比如攻击者可能窃取或者伪造令牌、用户可能忘记密码或者丢失令牌，而生物特征存在系统开销大、可靠性差等问题。在实际中，为了达到更高的身份认证安全性，一般会混合使用上述三种认证方法，即所谓的双因素认证。当前，基于口令和加密密钥是最重要的认证方法。

6.3.4.3 身份认证的方法

（1）基于口令的认证

口令又称个人识别号码（Personal Identification Number，PIN）或通行短语，是身份认证中传统的方法。基于口令的认证是指系统通过用户输入的用户名和密码来确认用户身份的一种机制。这是最常见的也是最简单的一种身份认证机制。例如，日常生活中的游戏账号、电子邮箱、论坛账号等都是通过口令来确认身份的。

基于口令的身份认证并不是最安全有效的方法,其原因有以下几点:

首先,口令复杂性要求的矛盾性。通常,用户创建口令时大多选择便于记忆的口令,比如电话号码、生日、门牌号等,但这样容易被猜到。若选择复杂的口令,则用户自己也可能忘记。这个矛盾因素严重影响口令的强度和验证效率。

其次,在许多场合口令容易泄露。例如,通过键盘上的手势来猜口令,或者一些恶意程序诸如特洛伊木马程序可以记录用户输入的口令,然后秘密地通过网络发送出去。

再次,口令传输不安全。用户输入口令后,如何传送给系统或验证服务器也存在问题,一些口令在网络上以明文形式传输,一旦攻击者截获传输的信息,该口令也就泄露了。

最后,口令存储也不安全。许多软件采用简单的加密存储,一些简单的暴力破解程序就能解密。例如,一些口令破解程序可以很方便地破解 Windows XP、Office 文档的用户口令。

提高口令的安全性,一般可以通过以下几点来实现:增加口令长度和强度;强迫用户经常或者定期更换口令;审计口令更换情况和用户的登录情况;建立定期检查审计日志的习惯;用户登录 N 次不成功后自动锁定账户;不允许对口令文件的随便访问;限制用户更改验证系统的验证方法。

当然,提高口令的安全性,既需要设计实施有效的口令管理和认证协议,也需要对用户进行必要的网络安全培训,使之对自己的行为负责。

(2) 基于令牌的认证

为保障系统安全性,与口令验证相关的另一种方法是令牌验证,令牌是合法用户拥有的某种小型物理设备。通过出示令牌来验证用户身份。常见的令牌有智能卡、硬件令牌、PCMCIA 卡、USB 令牌、手机令牌等。不同类型的令牌其物理形式不同,即其所需要的接口类型不同,目前使用较多的是智能卡和 USB 令牌,USB 令牌如图 6-15 所示。

图 6-15　USB 令牌

智能卡是当今信用卡领域的产品。所谓智能卡,实际上就是在信用卡上安装一个微型电脑芯片,这个芯片包含持卡人的各种信息。自 20 世纪 70 年代末智能卡在法国诞生以来,各国都在研制智能卡。目前,智能卡已经广泛地应用于银行、电信、交通等领域,发展非常迅速。

由于要借助物理介质,智能卡认证技术是较安全可靠的认证手段之一。智能卡一般分为存储卡和芯片卡。存储卡只用于储存用户的秘密信息,比如用户的密码、密钥、个人数据等,存储卡本身没有计算功能。芯片卡一般都有一个内置的微处理器,并有相应的 RAM 和可擦写的 EPROM,具有防篡改和防止非法读取的功能。芯片卡不仅可以用于存储秘密信息,还可以在上面利用秘密信息计算动态口令。

智能卡具有硬件加密功能,有较高的安全性。智能卡存储用户个人的秘密信息,同时在验证服务器中也存放该秘密信息。进行认证时,用户输入 PIN,智能卡验证成功后即可读出秘密信息,进而利用该信息与主机之间进行认证。基于智能卡的认证方式是一种双因素(PIN+智能卡)的认证方式,即使 PIN 或智能卡被窃取,用户仍不会被冒充。

（3）基于生物特征的认证

近年来，基于生物特征的认证技术发展非常迅速。很多企业、学校已经使用基于生物特征的设备来负责考勤和安全。

人体有很多生物特征可以用来唯一标识，比如指纹、人脸、声音、虹膜等，如图 6-16 和图 6-17 所示。基于这些生物特征的认证机制各有优缺点：指纹是相对稳定的，但采集指纹具有侵犯性（非接触性）。人脸识别具有很多优点，如主动性、非侵犯性等，但面部特征会随年龄变化，而且容易被伪装。语音特征具有与面相特征相似的优点，但也会随年龄、健康状况及环境等因素而变化，而且语音识别系统比较容易被伪造或被录音所欺骗。

图 6-16　指纹识别技术

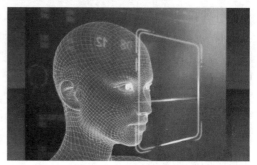

图 6-17　人脸识别技术

6.4　防火墙与入侵检测技术

防火墙与入侵检测技术

在计算机网络的安全中，保护网络数据和程序等资源，以免受到有意或无意的破坏或越权修改与占用，称为访问控制技术。实现访问控制技术最好的办法就是有一个好的安全策略，在这个安全策略上使用防火墙技术是当前最常用的一种解决方案。为实现网络安全，应该了解防火墙技术原理、体系结构等知识，同时掌握常见的防火墙设备的配置。

6.4.1　防火墙技术概述

作为一种最常见的网络安全解决方案，防火墙技术有着广泛的应用，它通过监测、限制数据流等多种技术，尽可能地对外部网络屏蔽有关受保护网络的结构信息。防火墙可以隔离风险区域和安全区域的连接，同时不会妨碍对风险区域的访问，还可以监控进出网络的通信，预防不希望的、未授权的信息进出被保护的网络，筑起网络的第一道安全防线。

6.4.1.1　防火墙的含义

防火墙本意是指在两座房屋之间砌起一道砖墙，在火灾发生后，防止火势蔓延。在计算机网络中，防火墙是指隔离在本地网络与外界网络之间的一个执行访问控制策略的防御系统，是这一类防范措施的总称。如果某一个网络与 Internet 连接，那么 Internet 上计算机会以某种方式访问该网络。为安全起见，需要在该网络和 Internet 之间设置访问控制策略，竖起一道安全屏障。这道屏障就是防火墙，其结构如图 6-18 所示。

防火墙实质上是一种隔离控制技术，其核心思想是在不安全的网络环境下构造一种相

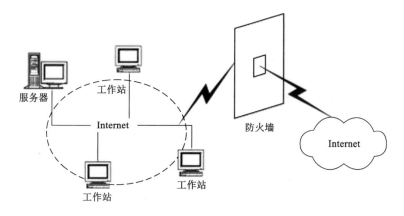

图 6-18 防火墙结构

对安全的内部网络环境。防火墙要求所有进出网络的数据流都必须遵循安全策略,将内外网络在逻辑上分离。

同时,防火墙能增强内部网络的安全性,它决定了哪些内部服务可以被外界访问,外界的哪些人员可以访问内部的服务,哪些外部服务可以被内部人员访问。

6.4.1.2 防火墙的优点

(1) 防火墙能强化安全策略

在互联网上每天都有上亿人在浏览和交换信息,不可避免地会出现品德不良或违反互联网规则的人。防火墙是为了防止不良现象发生的"交通警察",它执行网络的安全策略,仅仅允许经许可的、符合规则的请求通过。

(2) 防火墙能有效地记录互联网上的活动

防火墙设置在内外网络的唯一通道上,所有进出网络信息都必须通过防火墙,所以防火墙非常适合收集网络信息。作为网络之间访问的唯一通路,防火墙能够记录内部网络和外部网络之间发生的所有事件。

(3) 防火墙可以实现网段控制

防火墙能够用来隔开网络中某一个网段,这样它就能够有效地控制这个网段中的问题在整个网络中的传播。

(4) 防火墙是一个安全策略的检查站

所有进出网络的信息都必须通过防火墙,这样防火墙便成为一个安全检查点,能把所有可疑的访问拒之门外。

6.4.1.3 防火墙的缺点

(1) 防火墙可以阻断攻击,但不能消灭攻击源

互联网上病毒、木马、恶意程序等造成的攻击行为络绎不绝。设置得当的防火墙能够阻挡它们,但是无法清除攻击源。即使防火墙进行了良好的设置,使得攻击无法穿透它,但各种攻击仍然会源源不断地向防火墙发出尝试。

(2) 防火墙不能抵抗最新的未设置策略的攻击漏洞

就如同杀毒软件与计算机病毒的关系(总是先出现一种新型的计算机病毒,杀毒软件经

过分析才能查杀）一样，防火墙的各种策略，也是在该攻击方式经过专家分析后给出其特征进而设置的。

（3）防火墙不能防止利用标准网络协议的缺陷进行的攻击

一旦防火墙允许某些标准网络协议，就不能防止利用该协议缺陷的攻击，如拒绝服务攻击或者分布式拒绝服务攻击。

（4）防火墙一般不能防范计算机病毒

虽然防火墙可以扫描所有通过它的信息，以决定是否允许它通过，但这种扫描针对的是源地址、目标地址和端口号等信息，而不是数据的具体内容。注意，这里的防火墙不是指单机杀毒软件中的实时监控功能，虽然它们不少都叫"病毒防火墙"。

（5）防火墙对内部主动发起连接的攻击一般无法阻止

"外紧内松"是一般内部网络的特点。通过发送带木马的邮件、带木马的 URL(Uniform Resource Locator，即统一资源定位符)等，然后由中木马的机器主动对攻击者进行看似合法的连接，一般情况下防火墙无能为力。另外，对于防火墙内部主机之间发出的攻击行为，防火墙难以防御。

6.4.2 防火墙的原理

不同类型防火墙的原理不同。根据防火墙实现的技术，可将防火墙分为包过滤防火墙、应用网关防火墙和状态监测型防火墙。下面简单介绍包过滤防火墙、应用网关防火墙和状态监测型防火墙的基本原理。

6.4.2.1 包过滤防火墙

在互联网上，所有往来的信息都被分割成许许多多一定长度的数据包，每一个数据包都会包含一些特定信息，如数据的源地址、目标地址、源端口和目的端口号等。当这些数据包被送上互联网时，路由器会读取接收者的 IP 地址并选择一条合适的物理线路发送出去，数据包可能经由不同的路线抵达目的地，当所有的数据包抵达目的地后会重新组装还原。包过滤防火墙会检查所有通过的数据包中的 IP 地址，并按照系统管理员所给定的过滤规则进行过滤，一旦发现来自危险站点的数据包，便会将这些数据包拒之门外。包过滤防火墙结构如图 6-19 所示。

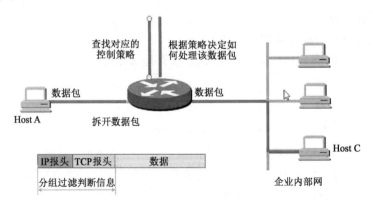

图 6-19　包过滤防火墙结构

包过滤技术作为防火墙产品的应用,最常见的是由筛选路由器实现的。筛选路由器是在完成路由选择和数据转发等功能之外的基础上,增加了一些新的安全控制功能,用于检查通过它的数据包的路由器。筛选路由器的访问控制规则由网络管理员在访问控制表中设定,筛选路由器根据设置的规则来检查数据包的源地址、目标地址及端口号。

包过滤技术作为防火墙产品的应用,还可在工作站上使用软件进行包过滤,或者由称为屏蔽路由器的路由设备启动包过滤。

包过滤技术的优点是它对于用户来说是透明的,处理速度快而且易于维护,实现成本较低,在应用环境比较简单的情况下,能够以较小的代价在一定程度上保证系统的安全。

但包过滤技术的缺陷也很明显。包过滤技术是一种完全基于网络层的安全技术,只能根据数据包的来源、源端口和目的端口号等网络信息进行判断,无法识别基于应用层的恶意入侵,如恶意的 Java 小程序以及电子邮件中附带的病毒等。同时,有经验的黑客也很容易伪造 IP 地址,骗过包过滤防火墙。

6.4.2.2 应用网关防火墙

应用网关就是通常所说的代理服务器。它适用于某些互联网服务,如超文本传输、远程文件传输等。代理服务器通常运行在两个网络之间,可阻挡两者间的数据交流。它对于客户机来说像是一台真正的服务器,而对于外界的服务器来说,它又是一台客户机。当客户机需要使用服务器上的数据时,首先请求代理服务器,代理服务器再根据这一请求向服务器索取数据。当代理服务器接收到对某站点的访问请求后,会检查该请求是否符合规定,如果规则允许用户访问该站点,代理服务器会像一个客户一样去那个站点取回所需信息再转发给客户。应用网关防火墙结构如图 6-20 所示。

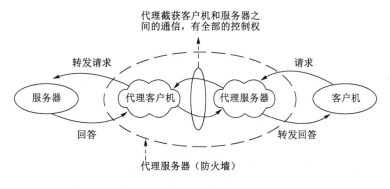

图 6-20 应用网关防火墙结构

代理服务器通常都拥有一个高速缓存,这个缓存存储着用户经常访问的站点,在下一个用户要访问同一站点时,服务器就不需要重复地获取相同的内容,直接将缓存内容发出即可。这样既节约了时间,也节约了网络资源。代理服务器像一堵墙一样挡在内部用户和外界之间,从外部只能看到该代理服务器而无法获知任何的内部资源,外部的恶意侵害也就很难伤害到内部网络系统。应用网关防火墙比包过滤防火墙更为可靠,而且能详细地记录所有的访问状态信息。但是应用网关防火墙也存在一些不足,它对系统的整体性能有较大影响,访问速度慢,因为它不允许用户直接访问网络,而且应用网关防火墙需要对客户机可能产生的每一个特定的互联网服务安装相应的代理服务软件,从而大大增加了系统的复杂度。

用户不能使用未被代理服务器支持的服务,对每一类服务要使用特殊的客户端软件,但并不是所有的互联网应用软件都可以使用代理服务器。

6.4.2.3　状态监测型防火墙

状态监测型防火墙是新一代的产品,这一技术实际上已经超越了最初的防火墙定义。状态监测型防火墙能够对各层的数据进行主动的、实时的监测,在对这些数据加以分析的基础上有效地判断出各层中的非法入侵。这种防火墙具有非常好的安全性,它使用一个在网关上执行网络安全策略的软件模块,称为检测引擎。检测引擎在不影响网络正常运行的前提下,采用抽取有关数据的方法对网络通信的各层实时监测,抽取状态信息,并动态地保存起来作为以后执行安全策略的参考。检测引擎支持多种协议和应用程序,并可以很容易地实现应用和服务的扩展。同时,状态监测型防火墙产品一般还带有分布式探测器,这些探测器安置在各种应用服务器和其他网络的节点中,不仅能够监测来自外部网络的攻击,对于来自内部网络的恶意破坏也有极强的防御能力。

与前两种防火墙不同,当用户访问请求到达网关的操作系统前,状态监测型防火墙要抽取有关数据进行分析,结合网络配置和安全规定作出接纳、拒绝、身份认证、报警或给该通信加密等处理动作。一旦某个访问违反了安全规定,状态监测型防火墙就会拒绝该访问,并报告有关状态作日志记录。状态监测型防火墙的另一个优点是它会监测无连接状态的远程过程调用(Remote Procedure Call,RPC)和用户数据报协议(User Datagram Protocol,UDP)之类的端口信息,而包过滤防火墙和应用网关防火墙都不支持此类应用。

6.4.3　入侵检测概述

6.4.3.1　入侵检测的背景

自 20 世纪末以来,接入互联网的企业、银行与其他商业机构越来越多,电子商务、电子政务迅猛发展,通过互联网实现包括个人、企业、商业机构与政府的全社会信息共享已逐步成为现实。同时,黑客在网上的攻击活动每年都在增长。因而,保障计算机系统、网络系统及整个信息基础设施的安全已经成为刻不容缓的重要课题。

随着网络安全风险系数不断提高,曾经作为最主要的安全防范手段的防火墙,已经不能满足人们对网络安全的需求。作为对防火墙的补充,入侵检测系统(Intrusion Detection System,IDS)能够帮助网络系统快速发现网络攻击,从而扩展系统管理员的安全管理能力(包括安全审计、监视、进攻识别和响应),提高信息安全基础结构的完整性。IDS 被认为是防火墙之后的第二道安全闸门,它能在不影响网络性能的情况下,对网络进行监听,从而提供对内部攻击、外部攻击和误操作的实时保护。图 6-21 所示为分布式入侵检测系统。

6.4.3.2　入侵检测的相关概念

(1)入侵

入侵是指所有试图破坏网络信息的完整性、保密性、可用性、可信任性的行为。入侵是一个广义的概念,不仅包括发起攻击的人取得超出合法范围的系统控制权,也包括收集漏洞信息,造成拒绝服务等危害计算机和网络的行为。入侵行为主要有以下几种。

① 外部渗透:指既未被授权使用计算机,又未被授权使用数据或程序资源的渗透。

② 内部渗透:指虽然被授权使用计算机,但是未被授权使用数据或程序资源的渗透。

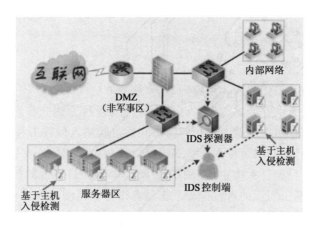

图 6-21　分布式入侵检测系统

③ 不法使用：指利用授权使用计算机、数据和程序资源的合法用户身份的渗透。

这三种入侵行为是可以相互转变，互为因果的。例如，入侵者先通过外部渗透获取了某用户的账户和密码，然后利用该用户的账户进行内部渗透，最后内部渗透也可能转变为不法使用。

（2）网络入侵者

网络安全的威胁来自两个方面：一个是众所周知的以计算机病毒等为代表的恶意代码；另一个就是网络入侵者。网络入侵者通常指两类人：其一是黑客（Hacker）；其二是骇客（Cracker）。这两者的区别很难界定。有人将网络入侵者分为以下三种类型。

① 伪装者：没有被授权使用计算机系统而窃取了系统访问控制权，并非法获得了合法用户账号的人。

② 违法者：没有经过授权访问数据、程序或资源的合法用户，或者具有访问授权却错误地使用其权利的用户。

③ 秘密用户：拥有系统管理控制权的个人，利用这种控制来逃避查账和访问控制或者禁止收集查账数据。

伪装者很可能是外部人员，违法者一般是内部人员，而秘密用户可能是外部人员，也可能是内部人员。

（3）入侵检测

入侵检测是一种试图通过观察行为、安全日志或审计资料来检测发现针对计算机或网络的入侵的技术，而更广义的说法是识别企图侵入系统非法获得访问权限行为的过程。这种检测通过手工或专家系统软件对日志或其他网络信息进行分析完成。它通过对计算机系统或计算机网络中的若干关键点收集信息并对其进行分析，从中发现系统或网络中违反安全策略的行为和被攻击的迹象。

入侵检测作为一种积极主动的安全防护技术，提供了对内部攻击、外部攻击和误操作的实时防护，在网络系统受到危害之前拦截和对入侵作出响应。强大的入侵检测系统极大地方便了网络管理，其实时报警功能为网络安全增加了又一道保障。从网络安全立体纵深、多层次防御的角度出发，入侵检测受到人们的高度重视。

6.4.4 入侵检测的方法

6.4.4.1 特征检测

特征检测又称为基于知识的入侵检测,这类检测方法的原则是,任何与已知入侵模型符合的行为都是入侵行为。它要求首先对已知的各种入侵行为建立签名,然后将当前的用户行为和系统状态与数据库中的签名进行匹配。它通过收集入侵攻击和系统缺陷的相关知识构成入侵系统中的知识库,然后根据这些知识寻找那些企图利用这些系统缺陷的攻击行为,来识别系统中的入侵行为。系统中任何不能被明确地认为是攻击的行为,都可以看作系统的正常行为。因此,基于知识的入侵检测系统具有很好的检测精确度,至少在理论上具有非常低的误报率,但是其检测完备性依赖于入侵攻击和系统缺陷的相关知识的不断更新和补充。

特征检测的关键问题是规则的获取和表示,构成入侵威胁的审计记录会触发相应规则。使用这类入侵检测系统,可以避免系统以后再遭受同样的入侵攻击。对网络入侵检测技术的研究,可以使系统安全管理员很容易地知道系统遭受哪种攻击并采用相应的行动。但是,知识库的维护需要对系统中的每一个缺陷进行详细分析,这不仅是一项耗时的工作,而且关于攻击的知识依赖于操作系统、软件版本、硬件平台以及系统中运行的应用程序。

这种检测方法的特点是检测正确率高而覆盖率偏低,它的弱点是只能发现已知入侵行为。但由于实际情况中大部分入侵者使用的都是已知的攻击方法,该技术还是可以有效抵御大部分攻击行为的。

6.4.4.2 异常入侵检测

异常入侵检测又称为基于行为的入侵检测,根据使用者的行为或资源使用状况来判断是否入侵,而不依赖于是否出现具体行为,任何与已知正常行为不符合的行为都是入侵行为。这类检测方法的基本思想是通过对系统审计资料的分析建立起系统主体的正常行为的特征轮廓,检测时,如果系统中的审计资料与已建立的主体正常行为特征有较大出入,就认为系统遭到入侵。特征轮廓借助主体登录的时间、位置、CPU的使用时间以及文件的存取属性等,来描述主体的正常行为特征。当主体的行为特征改变时,对应的特征轮廓也相应改变。

异常入侵检测系统在准备阶段通过一定时间的学习,为用户正常情况下的行为建立行为轮廓;在使用阶段,一方面通过比较用户当前行为与原先行为轮廓的偏差来检测入侵,另一方面继续根据用户的正常行为来修正行为轮廓。同样,异常入侵检测系统可以为整个计算机系统建立正常行为轮廓。

异常入侵检测方法的关键在于对用户或者系统建立正确的行为轮廓,在早期的异常入侵检测系统中,通常用统计模型来实现。例如,将用户登录时间、登录失败次数、资源访问频度等一些特征量作为随机变量,通过统计模型计算出这些随机变量的新观察值落在一定区间的概率,并且根据经验规定一个阈值,超过阈值则认为发生了入侵。后来有很多人工智能技术应用于异常入侵检测,如神经元网络技术和数据挖掘技术等。

异常入侵检测的最大优点是能检测出一些未知攻击,最大缺点是会产生很高的误报率,因为异常并不一定是入侵。

6.5 计算机病毒与木马

计算机病毒对计算机系统所产生的破坏效应,使人们清醒地认识到其所带来的危害。现在,每年的新病毒数量都以指数级增长,而且由于近几年传输媒质的改变和互联网的大面积普及,计算机病毒感染的对象开始由工作站(终端)向网络部件(代理、防护和服务器设置等)转变,病毒类型也由文件型向网络蠕虫型改变。现今,世界上很多国家的科研机构都在深入地对病毒的实现和防护进行研究。

计算机病毒与木马

6.5.1 计算机病毒概述

计算机病毒是一段具有自我复制能力的代理程序,它将自己的代码写入宿主程序的代码中,以感染宿主程序。当宿主程序运行时,病毒程序就会自我复制,然后其副本感染其他程序,如此周而复始。计算机病毒一般隐藏在其他宿主程序中,具有潜伏能力、自我繁殖能力、被激活产生破坏能力。

计算机病毒不是天然存在的,是某些人利用计算机软件、硬件所固有的脆弱性,编制的具有特殊功能的程序。自从科恩(F. Cohen)博士于 1983 年 11 月成功研制了第一种计算机病毒(Computer Virus)以来,计算机病毒技术以惊人的速度发展,不断有新的病毒出现。从广义上定义,凡是能够引起计算机故障,破坏计算机数据的程序统称为计算机病毒。依据此定义,诸如逻辑炸弹、蠕虫等均可称为计算机病毒。

蠕虫也是一段独立的可执行程序,它可以通过计算机网络把自身的复制品传给其他的计算机。蠕虫像细菌一样,它可以修改删除别的程序,也可以通过疯狂的自我复制来占尽网络资源,从而使网络资源瘫痪。同时,蠕虫又具有病毒和入侵者的双重特点:像病毒那样,它可以进行自我复制,并可能被当作假指令去执行;像入侵者那样,它以穿透网络系统为目标。蠕虫利用网络系统中的缺陷或系统管理中的不当之处进行复制,将其自身通过网络复制传播到其他计算机上,造成网络的瘫痪。蠕虫是最近几年才流行起来的一种计算机病毒,由于它与以前出现的计算机病毒在机理上有很大的不同(与网络结合),一般把非蠕虫病毒叫作传统病毒,把蠕虫病毒简称为蠕虫,如图 6-22 所示。

图 6-22 蠕虫

木马(Trojan Horse)又称特洛伊木马,是一种通过各种方法直接或者间接与远程计算机之间建立起连接,使远程计算机能够通过网络控制本地计算机的程序。通常木马并不被当成病毒,因为它们通常不包括感染程序,因而并不自我复制,只是靠欺骗获得传播。如今,随着网络的普及,木马程序的危害变得非常大,它常被用于与远程计算机之间建立连接,像间谍一样潜入用户的计算机,使远程计算机通过网络控制本地计算机。

随着计算机病毒与木马技术相结合成为病毒新时尚,病毒的危害更大,防范的难度也更大。

那么病毒究竟是如何产生的呢? 其过程可描述为:程序设计—传播—潜伏—触发—运

行—实行攻击。其产生的原因不外乎以下几种。

① 开个玩笑,一个恶作剧。某些爱好计算机并对计算机技术精通的人士为了炫耀自己的高超技术和智慧,凭借对软硬件的深入了解,编制这些特殊的程序。这些程序通过载体传播出去后,在一定条件下被触发。如显示一些动画,播放一段音乐,或提一些智力问答题目等,其目的无非是自我表现一下。这类病毒一般都是良性的,不会有破坏操作。

② 产生于个别人的报复心理。每个人都处于社会环境中,但总有人对社会不满或受到不公正的待遇。如果这种情况发生在一个编程高手身上,那么他有可能会编制一些危险的程序。在国外有这样的事例:某公司职员在职期间编制了一段代码隐藏在其公司的系统中,一旦检测到他的名字在工资报表中被删除,该程序立即发作,破坏整个系统。类似案例在国内亦出现过。

③ 用于版权保护。在计算机发展初期,由于在法律上对于软件版权保护还没有像今天这样完善,很多商业软件被非法复制,有些开发商为了保护自己的利益制作了一些特殊程序附在产品中。如巴基斯坦病毒,其制作者是为了追踪那些非法复制他们产品的用户。用于这种目的的病毒目前已不多见。

④ 用于特殊目的。某组织或个人为达到特殊目的,对政府机构、单位的特殊系统进行攻击或破坏,或用于军事目的。

6.5.2 木马概述

特洛伊木马简称木马,此名称取自希腊神话的特洛伊木马计。传说希腊人围攻特洛伊城,久久不能得手。后来他们想出了一个木马计,让士兵藏匿于巨大的木马中。大部队假装撤退而将木马弃置于特洛伊城下,敌人将这些木马作为战利品拖入城内。到了夜晚,木马内的士兵乘特洛伊城人庆祝胜利、放松警惕的时候从木马中出来,与城外的部队里应外合而攻下了特洛伊城。

图 6-23 木马病毒

这里讨论的木马,就是这样一个有用的或者表面上有用的程序,但是实际上包含一段隐藏的、激活时会运行某种有害功能的代码,它使得非法用户达到进入系统、控制系统甚至破坏系统的目的。木马通常是一种基于客户机/服务器方式的远程控制程序,由控制端和受控端两个部分组成。"中了木马"就是指被安装了木马的受控端程序,如图 6-23 所示。

木马的主要特点:

① 破坏性。木马一旦被植入某台机器,操纵木马的人就能通过网络像使用自己的机器一样远程控制这台机器,实施攻击。

② 非授权性。控制端与受控端一旦连接,控制端就享有受控端的大部分操作权限,而这些权利并不是受控端赋予的,而是通过木马程序窃取的。

③ 隐蔽性。木马的设计者为了防止木马被发现,会采用多种手段隐藏木马。这样受控端即使发现感染了木马,也不能确定其具体位置。

蠕虫和木马之间的联系非常有趣。一般而言,这两者的共性是自我传播,都不感染其他文件。在传播特性上,它们的微小区别是:木马需要诱骗用户上当后进行传播,而蠕虫不需要。蠕虫包含自我复制程序,它利用所在的系统进行主动传播。一般认为,蠕虫的破坏性更多地体现在耗费系统资源的拒绝服务攻击上,而木马的破坏性更多地体现在秘密窃取用户信息上。

6.5.3　木马工作原理

客户端/服务器端之间采用 TCP/UDP 的通信方式,攻击者控制的是相应的客户端程序,服务器端程序是木马程序,木马程序被植入毫不知情的用户的计算机中。木马程序以"里应外合"的方式工作,打开特定的端口并进行监听,这些端口好像"后门"一样,所以,也有人把特洛伊木马叫作后门工具;攻击者所掌握的客户端程序向该端口发出请求,木马便与其连接起来。攻击者可以使用控制器进入计算机,通过客户端程序命令达到控制服务器端的目的。通常情况下木马攻击步骤如下。

6.5.3.1　配置木马

一般来说,一个设计成熟的木马都有木马配置程序,从具体的配置内容看,主要是为了实现以下两个功能。

① 木马伪装:木马配置程序为了在服务器端尽可能隐藏好,会采用多种伪装手段,如修改图标、捆绑文件、定制端口、自我销毁等。

② 信息反馈:木马配置程序会根据信息反馈的方式或地址进行设置,如设置信息反馈的邮件地址、IRC 号、ICQ 号等。

6.5.3.2　传播木马

配置好木马后,就要将其传播出去。木马的传播方式主要有:控制端通过 E-mail 将木马以附件的形式夹在邮件中发送出去,收信人只要打开附件就会感染木马;软件下载,一些非正规的网站以提供软件下载为名义,将木马捆绑在软件安装程序上,下载后,只要运行这些程序,木马就会自动安装;通过 QQ 等通信软件进行传播;通过病毒的夹带把木马传播出去。

6.5.3.3　启动木马

木马传播给对方后,接下来是启动木马。一种方式是被动地等待木马或捆绑木马的程序主动运行,这是最简单的木马。而大多数首先将自身复制到 Windows 的系统文件夹(C:Windows 或 C:\Windows\system 32 目录下)中,然后写入注册表启动组,在非启动组中设置好木马的触发条件,这样木马的安装就完成了。一般系统重新启动时木马就可以启动,然后木马打开端口,等待连接。

6.5.3.4　建立连接

一个木马连接的建立必须满足两个条件:一是服务器端已安装了木马程序;二是控制端、服务器端都要在线。在此基础上控制端可以通过木马端口与服务器端建立连接。控制端可以根据提前配置的服务器地址、定制端口来建立连接;或者用扫描器,根据扫描结果检测哪些计算机的某个端口开放,从而知道该计算机里某类木马的服务器端在运行,然后建立连接;或者根据服务器端主动发回来的信息获知服务器端的地址、端口,然后建立连接。

6.5.3.5　远程控制

前面的步骤完成之后,就是最后的目的阶段,即对服务器端进行远程控制,实现窃取密码、修改注册表、锁住服务器端等操作。

6.5.4　计算机病毒和木马的检测和预防

6.5.4.1　计算机病毒和木马的检测

根据计算机病毒的特点,人们找到了许多检测计算机病毒的方法。但是由于计算机病毒与反病毒是互相对抗发展的,任何一种检测方法都不可能是万能的,综合运用这些检测方法并在此基础上根据病毒的最新特点不断改进或者发现新的方法才能更准确地检测病毒。检测计算机病毒的基本方法有以下几种。

（1）外观检测法

外观检测是在病毒防治过程中起着重要辅助作用的一个环节。病毒侵入计算机系统后,会使计算机系统的某些部分发生变化,引起一些异常现象,如屏幕显示的异常、系统运行速度的异常、打印机并行端口的异常、通信串行口的异常等。可以根据这些异常现象来检测病毒,尽早地发现病毒,并作适当处理。

（2）特征代码法

将各种已知病毒的特征代码串组成病毒特征代码数据库,这样,在运用各种工具软件检查、搜索可疑计算机系统（可能是文件、磁盘、内存等）时,用病毒特征代码数据库中的病毒特征代码逐一比较,就可以确定被检计算机系统感染了何种病毒。

很多著名的病毒检测工具广泛使用特征代码法。国外专家认为特征代码法是检测已知病毒的最简单、开销最小的方法。

一种病毒可能感染很多文件或计算机系统的多个地方,而且在每个被感染的文件中,病毒程序所在的位置也不尽相同。但是计算机病毒程序一般都具有明显的特征代码,这些特征代码可能是病毒的感染标记特征代码,不一定是连续的,也可以用一些"通配符"或"模糊代码"来表示任意代码。只要是同一种病毒,在任何一个被该病毒感染的文件或计算机中,总能找到这些特征代码。

（3）虚拟机技术

多态性病毒或多型性病毒即俗称的变形病毒,它每次感染后都会改变病毒密码,这类病毒的代表是幽灵病毒。多态性病毒的出现让传统的特征代码法无能为力。之所以造成这种局面,是因为特征代码法是针对静态文件进行查杀的,而多态性病毒只有开始运行后才能够显露原形。

一般而言,多态性病毒采用以下几种操作来不断变换自己:采用等价代码对原有代码进行替换;改变与执行次序无关的指令的次序;增加许多垃圾指令;对原有病毒代码进行压缩或加密。但是,无论病毒如何变化,每一个多态性病毒在执行时都要对自身进行还原。为了检测多态性病毒,反病毒专家研制了一种新的检测方法——虚拟机技术。虚拟机技术又称为软件模拟法,它是一种软件分析器,在机器的虚拟内存中用软件方法来模拟和分析不明程序的运行,而且程序的运行不会对系统各部分起到实际的作用（仅是"模拟"）,因而不会对系统造成危害。在执行过程中,从虚拟机环境内截获文件数据,如果含有可疑病毒代码,则杀毒后将其还原到原文件中,从而实现对各类可执行文件内病毒的查杀。它的运行机制是:将一般检测工具纳入虚拟机技术,这些工具开始运行时,使用特征代码法检测病毒,如果发现隐蔽式病毒或多态性病毒嫌疑,即启动软件模拟模块,监视病毒的运行,待病毒自身的密码译码以后,再运用特征代码法来识别病毒的种类。

（4）启发式扫描技术

病毒和正常程序的区别体现在许多方面,比较常见的区别有:通常一个应用程序最初的指令是检查命令行输入有无参数项、清屏和保存原来屏幕显示等,而病毒程序则从来不会这样做,通常它最初的指令是直接写盘操作、解码指令,或搜索某路径下的可执行程序等相关操作指令序列。这些显著的不同之处,对于有病毒调试经验的专业人士来说,在调试状态下只需一瞥便可一目了然。启发式扫描技术实际上就是把这种经验和知识移植到一个查病毒软件中的具体程序体现。因此,在这里启发式是指"自我发现的能力"或"运用某种方式或方法去判定事物的知识和技能"。一个运用启发式扫描技术的病毒检测软件,实际上就是以特定方式实现的动态高度器或反编译器,通过对有关指令序列的反编译逐步理解和确定其蕴藏的真正动机。

6.5.4.2　计算机病毒和木马的预防

预防计算机病毒的基本方法有以下几种。

① 不轻易登录一些不正规的网站。在浏览网页的时候,很多人有猎奇心理,而一些病毒、木马制造者正是利用人们的猎奇心理,引导大家浏览他的网页,甚至下载文件,殊不知这样很容易使机器染上病毒。

② 千万提防电子邮件病毒的传播。所谓电子邮件病毒,是指以电子邮件方式作为传播途径的计算机病毒。因此,在收到陌生可疑邮件时尽量不要打开,特别是对于带有附件的电子邮件更要小心。

③ 对于渠道不明的光盘、软盘、U 盘等便携存储器,在使用之前应该查毒。对于从网络上下载的文件同样如此。

④ 计算机上应该装有杀毒软件,并且要及时更新。

⑤ 对于重要文件、数据,要定期备份。

预防木马的主要方法有以下几种。

① 时刻打开杀毒软件,大多数反病毒工具软件几乎都可检测到所有的木马。

② 经常升级系统,给系统打补丁,减少因系统漏洞带来的安全隐患。

③ 安装个人防火墙,当木马试图进入计算机时,防火墙可以进行有效的保护。

④ 不要执行来历不明的软件和程序。通过网络下载的文件、通过 QQ 或 MSN 传输的文件、从别人那里复制来的文件以及电子邮件附件,在运行之前,要先用反病毒软件对它们进行检查。

6.6　网络信息安全的解决方案

网络信息安全的解决方案

当前,网络技术已经渗透到每个人的工作生活之中,网络信息安全的重要性已经不言而喻。如何做到合理有效的安全防护,保证网络信息的安全,是每个用户应该掌握的一项基本技能。用户应该了解计算机网络面临的威胁和黑客的相关知识,了解网络常见的攻击和防御技术,掌握网络安全防范的主要策略和个人网络信息安全防范措施。

6.6.1 计算机网络面临的威胁

（1）计算机系统的脆弱性

计算机系统的脆弱性主要来自计算机操作系统自身的不安全性。操作系统有一定的安全级别，像早期的个人操作系统 DOS、Windows 95 等根本就没有安全防护措施。虽然现在流行的操作系统像 Windows 10、Windows Server 2012、UNIX 达到了一定的安全级别，但仍然经常会出现安全漏洞，造成安全隐患。同时，计算机系统可能会出现硬件故障，如硬盘故障、主板芯片故障等，也会造成安全隐患。

（2）互联网体系结构的开放性

互联网是开放式体系结构，这种特性虽然推动了互联网的迅速发展，加速了计算机产业和网络技术的发展，但是由于当初缺少整体的安全规划，现在很多协议是为了弥补之前的设计漏洞，整体规划的缺失带来了计算机网络基础设施和协议中的各种风险。

同时，网络基础设施和协议的设计者遵循着为尽可能多的用户提供服务的原则，但这样带来了另外的问题：一方面，用户容易忽视系统的安全状况；另一方面，一些不法分子利用网络的漏洞来满足个人的目的。

（3）来自网络内部的威胁

网络内部的威胁主要是指网络内部的用户，这些用户试图访问那些不允许使用的资源和服务器。其可以分为两种情况：第一种是有意的安全破坏，计算机犯罪就属于这一类。这是计算机网络所面临的最大威胁。第二种是用户安全意识差造成的无意识的操作失误，使得系统或网络误操作或崩溃。如操作系统安全配置不当、用户安全意识不强、用户口令选择不当、用户对自己的账号保护不严或将账号与别人共享等都会给网络安全带来威胁和隐患，从而造成对系统的危害。

（4）黑客的入侵

目前，黑客的入侵是对计算机和网络通信构成威胁的最大因素，黑客使用特洛伊木马程序以及拒绝服务等攻击手段对计算机以及网络通信系统发动毁灭式的攻击，以获取个人利益。

（5）计算机病毒等恶意程序

计算机病毒、特洛伊木马、蠕虫和流氓软件等恶意程序是造成网络信息安全问题的重大隐患之一。计算机病毒一旦发作，轻则造成个人信息丢失、系统无法正常使用，重则造成网络系统瘫痪、服务中断，造成的经济损失也越来越大。

（6）社会工程学

社会工程学是一种利用受害者心理弱点、本能反应、好奇心、信任、贪婪等心理缺陷实施诸如欺骗、伤害等危害取得自身利益的手法。社会工程学是通过搜集大量的信息，针对对方的实际情况实施心理战术的一种手法。该手法通常以交谈、欺骗、假冒或威胁等方式，从合法用户中套取用户系统的秘密。实施社会工程学的手段有很多，可以通过网络、电话，甚至书信方式进行。

6.6.2 黑客入侵攻击的一般过程

6.6.2.1 黑客的由来

黑客最早源自英文 Hacker，这一称谓早期在美国的计算机界是带有褒义的。黑客一词,原指热衷计算机技术,水平高超的计算机专家,尤其是程序设计人员。到了今天,黑客一词已被用于泛指那些专门利用计算机网络搞破坏或恶作剧的家伙。对这群人的正确英文叫法是 Cracker,有人翻译成"骇客",如图 6-24 所示。黑客和骇客的根本区别:黑客们建设,而骇客们破坏。

图 6-24　骇客

黑客一词一般有以下四种含义:

① 对编程语言足够了解,可以很快就开发出优秀软件的编程爱好者。

② 恶意地试图破解或破坏某个程序、系统及网络安全的人。有时称之为"骇客"(Cracker),有时也被叫作"黑帽黑客"。

③ 通过测试某网络系统的安全漏洞,来攻击网络系统的人。但其目的是提高网络系统的安全性,是善意的。这群人往往被称作"白帽黑客"或"红客"。这一类人一般是计算机安全公司的雇员,在完全合法的情况下攻击某系统。

④ 对某些程序作出(往往是好的)修改,改变(或增强)该程序用途的人。

思政课堂

　　2000 年 12 月,红客代表人物 Lion 组建了中国红客联盟,红客联盟是一个非商业性的民间技术机构,主要由计算机爱好者组成,进行有计划有组织的计算机技术方面的研究、交流、整理工作。

　　同时,红客联盟是一个民间的爱国团体,不参与政治,一切言论和行动都建立在爱国和维护中国尊严的基础上,红客联盟的声音和行动是中华民族气节的体现。

6.6.2.2　黑客攻击的动机

黑客的类型不同,其攻击动机是多样化的,主要包括以下几个方面。

① 贪心:偷窃或者敲诈。

② 恶作剧:无聊的计算机程序员。

③ 名声:显露计算机经验与才智,以便证明他们的能力或获得名气。

④ 报复/宿怨:被解雇、受批评或者被降级的雇员,或者其他任何认为自己被不公平对待的人。

⑤ 无知/好奇:失误和破坏了信息却不知情。

⑥ 黑客道德:这是许多人成为黑客的动机。

⑦ 仇恨:国家和民族原因。

⑧ 间谍:政治和军事目的的谍报工作。

⑨ 商业:商业竞争,商业间谍。

6.6.2.3 黑客入侵攻击的一般过程

黑客入侵攻击的一般过程如下。

① 确定攻击的目标。

② 收集被攻击方的有关信息,分析被攻击方可能存在的漏洞。

黑客在获取目标计算机及其所在的网络类型后,还需要进一步获取有关信息,如目标计算机的 IP 地址、操作系统类型和版本、系统管理人员的邮件地址等,根据这些信息进行分析,得到有关被攻击方系统中可能存在的漏洞。

③ 利用适当的工具进行扫描。

收集或编写适当的工具,并在对操作系统分析的基础上对工具进行评估,判断有哪些漏洞区域没有覆盖到。然后在尽可能短的时间内对目标进行扫描。完成扫描后,可对所获数据进行分析,发现安全漏洞。

④ 建立模拟环境,进行模拟攻击,测试对方可能的反应。

根据所获得的信息,建立模拟环境,然后对模拟目标计算机进行一系列的攻击。通过检查被攻击方的日志,可以了解攻击过程中留下的"痕迹"。这样攻击者就知道需要删除哪些文件来销毁其入侵证据。

⑤ 根据已知的漏洞,实施攻击。

利用猜测程序可对截获的用户账号和口令进行破译;利用破译程序可对截获的系统密码文件进行破译;利用网络和系统本身的薄弱环节、安全漏洞可实施电子引诱(如安放特洛伊木马)等。黑客们或修改网页制造恶作剧,或破坏系统程序,或放病毒使系统陷入瘫痪,或窃取政治、军事、商业秘密,或进行电子邮件骚扰,或转移账户资金等。

⑥ 做好善后处理工作,清除痕迹,留下后门,便于下次入侵。

6.6.3 网络安全的攻防技术

网络安全的研究内容主要分成两大体系:攻击和防御。该体系研究内容如图 6-25 所示。

要实现网络安全防御,应该具备一定的计算机和网络基础知识。首先要掌握操作系统的相关知识,如主流操作系统 Windows 的相关知识;其次要掌握一定的网络知识,如常用的网络协议、常用的网络命令等。具备一定的基础知识后,要想掌握网络安全防御技术,还要了解各种攻击技术和掌握各种防御技术。

常见的攻击技术有:

① 隐藏 IP 地址:入侵者在入侵目标计算机之前利用各种技术来隐藏自己的 IP 地址。

② 网络扫描:利用软件去扫描目标计算机的操作系统、开放的端口和漏洞,为入侵该计算机做准备。

③ 网络监听:入侵者不主动去攻击目标计算机,而在计算机中利用程序监听目标计算机与其他计算机之间的通信。

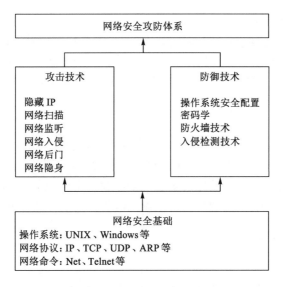

图 6-25 网络安全攻防体系

④ 网络入侵：入侵者利用各种攻击技术入侵目标计算机，获取信息或者破坏目标计算机。

⑤ 网络后门：入侵者成功入侵目标计算机后，会在目标计算机中种植后门程序，对目标计算机进行长期控制。

⑥ 网络隐身：入侵完毕后，为了防止被管理员发现，入侵者会清除入侵痕迹。

常见的防御技术有：

① 操作系统安全配置：操作系统的安全是整个网络安全的基础，制定合理的操作系统安全配置方案是网络安全的关键。

② 密码学：为了防止被监听和数据被窃取，可以利用各种适当的加密技术对敏感数据进行加密。

③ 防火墙技术：利用防火墙对数据包进行限制，防止被入侵。

④ 入侵检测技术：网络一旦被入侵，利用入侵检测技术可以及时发出警报。

6.6.4 网络安全的策略

网络安全策略是指网络安全防范和保护的主要策略，它的主要任务是保证网络资源不被非法使用和访问。它是维护网络系统安全、保护网络资源的重要手段。

（1）物理安全策略

物理安全策略的目的是保护计算机系统、计算机网络的设备设施等硬件实体和通信线路免受自然灾害、人为破坏或搭线攻击；验证用户的身份和使用权限、防止用户越权操作；确保计算机系统有一个良好的电磁兼容工作环境；建立完备的安全管理制度，防止非法进入计算机控制室和各种偷窃、破坏活动的发生。

（2）访问控制策略

访问控制策略是网络安全防范和保护的主要策略，它的主要任务是保证网络资源不被非法使用和非法访问。访问控制策略可以说是保证网络安全最重要的核心策略。

（3）信息加密策略

信息加密的目的是保护网络中的数据、文件、口令和控制信息。信息加密过程是通过形形色色的加密算法来具体实施的,它以很小的代价提供很大的安全保护。在多数情况下,信息加密是保证信息机密性的唯一方法。据不完全统计,到目前为止,已经公开发表的各种加密算法多达数百种。

（4）网络安全管理策略

在网络安全中,流行着"三分技术七分管理"的说法。除了采用上述策略之外,加强网络的安全管理,制定有关规章制度,对于确保网络安全也可起到十分有效的作用。

网络的安全管理策略包括:确定安全管理等级和安全管理范围,制定有关网络操作使用规程和人员出入机房管理制度,制定网络系统的维护制度和应急措施等。

6.6.5　个人网络信息安全防范措施

（1）备份重要数据

用户应该树立备份思想,防患于未然。备份重要的信息,并将其保留在一个安全的地方,一旦出现问题还有机会恢复。用户在日常工作中应该有规律地进行备份,以避免种种问题造成信息的丢失。备份技术是提高安全性的有力保障措施。

备份工作可以手工完成,也可以自动完成。现有的操作系统一般都带有备份系统;此外,还有一些专业的备份软件或系统可供用户使用。

（2）利用杀毒软件等安全工具定期检查系统

在计算机上安装最新杀毒软件、系统防护软件和一些流行病毒专杀工具,定期检查计算机病毒等破坏系统的恶意程序。经常升级杀毒软件,因为每天都有新的病毒产生,这样做可以保证用户的计算机受到持续的保护,同时要开启杀毒软件的实时监控功能。应对移动存储介质、下载的文件或软件加以安全检查。

（3）及时安装补丁程序

计算机操作系统和应用系统软件都会存在一些漏洞,这些漏洞可以通过软件商提供的补丁程序进行修正。因此,应及时安装各种安全补丁程序,不要给入侵者可乘之机。系统的安全漏洞传播很快,若不及时修正,后果难以预料。可通过开启系统自动更新(如 Windows操作系统的自动更新功能)或者第三方的安全工具(如 360 安全卫士)进行自动更新。

（4）保证物理安全

应保证自己计算机等硬件设备设施的物理安全,因为物理安全是一切安全的前提和基础。一旦硬件设备出现被盗、火灾、物理损坏等情况,造成的损失可能是无法挽回的。因此,保证物理安全是非常重要的一项安全措施。

（5）养成审查日志的习惯

阅读审查日志文件,有时可以发现被入侵的痕迹,以便及时采取弥补措施,或追踪入侵者。对可疑活动一定要进行仔细分析,例如,有人在试图访问一些不安全的服务端口,利用扫描工具、木马程序等手段访问用户的计算机,最典型的情况是有人多次企图登录用户的计算机。

（6）数据加密

现在加密工具很多,可以对一些重要的数据进行加密。同时,为防止网络窃听造成泄密,尽量不要使用不安全的通信方式在网络上传递机密数据,以避免造成信息泄露。

习　题

一、单项选择题

1. 保证数据的完整性就是_____。

A. 保证网络上传送的数据信息不被第三方监视

B. 保证网络上传送的数据信息不被篡改

C. 保证电子商务交易各方的真实身份

D. 保证发送方不抵赖曾经发送过某些信息

2. 以下算法中属于非对称加密算法的是_____。

A. Hash 算法　　　B. RSA 算法　　　C. IDEA 算法　　　D. 三重 DES 算法

3. 屏蔽路由器型防火墙基于_____。

A. 数据包过滤技术　　　　　　　B. 应用网关技术

C. 状态监测技术　　　　　　　　D. 三种技术的结合

4. 数据保密性指的是_____。

A. 保护网络中各系统之间交换的数据,防止因数据被截获而造成泄密

B. 提供连接实体身份的鉴别

C. 防止非法实体对用户的主动攻击,保证信息接收收到的信息与发送方发送的信息完全一致

D. 确保数据是由合法实体发出的

5. _____不是保证网络安全的要素。

A. 信息的保密性　　　　　　　　B. 信息的不可否认性

C. 数据存储的唯一性　　　　　　D. 数据的完整性

6. 为了避免冒名发送信息或者发送后不承认的情况出现,可以采用的办法是_____。

A. 数字签名　　　B. 访问控制　　　C. 数字水印　　　D. 加密信息

7. _____不属于黑客常用的攻击技术。

A. 网络扫描　　　B. 口令破解　　　C. 网络监听　　　D. 入室窃取

8. _____不属于入侵检测系统的功能。

A. 监视网络上的通信数据流　　　B. 捕捉可疑的网络活动

C. 提供安全审计报告　　　　　　D. 过滤非法的数据包

9. 在采用 RSA 算法的公开密钥加密系统中,若鲍勃想给艾丽斯发送一封邮件,并且想让艾丽斯知道邮件是鲍勃发出的,则鲍勃应选用的加密密钥是_____。

A. 鲍勃的公钥　　　B. 艾丽斯的公钥　　　C. 鲍勃的私钥　　　D. 艾丽斯的私钥

10. DES 算法是一种对称加密算法,其加密过程进行的选代次数是_____。

A. 8　　　　　　B. 16　　　　　　C. 32　　　　　　D. 64

二、填空题

1. 信息安全的目标包括_____、_____、_____、_____、和_____。

2. 明文信息为 computer,使用凯撒密码加密后,密文是_____。

3. 认证技术可分为_____和_____两类。

4. 根据实现的技术,可将防火墙分为_____、_____和状态监测型防火墙。

5. 黑客侵入系统后,通常要做好_____等善后工作。

6. 常用的防火墙的体系结构包括_____、_____、_____等。

7. 入侵检测系统在逻辑上一般包含_____、_____、_____三个基本部分。

8. 加密是指将信息经过_____及加密函数转换变成无意义的密文,而接收方利用解密密钥及解密函数将此密文转换还原成明文。

9. 根据加解密时所用的密钥是否相同,可将密码体制分为对称密码体制和_____。

10. _____技术是个人网络信息安全防范中的重要措施,以便数据丢失后进行恢复。

三、简答题

1. 信息安全在现实生活中的重要性体现在哪些方面?

2. 什么是入侵检测技术?它弥补了防火墙的哪些不足之处?

3. 什么是对称密码体制和非对称密码体制?它们各有什么特点?

4. 什么是黑客?黑客入侵的一般步骤有哪些?

5. 结合实际谈谈个人网络信息安全防范措施有哪些?

第 7 章　计算机学科前沿技术

内容与要求：

本章主要介绍计算机学科前沿技术。在经济社会及科学技术迅速发展的推动下，世界范围内计算机技术得到了前所未有的发展，其作为一项应用技术在世界各国经济社会发展方面发挥了巨大作用。21 世纪计算机技术将向着巨型化、网络化、智能化及微型化等方向发展。同时，人工智能、云计算、区块链、物联网、虚拟现实等技术不断涌现并迅猛发展，应用前景广阔，这些新技术将在计算机学科发展过程中发挥越来越重要的作用。

通过本章的学习，学生应掌握人工智能、云计算、区块链、物联网以及虚拟现实的概念，理解新一代信息技术在各行业中的应用。

知识体系结构图：

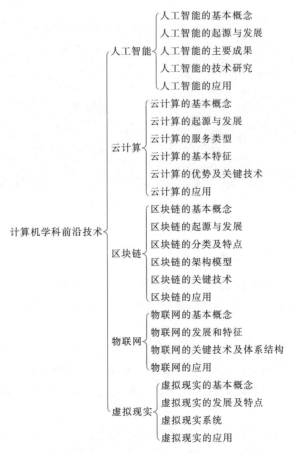

7.1 人工智能

人工智能是在计算机科学、控制论、信息论、心理学、语言学等多种学科相互渗透的基础上发展起来的一门新兴学科。20 世纪 70 年代以来,人工智能被称为世界三大尖端技术(空间技术、能源技术、人工智能)之一,也被认为是 21 世纪三大尖端技术(基因工程、纳米科学、人工智能)之一。

7.1.1 人工智能的基本概念

人工智能已发展成为一个独立的学科分支。美国斯坦福大学人工智能研究中心尼尔逊教授对人工智能的定义为:人工智能是关于知识的学科——怎样表示知识以及怎样获得知识并使用知识的科学。美国麻省理工学院的温斯顿教授则认为,人工智能就是研究如何使计算机去做过去只有人才能做的智能工作。这些说法都反映了人工智能的基本思想和基本内容,即人工智能研究人类智能活动的规律,构造具有一定智能的人工系统,研究如何让计算机去完成以往需要人的智力才能胜任的工作。

可以认为,人工智能是通过计算机程序呈现人类智能的技术,是研究、开发用于模拟、延伸和扩展人的智能的理论、方法、技术及应用系统的一门新的技术科学,如图 7-1 所示。

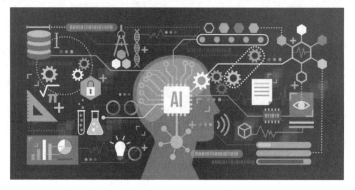

图 7-1 人工智能

7.1.2 人工智能的起源与发展

人工智能的发展充满曲折起伏。自 20 世纪 50 年代开始,人工智能的概念就被提出,并相继取得了一批令人瞩目的研究成果,如机器定理证明、跳棋程序等,由此掀起了人工智能发展的第一个高潮。

20 世纪 60 年代末期出现了专家系统。专家系统模拟人类专家的知识和经验,可以解决某些特定领域的疑难问题,实现了人工智能从理论研究走向实际应用的重大突破,尤其是在医疗、化学、地质等领域都取得较大成功。专家系统的提出和应用推动人工智能进入了应用发展的新高潮。

互联网技术的发展成为人工智能加速发展的推进剂,人工智能开始进一步向实用化、专业化方向发展。1997 年,IBM 公司的"深蓝"超级计算机战胜了国际象棋世界冠军卡斯帕罗夫(G. Kasparov);2008 年,IBM 公司提出"智慧地球"的概念,这些都是该时期的标志性事件。近年来,随着大数据、云计算、互联网、物联网等信息技术的发展,以深度神经网络为代表的人工智能技术开始飞速发展,很多应用都实现了实质性的技术突破,填补了科学与应用之间的技术鸿沟。人工智能技术实现了从"不能用、不好用"到"可以用"的技术突破,图像分类、语音识别、知识问答、人机对弈、无人驾驶技术的推出和应用,使人工智能迎来了爆发式增长的新高潮。人工智能的发展如图 7-2 所示。

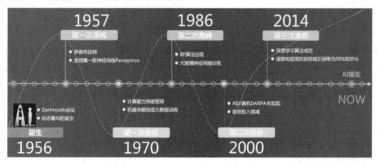

图 7-2　人工智能的发展

国外著名的人工智能专业研究机构包括:美国的麻省理工学院、斯坦福大学、卡内基梅隆大学、加州大学伯克利分校等;我国的主要人工智能研究机构有:中国科学院自动化研究所、清华大学、北京大学、南京理工大学、北京科技大学、中国科学技术大学、吉林大学、哈尔滨工业大学、北京邮电大学、北京理工大学等。

7.1.3　人工智能的主要成果

(1) 人机对弈

1996 年 2 月 10—17 日,俄罗斯国际象棋特级大师卡斯帕罗夫以 4∶2 战胜"深蓝"(Deep Blue)。

1997 年 5 月 3—11 日,卡斯帕罗夫以 2.5∶3.5 输于改进后的"深蓝"。

2003 年 2 月,卡斯帕罗夫以 3∶3 战平"小深"(Deep Junior)。

2003 年 11 月,卡斯帕罗夫以 2∶2 战平"X3D 德国人"(X3D-Fritz)。

2016 年,谷歌人工智能系统 AlphaGo 以 4∶1 战胜李世石。

(2) 模式识别

采用模式识别引擎,其分支有 2D 识别引擎、3D 识别引擎、驻波识别引擎以及多维识别引擎。其中,2D 识别引擎已推出指纹识别、人像识别、文字识别、图像识别、车牌识别应用;驻波识别引擎已推出语音识别应用;3D 识别引擎已推出指纹识别应用。

(3) 自动工程

包括自动驾驶(OSO 系统),印钞工厂(¥流水线),猎鹰系统(YOD 绘图)等。

(4) 知识工程

以知识本身为处理对象,研究如何运用人工智能和软件技术,设计、构造和维护知识系统,包括专家系统、智能搜索引擎、计算机视觉和图像处理、机器翻译和自然语言理解、数据挖掘和知识发现等。

7.1.4　人工智能的技术研究

7.1.4.1　智能模拟

机器视、听、触、感觉及思维方式的模拟:指纹识别,人脸识别,视网膜识别,虹膜识别,掌纹识别,专家系统,智能搜索,定理证明,逻辑推理,博弈,信息感应与辨证处理。

7.1.4.2　学科范畴

人工智能是一门边缘学科,属于自然科学、社会科学、技术科学三向交叉学科。其涉及学科包括:哲学和认知科学,数学,神经生理学,心理学,计算机科学,信息论,控制论,仿生学等。

人工智能研究的范围包括:语言的学习与处理,知识表现,智能搜索,推理,规划,机器学习,知识获取,组合调度问题,感知问题,模式识别,逻辑程序设计,软计算,不精确和不确定的管理,人工生命,神经网络,复杂系统,遗传算法,人类思维方式。最关键的难题是机器的自主创造性思维能力的塑造与提升。

7.1.4.3　安全问题

人工智能还在研究中,但有学者认为让计算机拥有智商是很危险的,它可能会反抗人类。这种隐患也在多部电影中出现过,其关键是允不允许机器拥有自主意识,如果让机器拥有自主意识,则意味着机器具有与人同等或类似的创造性、自我保护意识、情感和自发行为。

7.1.4.4　实现方法

人工智能在计算机上实现有两种不同的方式:一种是工程学方法(Engineering Approach);另一种是模拟法(Modeling Approach),它不仅要看效果,还要求实现方法和人类或生物机体所用的方法相同或相类似。

7.1.5　人工智能的应用

从理论及技术上看,人工智能涉及计算机科学、心理学、哲学和语言学等学科,其研究及影响范围已远远超出计算机科学的范畴。而从应用层面看,人工智能的应用已经渗透到几乎所有领域和行业,如图 7-3 所示。

7.1.5.1　机器学习

机器学习(Machine Learning,ML)是人工智能的核心,是使计算机具有智能的根本途径,如图 7-4 所示。

(1)定义

机器学习是一门多领域交叉学科,涉及概率论、统计学、逼近论、凸分析、算法复杂度理论等多门学科。它专门研究计算机怎样模拟或实现人类的学习行为,以获取新的知识或技能,重新组织已有的知识结构使之不断改善自身的性能。

(2)机器学习的应用

机器学习在数据分析与挖掘、模式识别、生物信息检索等方向上广泛应用于军事、民用领域,其应用主要包括以下几个方面。

① 虚拟助手。Siri、Alexa、Google Now 都是虚拟助手,它们可以识别语音发出的指令,协助查找信息并进行回答,还可以回忆相关查询或向其他资源(如电话应用程序)发送命令

图 7-3 应用人工智能的主要行业

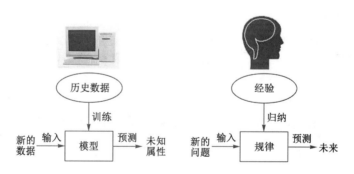

图 7-4 机器学习

以收集信息,甚至可以执行某些任务,如"设置 7 点的闹钟"等。

② 交通预测。生活中经常使用 GPS 导航服务,当前的位置和速度被保存在中央服务器上用于流量管理,之后使用这些数据构建当前流量的映射。通过机器学习可以解决配备 GPS 的汽车数量较少的问题,在这种情况下机器学习可以基于数据分析判断拥挤的区域。

③ 过滤垃圾邮件和恶意软件。多层感知器和决策树归纳等是由机器学习提供支持的一些垃圾邮件过滤技术。由机器学习驱动的系统安全程序每天可以检测到超过 325000 个恶意软件,并理解软件编码模式,同时提供针对它们的保护。

7.1.5.2 深度学习

深度学习(Deep Learning,DL)是机器学习领域一个新的研究方向,它被引入机器学习使机器学习更接近最初的目标——人工智能。

深度学习是指学习样本数据的内在规律和表示层次,这些学习过程中获得的信息对诸如文字、图像和声音等数据的解释有很大的帮助。它的最终目标是让机器能够像人一样具有分析学习能力,能够识别文字、图像和声音等数据。深度学习是一个复杂的机器学习算法,在语音和图像识别方面取得的效果远远超过先前相关技术。

深度学习在搜索技术、数据挖掘、机器学习、机器翻译、自然语言处理、多媒体学习、语音识别、推荐和个性化技术,以及其他相关领域取得了很多成果。深度学习使机器模仿视听和思考等人类的活动,从而解决了很多复杂的模式识别难题,使得人工智能相关技术取得了很大进步,如图 7-5 所示。

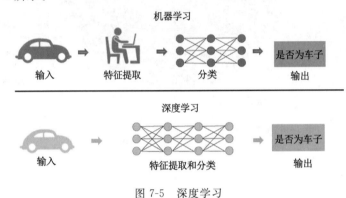

图 7-5 深度学习

(1)深度学习的特点

① 强调模型结构的深度,通常有 5 层、6 层,甚至十多层的隐层节点。

② 明确特征学习的重要性。使用训练成功的网络模型,就可以实现对复杂事务处理的自动化要求。

(2)深度学习的典型模型

典型的深度学习模型有卷积神经网络模型和堆栈自编码网络模型等。

(3)深度学习的应用

① 计算机视觉

计算机视觉是一门研究如何使机器"看"的科学,更进一步地说,是指用摄影机和电脑代替人眼对目标进行识别、跟踪和测量等,并进一步作图形处理,处理成为更适合人眼观察或传送给仪器检测的图像。计算机视觉研究相关的理论和技术,试图建立能够从图像或者多维数据中获取"信息"的人工智能系统,可以看作研究如何使人工系统从图像或多维数据中"感知"的科学。

香港中文大学的多媒体实验室是最早应用深度学习进行计算机视觉研究的华人机构。在世界级人工智能竞赛 LFW(大规模人脸识别竞赛)上,该实验室曾力压 FaceBook 夺得冠军,使得人工智能在该领域的识别能力首次超越真人。

② 语音识别

语音是人类实现信息交互最直接、最便捷、最自然的方式之一。长久以来,人与机器交谈一直是人机交互领域的一个梦想。语音识别作为人机交互的入口,是人工智能发展的重要一步,多年来一直备受关注,目前在技术和应用方面得到了极大的发展。

语音识别技术就是让机器通过识别声音,将语音信号转变成相应的文本或者命令的技术。在过去的几十年中,随着信号处理以及模式识别等技术的发展,以及现代社会的智能化的需求,语音识别技术取得了很多的突破性进展。近些年来,语音识别技术在移动产品上的应用很广泛,如手机上语音助手、语音导航、车载语音识别系统、智能家居、会议语音识别系统等。当前,有众多人工智能公司都在研究语音识别技术,苹果公司通过不断研发使其语音助手 Siri 功能逐渐完善,谷歌、微软、亚马逊等公司都逐步将各自技术和其产品紧密结合在一起。在中国,科大讯飞属于语音识别技术实力领先的企业,百度语音、思必驰、云知声、出门问问也都有相应的语音识别周边产品。

虽然现在语音识别技术已经广泛使用,但是由于语音信号是非平稳随机信号,而且信号中容易掺杂噪声,对语言模型的研究还不成熟,语音的识别率有待进一步提高,技术上有待进一步突破。

③ 自然语言处理等其他领域

自然语言处理(Natural Language Processing,NLP)是计算机科学领域与人工智能领域的一个重要方向。它研究能实现人与计算机之间用自然语言进行有效通信的各种理论和方法。自然语言处理是一门融语言学、计算机科学、数学于一体的科学。

深度学习在自然语言处理等领域主要应用于机器翻译以及语义挖掘等方面。

7.1.5.3 目标识别和目标跟踪

(1) 定义

在计算机视觉中,目标识别是指在图像和视频(一系列图像)中扫描和搜寻目标,概括来说就是在一个场景中对目标进行定位和识别,如图 7-6 所示。

图 7-6 目标识别

目标跟踪是指在动画图像或者视频中跟踪一个目标,追踪它是如何移动的、要到哪里去,以及它的速度。目标跟踪可实时锁定一个(一些)特定的移动目标,如图 7-7 所示。

(2) 目标识别和目标跟踪的异同

① 目标识别可以在静态图像上进行,而目标跟踪是针对录像(视频)的。

图 7-7　目标跟踪

② 如果能对每秒的画面进行目标识别,则可以实现目标跟踪。

③ 目标跟踪不需要目标识别,可以根据运动特征来进行,而无须确切知道跟踪的是什么。因此,如果利用视频画面之间(帧之间)的临时关系,单纯的目标跟踪可以很高效地实现。

④ 基于目标检测的目标跟踪算法计算非常昂贵,需要对每帧画面进行检测,才能得到目标的运动轨迹。目标检测算法只能实现已知类别的定位识别,因此只能追踪已知的目标。

（3）目标识别技术的应用

目标识别技术已广泛应用于国民经济、空间技术和国防军事等领域。典型应用如下:

① 在国防军事领域,利用雷达和计算机对遥远目标进行辨认。现代防空雷达已具有辨认少数典型飞机机型的能力。反弹道导弹防御雷达(见目标截获和识别雷达)能从洲际导弹的碎块和少量诱饵中识别出真弹头。

② 在空间探测中,对月球和金星表面的地形测绘和电磁物理特性参数测量,以及判定卫星发射后太阳电池翼是否打开。

③ 在地球遥感方面,微波遥感仪器可以测定潮汐、海冰厚度和海面风速。

④ 在农业领域,目标识别技术可以对农作物分类辨识,并作长势检查和产量估计。

⑤ 在资源勘测领域,目标识别技术可以勘探矿藏和石油等资源。

7.1.5.4　数字经济:智能制造与智慧城市

数字经济,在技术层面,包括大数据、云计算、物联网、区块链、人工智能、5G 等新兴技术;在应用层面,"新零售""新制造"等都是其典型代表。

（1）数字经济的基本概念

数字经济是指人类通过大数据的"识别—选择—过滤—存储—使用"过程引导、实现资源的快速优化配置与再生,实现高质量发展的经济形态,也称为智能经济,如图 7-8 所示。

我国重点推进建设的 5G 网络、数据中心、工业互联网等新型基础设施,本质上就是围绕科技创新产业的数字经济基础设施。数字经济已成为驱动我国经济实现又好又快增长的新引擎;数字经济所催生出的各种新业态,也将成为我国经济新的重要增长点。

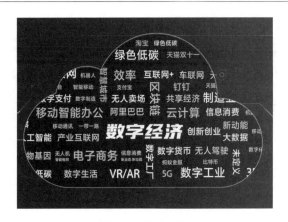

图 7-8　数字经济

（2）智能制造

智能制造系统（Intelligent Manufacturing System，IMS）是一种由智能机器和人类专家共同组成的人机一体化智能系统。它在制造过程中能进行智能活动，诸如分析、推理、判断、构思和决策等。

智能制造包含智能制造技术和智能制造系统。智能制造系统不仅能够在实践中不断地充实知识库，还具有自学习，搜集与理解环境信息和自身信息，并进行分析判断和规划自身行为的能力。

智能制造突出在制造诸环节，以一种高度柔性与集成的方式，借助计算机模拟的人类专家的智能活动进行分析、判断、推理、构思和决策，取代或延伸制造环境中人的部分脑力劳动，同时收集、存储、完善、共享、继承和发展人类专家的制造智能。金康新能源汽车数字化工厂智能制造如图 7-9 所示。

图 7-9　金康新能源汽车数字化工厂智能制造

（3）智慧城市

智慧城市（Smart City）是数字城市的升级版。智慧城市起源于传媒领域，是基于知识社会下一代创新（创新 2.0）的城市信息化高级形态，把新一代信息技术或创新概念运用于城市各行各业，将城市的系统和服务打通、集成，实现信息化、工业化与城镇化深度融合，以提升资源利用的效率，实现城市管理和服务的精细化和动态化，缓解"大城市病"，提升城管理成效和改善市民生活质量,如图 7-10 所示。

图 7-10　智慧城市

2010 年,IBM 公司正式提出"智慧城市"愿景,希望为世界和中国的城市发展贡献自己的力量。经过研究,IBM 公司认为城市由关系到城市主要功能的不同类型的网络、基础设施和环境等六个核心系统组成:组织(人)、业务/政务、交通、通信、水和能源系统。这些系统不是零散的,而是以一种协作的方式相互衔接的,而城市本身是由这些系统所组成的宏观系统。

2021 年 5 月 6 日,住建部官网公布智慧城市基础设施与智能网联汽车("双智")协同发展首批示范城市,北京、上海、广州、武汉、长沙、无锡 6 市入选。

 思政课堂

2017 年 7 月 8 日,国务院印发《新一代人工智能发展规划》,规划指出人工智能是引领未来的战略性技术,将引发经济结构重大变革,深刻改变人类生产生活方式和思维模式,实现社会生产力的整体跃升。我国要抢抓人工智能发展的重大战略机遇,构筑人工智能发展的先发优势,加快建设创新型国家和世界科技强国。同学们要了解人工智能是实现民族复兴和时代发展的关键技术,会影响一个国家的国际竞争力。青年人是实现中华民族伟大复兴中国梦的中坚力量,是社会主义现代化建设事业的动力源泉。当代大学生应当自立自强,成为中国特色社会主义建设事业的生力军。

7.2　云　计　算

云计算

"云"实质上就是一个网络。从狭义上讲,云计算就是一种提供资源的网络,使用者可以随时获取"云"上的资源,按需求量使用,并且可以看成是无限扩展的,只要按使用量付费就可以。"云"就像自来水厂一样,我们可以随时接水,并且不限量,按照自己家的用水量付费给自来水厂就可以。

从广义上说,云计算是与信息技术、软件、互联网相关的一种服务。计算资源共享池叫作"云",云计算把许多计算资源集合起来,通过软件实现自动化管理,只需要很少的人参与,就能让资源被快速提供。也就是说,计算能力作为一种商品,可以在互联网上流通,就像水、电、煤气一样,可以方便地取用,且价格较为低廉。

7.2.1 云计算的基本概念

按照美国国家标准与技术研究院的定义：云计算是一种按使用量付费的模式，这种模式提供可用的、便捷的、按需的网络访问，进入可配置的计算资源共享池（资源包括网络、服务器、存储、应用软件及服务），这些资源能够被快速提供，只需要投入很少的管理工作，或者与服务供应商进行很少的交易。

云计算不是一种全新的网络技术，而是一种全新的网络应用概念，是基于互联网的超级计算模式。它把存储于个人计算机、移动终端或其他设备上的海量信息及处理器资源通过分布式处理、并行处理和网格计算等技术集中在一起协同工作，可以将极大规模可扩展的信息技术能力作为服务提供给外部客户。

7.2.2 云计算的起源与发展

7.2.2.1 云计算的产生背景

对规模很大的企业来说，如果一台服务器的运算能力仍然不够，就需要购置多台服务器，甚至需要打造数据中心。高性能服务器或数据中心的初期建设成本是非常高的，且运营支出也是一笔很大的开支。对中小企业或个人来说，这笔开支是难以承受的，于是"云计算"的概念被提出来了，如图 7-11 所示。

图 7-11 云计算

7.2.2.2 云计算的提出及发展

1959 年，斯特雷奇（C. Strachey）发表了一篇有关虚拟化的论文，可以看作云计算的最初思想。虚拟化是云计算基础架构的核心，是云计算发展的基础，后期随着网络技术的发展，逐渐孕育了云计算的萌芽。

2006 年 8 月，谷歌公司首席执行官施密特（E. Schmidt）在搜索引擎大会上首次提出云计算的概念。这是云计算发展史上第一次正式地提出这一概念，有着重要的历史意义。云计算的提出使得互联网技术和 IT 服务出现了新的模式，从而引发了一场变革。2008 年，微软公司发布其公共云计算平台 Windows Azure Platform，由此拉开了微软公司的云计算大幕。

云计算在国内也掀起了新一轮的技术竞争,许多大型科技公司纷纷加入云计算研发阵营。2009 年 1 月,阿里软件(上海)有限公司在江苏南京建立首个电子商务云计算中心。同年 11 月,中国移动云计算平台"大云"计划启动。

当前谷歌、微软、IBM、亚马逊,以及阿里巴巴、华为、浪潮等 IT 商业巨头都推出了自己的云计算平台,并且都把云计算作为其未来发展的主要战略之一。

7.2.3 云计算的服务类型

在云计算中,服务类型包括基础设施即服务(Infrastructure as a Service,IaaS)、平台即服务(Platform as a Service,PaaS)和软件即服务(Software as a Service,SaaS)三类。

IaaS 是指将存储、网络、应用环境所需的一些工具、计算能力等作为服务提供给用户,用户按需交费,获取相应的 IT 基础设施服务。IaaS 主要由计算机硬件设备、网络部件、存储设备、平台虚拟化环境、效用计算方法、服务级别协议等组成。用户注册后,可以根据需要选择服务类型及配置,支付费用后即可享受相应的服务。相较自己购买硬件搭建环境,IaaS 能够大大降低成本。常见的产品有 Amazon EC2、阿里云等。

PaaS 实际上就是云计算操作系统,主要为用户提供基于互联网的用户开发及应用环境,包括应用编程接口和运行平台等。PaaS 是一种分布式平台,可以为用户提供一整套从系统设计、系统开发、系统测试到系统运行的服务,主要用户是开发人员。比较著名的 PaaS 平台包括 Windows Azure、Cloud Foundry、Google App Engine 以及 Force.com 等。

SaaS 是指平台供应商将应用软件统一部署在自己的服务器上,客户可以根据工作实际需求通过互联网向厂商定购所需的应用软件服务,按定购的服务多少和时间长短向厂商支付费用,并通过互联网获得 SaaS 平台供应商提供的服务。云服务提供商负责维护和管理群中的软件以及支撑环境,包括软件的维护、升级、防病毒等。云服务购买者可大幅减少本地部署软硬件所需的前期投入。

SaaS 是个很大的概念,SaaS 平台是针对不同行业不同需求,提供不同服务的供应商。目前比较常见的 SaaS 平台有:

① 提供客户关系管理(Customer Relationship Management,CRM)软件的 SaaS 平台,国际上比较知名的有 Salesforce,国内也有八百客等一些厂商。

② 提供企业资源计划(Enterprise Resource Planning,ERP)管理服务的 SaaS 平台,国际上比较知名的服务商有 SAP、Oracle,国内知名的服务商包括用友、金蝶等。

③ 提供云计算服务的 SaaS 平台,国内知名的服务商包括阿里云、腾讯云、华为云等。

7.2.4 云计算的基本特征

(1)超大规模

大多数云计算数据中心都具有超级规模,这样才能为用户提供强大的计算服务。例如,谷歌公司的云计算平台拥有超过 100 万台服务器,亚马逊、IBM、微软、雅虎等公司的云计算平台也拥有几十万台服务器。

(2)虚拟化

云计算支持用户在任意位置,使用各种终端获取应用服务。所请求的资源来自"云",而不是固定的有形的实体。所有应用在"云"中的某处运行,用户无须了解,也不用担心应用运行的具体位置。只需要一台笔记本或一部手机,用户就可以通过网络实现需要的一切服务。

(3) 高可靠性

云计算使用数据多副本容错、计算节点同构可互换等措施来保障服务的高可靠性,这使得使用云计算比使用本地计算机更为可靠。

(4) 通用性强

云计算不针对特定的应用,在"云"的支撑下可以构造出千变万化的应用,同一个"云"可以同时支撑不同的应用运行。

(5) 高可扩展性

云计算的规模可以动态伸缩,以满足应用和用户规模增长的需要。

(6) 按需服务

云计算是一个庞大的资源池,用户按需购买即可获得服务,而无须顾虑云计算的具体规模。

(7) 成本优势

"云"具有特殊容错措施,因此可以采用极其廉价的节点来构成"云"。"云"的自动化、集中式管理使大量企业无须负担日益高昂的数据中心管理成本,"云"的通用性使资源的利用率相较传统系统大幅提升。因此,用户可以充分享受"云"的低成本优势,经常只要花费几千元、几天时间就能完成以前需要数十万元、数月时间才能完成的任务。

7.2.5　云计算的优势及关键技术

7.2.5.1　云计算的优势

① 可提升自身的资源整合能力。云计算本身是一种服务方式,可针对不同用户提供不同服务,而用户可以借助云计算的服务能力整合大量资源,提高工作效率。未来行业领域基于云计算技术组织产业链是一个非常重要的发展方向,所以未来的云计算资源整合能力会进一步提升。

② 可提升自身创新能力。云计算正在向行业垂直领域发展,掌握云计算技术能够找到很多行业创新点。在当前产业结构升级的大背景下,传统行业可基于云计算技术实现产业创新。

③ 可扩展自身能力边界。云计算本身能够集成大量服务,这不仅可以提高工作效率,还可以拓展企业/个人的能力边界。

7.2.5.2　云计算的关键技术

(1) 虚拟化技术

实现云计算的重要技术支持就是虚拟化技术。虚拟化技术具有资源分享、资源定制以及细粒度资源管理等特点,能实现物理资源的逻辑抽象和统一表示,各种不同的软硬件资源形成虚拟资源池。用户通过虚拟化技术即可使用这些资源。

(2) 海量数据存储与处理技术

海量数据存储与处理技术是实现云计算的关键,分布式存储效率和数据高速率传输是云存储的核心指标。云计算需要处理的数据庞杂,结构不相同,不确定因素较多,所以如何适应数据的变化,最大限度地利用已有资源实现存储的优化,是值得研究的关键问题。

(3) 大规模数据管理和调度技术

大规模数据管理和调度技术是云计算对海量数据进行处理的关键。

（4）数据中心相关技术

数据中心在整个云计算系统中处于核心地位，数据中心具有自治性、规模经济性和可扩展性等特点。如何以更低的成本、更可靠的方式实现更大规模的计算机节点的连接，是当前研究的重点。

（5）服务质量保证机制

云计算之所以能被广大用户快速接受，就在于它提供的高质量服务，而高质量服务系统是靠服务质量保证机制来保障的。

（6）安全与隐私保护技术

云计算中安全与隐私保护的重要性不言而喻。当前还存在很多安全隐患，需要不断研究新的方法和技术，在系统的每一层、每一部分都进行高级别的安全防护。这样用户使用云计算提供的服务时才更放心，云计算的发展才会更快。

7.2.6　云计算的应用

7.2.6.1　云计算的具体应用

① 在线办公。购买一台云服务器并安装操作系统后，就相当于拥有了一台随时随地能使用的计算机。更为关键的是，计算机的性能可以根据需求而定，这就是所谓的"云计算机"。

② 个人网盘。通过向云计算服务商购买个人网盘服务，用户的数据就可以随身携带，而且数据具有极强的私密性和安全性。

③ 物联网。物联网的快速发展得益于云计算技术的发展。物联网需要对各种智能设备记录、产生的数据进行分析判断，这需要超强的算力才能完成，而云计算正好具备这种能力。

④ 金融云。利用云计算原理，将金融产品的信息和服务分散到一个由多个分支机构所构成的云网络当中，用以提高金融机构迅速发现并解决问题的能力，提升整体工作效率，改善流程，降低运营成本。

⑤ 教育云。教育云是云计算技术在教育领域的应用，包括教育信息化必需的一切硬件计算资源，这些资源经虚拟化之后，向教育机构、从业人员和学习者提供一个良好的云服务平台。

⑥ 云会议。云会议是基于云计算技术的一种高效、便捷、低成本的会议形式。使用者只需要通过互联网界面进行简单易用的操作，便可快速高效地与全球各地的团队及客户同步分享语音、数据文件及视频。

除了以上应用之处，云计算还有很多应用，如制造云、医疗云、云游戏、云社交、云安全、云交通等。

7.2.6.2　完善措施

（1）合理设置访问权限，保障用户信息安全

在开放式的互联网环境之下，供应商一方面要做好访问权限的设置工作，强化资源的合理分享及应用；另一方面要做好加密工作。从供应商到用户都应强化信息安全防护，注意网络安全构建，有效保障用户安全。未来云计算机技术的发展还应在安全技术体系的构建、访问权限的合理设置等方面，提高信息防护水平。

（2）强化数据信息完整性，推进存储技术发展

云计算资源以离散的方式分布于云系统之中。因此，要强化对云系统中数据资源的安全保护，并确保数据的完整性，这有助于提高信息资源的应用价值；要加快存储技术发展，特别是大数据时代，云计算技术的发展应注重存储技术的创新构建；要优化计算机网络云技术的发展环境，通过技术创新、理念创新，进一步适应新的发展环境，提高技术的应用价值，这是新时期云计算技术的发展重点。

（3）建立健全法律法规，提高用户安全意识

建立完善的法律法规，是为了更好地规范市场发展，规范及管理供应商、用户等的行为，从而为云计算技术的发展提供良好条件。此外，用户端要提高安全防护意识，能够在信息资源的获取过程中遵守法律法规，规范操作，以避免信息安全问题造成严重的经济损失。

 思政课堂

　　单个数据的作用是微小的，但是当分散的数据汇聚成大数据之后，就会产生极具价值的信息，就如同个体与集体的关系，个体只有融入集体才会体现应有的价值，反之集体的成功也离不开个体的奉献。算法结果都是数据的真实体现，只有真实的数据才能反映真实的结果。在数据获取过程中，应坚持"依照事实采集数据"的原则，杜绝"造数据""假数据""人工补数据"。这也要求我们在工作中要实事求是，强调用数据结果说话。

7.3　区　块　链

区块链

区块链是一个共享数据库，存储于其中的数据或信息，具有"不可伪造""全程留痕""可以追溯""公开透明""集体维护"等特征。基于这些特征，区块链技术奠定了坚实的"信任"基础，创造了可靠的"合作"机制，具有广阔的应用前景。

2019 年 1 月 10 日，国家互联网信息办公室发布《区块链信息服务管理规定》。2019 年 10 月 24 日，在中央政治局第十八次集体学习时，习近平总书记强调，"把区块链作为核心技术自主创新的重要突破口"，"加快推动区块链技术和产业创新发展"。

7.3.1　区块链的基本概念

狭义区块链是指按照时间顺序，将数据区块以顺序相连的方式组合成链式数据结构，并以密码学方式保证的不可篡改和不可伪造的分布式账本。广义区块链是指利用块链式数据结构来验证与存储数据、利用分布式节点共识算法来生成和更新数据、利用密码学的方式保证数据传输和访问的安全、利用由自动化脚本代码组成的智能合约来编程和操作数据的一种全新的分布式基础架构与计算方式，如图 7-12 所示。

人们对比特币的态度起起落落，但作为比特币底层技术之一的区块链技术日益受到重视。在比特币形成过程中，区块是一个一个的存储单元，记录了一定时间内各个区块节点全部的交流信息。各个区块之间通过随机散列（也称哈希算法）实现链接，后一个区块包含前

图 7-12 区块链

一个区块的哈希值,随着信息交流的扩大,一个区块与一个区块相继接续,形成的结果就叫区块链。

7.3.2 区块链的起源与发展

2008 年 11 月 1 日,一位自称中本聪(Satoshi Nakamoto)的人发表了《比特币:一种点对点的电子现金系统》一文,阐述了基于 P2P 网络技术、加密技术、时间戳技术、区块链技术等的去中心化且不需要交易双方相互信任的电子现金系统架构理念,这标志着比特币的诞生。2009 年 1 月 3 日,首个实现了比特币算法的客户端程序开始运行并进行了首次"挖矿",第一个序号为 0 的创世区块诞生。2009 年 1 月 9 日,出现序号为 1 的区块,并与序号为 0 的创世区块相连接形成了链,标志着区块链的诞生。

区块链成为数字货币比特币的核心组成部分:作为所有交易的公共账簿。通过利用点对点网络和分布式时间戳服务器,区块链数据库能够进行自主管理。为比特币而发明的区块链,使比特币成为第一个解决重复消费问题的数字货币。

2014 年,"区块链 2.0"成为一个关于去中心化区块链数据库的术语。作为一种可编程区块链,区块链 2.0 允许用户写出更精密和智能的协议。区块链 2.0 技术跳过了交易和"价值交换中担任金钱和信息仲裁的中介机构"。它被用来使人们远离全球化经济,使隐私得到保护,使人们"将掌握的信息兑换成货币",并且有能力保证知识产权的所有者得到收益。区块链 2.0 技术使存储个人的"永久数字 ID 和形象"成为可能,并且对"潜在的社会财富分配"不平等提供解决方案。

2016 年 1 月 20 日,中国人民银行数字货币研讨会宣布对数字货币研究取得阶段性成果。会议肯定了数字货币在减少传统货币发行量等方面的价值,并表示央行在探索发行数字货币。中国人民银行数字货币研讨会的表达大大增强了数字货币行业信心。这是继 2013 年 12 月 5 日央行等五部门发布关于防范比特币风险的通知之后,央行第一次对数字货币表示明确的态度。

2016 年 12 月 20 日,数字货币联盟——中国 FinTech 数字货币联盟及 FinTech 研究院正式筹建。如今,比特币仍是数字货币的绝对主流,数字货币呈现了百花齐放的状态,常见的有 bitcoin、litecoin、dogecoin、dashcoin 等。

除了数字货币的应用之外,区块链还有各种衍生应用,如以太坊 Ethereum、Asch 等底层应用开发平台以及 NXT、SIA、比特股、MaidSafe、Ripple 等行业应用。

7.3.3　区块链的分类及特点

7.3.3.1　区块链的分类

（1）公有区块链

公有区块链是指世界上任何个体或者团体都可以发送交易,且交易能够获得该区块链的有效确认,任何人都可以参与其共识过程。公有区块链是最早的区块链,也是应用最广泛的区块链,一系列的虚拟数字货币均基于公有区块链,世界上有且仅有一条该币种对应的区块链。

（2）联合（行业）区块链

行业区块链也称联盟链,是指由某个群体内部指定多个预选的节点为记账人,每个块的生成由所有的预选节点共同决定（预选节点参与共识过程）,其他接入节点可以参与交易,但不过问记账过程,其他任何人可以通过该区块链开放的应用程序接口进行限定查询。

（3）私有区块链

私有区块链是指仅仅使用区块链的总账技术进行记账,可以是一个公司,也可以是个人,独享该区块链的写入权限。私有区块链与其他的分布式存储方案没有太大区别。

7.3.3.2　区块链的特点

① 去中心化。众多节点共同组成一个端到端网络,无中心设备和管理机构,所有数据主体都通过预先设定好的程序自动运行。

② 不可篡改性。单个甚至多个节点对数据库的修改无法影响其他节点的数据库,除非能控制整个网络中超过 51% 的节点。

③ 可追溯性。区块链中的每一笔交易都通过密码学方法与相邻两个区块串联,因此可以追溯到之前任何一笔交易的情况。

④ 去信任。节点之间数据交换通过数字签名技术进行验证,不需要相互信任,只需要按照系统既定的规则进行,节点不能也无法欺骗其他节点。

⑤ 匿名性。区块链的运行规则是透明的,所有数据信息是公开的,因此每一笔交易都对所有节点可见。由于节点之间都是去信任的,节点之间无须公开身份。

⑥ 开放共识。区块链是一种底层开源的技术;所有人都可以在区块链的基础上实现各种扩展应用,称为区块链的可扩展性。任何人都可以参与区块链网络,每一台设备都可以作为一个节点,每个节点都可以获得一份完整的数据库拷贝。

7.3.4　区块链的架构模型

一般说来,区块链系统由数据层、网络层、共识层、激励层、合约层和应用层组成,如图 7-13 所示。

数据层封装了底层数据区块以及相关的数据加密和时间戳等基础数据和基本算法。

网络层则包括分布式组网机制、数据传播机制和数据验证机制等。

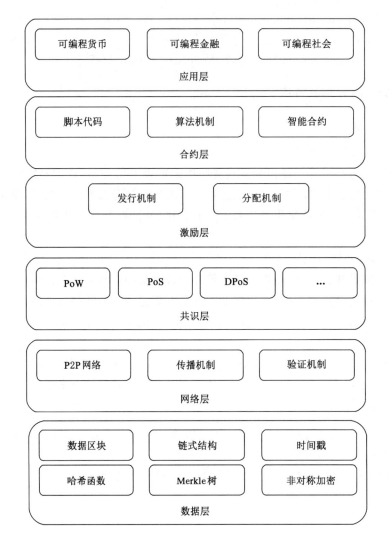

图 7-13　区块链架构模型

共识层主要封装网络节点的各类共识算法。

激励层将经济因素集成到区块链技术体系中,主要包括经济激励的发行机制和分配机制。

合约层主要封装各类脚本、算法和智能合约,是区块链可编程特性的基础。

应用层则封装了区块链的各种应用场景和案例。

该模型中,基于时间戳的链式区块结构、分布式节点的共识机制、基于共识算力的经济激励和灵活可编程的智能合约是区块链技术最具代表性的创新点。

7.3.5　区块链的关键技术

7.3.5.1　分布式存储技术

区块链账本采用的是分布式存储记账方式,这是一种在分布于不同物理地址或不同组织内的多个网络节点构成的网络中进行数据分享与同步的去中心化数据存储技术,每个参与的节点都将独立完整地存储写入区块的数据信息。

　　区块链技术依靠共识机制保证存储的最终一致性,也通过这些方式来保证分布式存储数据的可信度与安全性,每个节点的数据都独立存储,有效规避了恶意篡改历史数据。参与系统的节点增多,会提升数据的可信度与安全性。

7.3.5.2　密码学技术

　　密码学技术是区块链的基石,是区块链的核心技术之一。密码学主要研究信息保密、信息完整性验证、分布式计算中的信息安全问题等。区块链中使用了哈希算法、加解密算法、数字证书与签名、零知识证明等现代密码学的多项技术,区块链采用哈希算法和非对称加密技术来保证账本的完整性和网络传输安全。

7.3.5.3　共识机制

　　共识机制是指所有记账节点之间怎么达成共识,去认定一个记录的有效性。共识机制既是认定的手段,也是防止篡改的手段。

　　区块链的共识机制具备“少数服从多数”以及“人人平等”的特点。其中,“少数服从多数”并不完全指节点个数,也可以是计算能力、股权数或者其他的计算机可以比较的特征量。“人人平等”是指当满足条件时,所有节点都有权优先提出共识结果,该共识结果被其他节点认同后有可能成为最终共识结果。以比特币为例,其采用的是工作量证明,只有在控制了全网超过 51% 的记账节点的情况下,才有可能伪造或篡改记录。

7.3.5.4　智能合约

　　智能合约是一种旨在以信息化方式传播、验证或执行合同的谈判或履行的计算机协议,它允许在不依赖第三方的情况下进行可信、可追踪且不可逆的合约交易。区块链技术的发展为智能合约的运行提供了可信的执行环境。

7.3.6　区块链的应用

　　(1)金融领域

　　区块链在国际汇兑、信用证、股权登记和证券交易所等金融领域有着潜在的巨大应用价值。将区块链技术应用于金融行业,能够省去第三方中介环节,实现点对点的直接对接,从而在大大降低成本的同时,快速完成交易支付。

　　Visa 联合 Coinbase 推出了首张比特币借记卡,花旗银行则在区块链上测试运行加密货币“花旗币”。

　　(2)物联网和物流领域

　　利用区块链可以降低物流成本,追溯物品的生产和运送过程,并且可以提高供应链管理的效率。区块链通过节点连接的散状网络分层结构,能够在整个网络中实现信息的全面传递,并能够检验信息的准确程度。这种特性在一定程度上提高了物联网交易的便利性和智能化水平。区块链+大数据的解决方案就利用了大数据的自动筛选过滤模式,在区块链中建立信用资源,可双重提高交易的安全性,并提高物联网交易便利程度。

　　(3)公共服务领域

　　区块链在公共管理、能源、交通等领域都与民众的生产生活息息相关,但是目前这些领域的中心化特质带来了一些问题,可以用区块链来改造。

　　欧洲能源机构利用区块链使得公民在能源零售市场中发挥更大的作用,能源零售市场的智能化使得消费者可以将多余的电量在市场上进行交换和出售,并显著降低电费开支。

我国鼓励运用区块链和物联网等技术搭建溯源服务平台,推进区块链技术在商品防伪、食药溯源、精准扶贫、智慧养老、交通物流等领域的应用,为民众提供更加安全、更加优质的公共服务,进一步提升城市管理和社会服务的智能化、精准化水平。

（4）数字版权领域

通过区块链技术,可以对作品进行鉴权,证明文字、视频、音频等作品的存在,保证权属的真实性、唯一性。作品在区块链上被确权后,后续交易都会被实时记录,从而实现数字版权全生命周期管理,也可作为司法取证中的技术性保障。例如,美国纽约一家创业公司 Mine Labs 开发了一个基于区块链的元数据协议,这个名为 Mediachain 的系统利用超媒体传输协议(Interplanetary File System,IPFS)实现数字作品版权保护,主要面向数字图片的版权保护应用。

2019 年 3 月,中国版权保护中心联合新浪微博、迅雷、京东等 12 家成员单位发布基于区块链技术的中国数字版权唯一标识符 DCI(Digital Copyright Identifier)标准联盟链。百度、阿里等互联网公司也都利用区块链技术为数字版权提供权属存证、交易变现、侵权监测以及维权服务等全链路版权服务平台。

（5）保险领域

应用智能合约,既不需要投保人申请,也不需要保险公司批准,只要触发理赔条件,就可实现保单自动理赔。2016 年,由区块链企业 Stratumn、德勤与支付服务商 Lemonway 合作推出的 LenderBot,允许人们通过 Facebook Messenger 的聊天功能注册定制化的微保险产品,为个人之间交换的高价值物品进行投保。

（6）公益领域

区块链上存储的数据,可靠性高且不可篡改,适合用在社会公益场景。公益活动中的相关信息,如捐赠项目、募集明细、资金流向、受助人反馈等,均可以存放于区块链上,并且可以公开,以方便社会监督。

区块链应用如图 7-14 所示。

图 7-14 区块链应用

思政课堂

　　区块链"不可伪造""全程留痕""可以追溯""公开透明""集体维护"等特征与我国构建诚信、民主、公平的社会主义和谐社会的理念相一致。技术的进步会推动社会的进步,这也要求我们每个人要诚信、守法,只有构建坚实的"信任"基础,才能建立可靠的"合作"机制。

7.4　物　联　网

7.4.1　物联网的基本概念

　　物联网是指"物物相连的互联网",其核心和基础是互联网,是通过信息传感设备,按照约定的协议,把任何物品与互联网连接起来进行信息交换和通信,以实现智能化识别、定位、跟踪、监控和管理的一种网络。

物联网的
基本概念

　　物联网包含两层含义:第一,物联网是互联网的延伸和扩展,其核心和基础仍然是互联网;第二,物联网的用户端不仅包括人,还包括物品,物联网可实现人与物品及物品之间信息的交换和通信。物联网中的"物",是指平常不能连接到网络上的普通物理对象,如土地、窗帘、汽车等。智慧农业、智能家居、车联网等就是物联网技术的典型应用。如图 7-15 所示。

图 7-15　物联网

7.4.2　物联网的提出及发展

　　1995 年,微软公司创始人比尔·盖茨在《未来之路》一书中首次提及物联网的概念。1998 年,美国麻省理工学院创造性地提出了当时被称作 EPC 系统的"物联网"的构想。1999 年,美国麻省理工学院自动识别中心研究人员提出"物联网"的概念,该系统构建于物品编码、射频识别(Radio Frequency Identification,RFID)技术和互联网的基础之上。2005年11月,国际电信联盟发布了《ITU互联网报告2005:物联网》,正式提出了"物联网"的概念,并预言世界上所有的物体都可以通过Internet主动进行信息交换。

2008年11月,IBM公司提出"智慧地球"的概念;2009年1月,奥巴马就任美国总统后,与美国工商业领袖举行了一次"圆桌会议",公开肯定了IBM公司的"智慧地球"思路,IBM公司首席执行官彭明盛建议美国政府投资新一代的智慧型基础设施。IBM公司认为,IT产业下一阶段的任务是把新一代IT技术充分运用到各行业,也就是要把感应器嵌入和装备到电网、铁路、桥梁隧道、建筑、供水系统甚至油气管道等各种物体中,并且普遍连接后形成物联网。日本的u-Japan战略希望实现从有线到无线、从网络到终端的无缝连接泛在网络环境;韩国推出的u-Home是其u-IT 839八大创新服务之一,希望最终让韩国民众通过有线或无线方式远程控制家电设备,并能在家享受高质量的双向与互动多媒体服务。

在中国,2009年8月,时任国务院总理温家宝同志在无锡视察中科院无锡物联网产业研究所时提出了"感知中国"的概念,无锡市率先建立了"感知中国"研究中心。2010年10月,国务院发布了《国务院关于加快培育和发展战略性新兴产业的决定》,物联网作为战略性新兴产业被提到国家战略的高度。2012年2月,《物联网"十二五"发展规划》正式发布,该规划重点确定了包括智能物流、智能农业、智能工业、智能交通、智能电网、智能医疗、智能家居、智能环保、智能安防9个示范应用领域。2016年12月,工信部依据《中华人民共和国国民经济和社会发展第十三个五年规划纲要》,编制了《信息通信行业发展规划物联网分册(2016—2020年)》。

7.4.3　物联网的特征和意义

7.4.3.1　物联网的特征

(1) 全面感知

物联网系统利用RFID、传感器、二维码等随时获取物体信息,实现物理系统对世界的全面感知。

(2) 可靠传递

物联网的网络层实现了无线网络同Internet的全方位融合,通过这种融合,物体的信息可准确、实时地传递给中间设备,并最终传递给用户。

(3) 智能处理

在海量数据上传到系统上位机及服务器后,利用大数据、云计算以及数据挖掘等人工智能技术对数据进行综合处理和分析,可对系统内的物体进行智能化的管理和控制。

7.4.3.2　物联网的意义

物联网实际上是一个综合性平台,它对不同平台、不同组织、不同设备上的资源进行统一整合,并为上层的不同应用提供统一的标准化接口,从而实现分布式资源的集成和有效使用。

物联网基于互联网、传统电信网等载体,让所有能被独立寻址的普通物理对象实现互联互通,具有智能、先进、互联三个重要特征,是继计算机、互联网之后的世界信息产业发展的第三次浪潮。

7.4.4　物联网的关键技术

7.4.4.1　RFID 技术

RFID 技术,即射频识别技术,是一种非接触式的自动识别技术。它通过射频信号自动识别目标并获取相关数据,识别工作无须用户干预,可工作于各种恶劣环境,如高速公路电子不停车收费系统(ETC)等。

7.4.4.2　无线传感技术

无线传感器主要用于获取物理状态变动的信息,包括光传感器、温度传感器、湿度传感器、力学传感器等,是物联网系统的信息收集前端。

7.4.4.3　嵌入式智能技术

嵌入式智能技术是嵌入式系统和人工智能技术的结合。嵌入式系统一般由嵌入式微处理器、外围硬件设备、嵌入式操作系统以及用户的应用程序等部分组成,用于实现对其他设备的控制、监视或管理等功能。结合人工智能技术,嵌入式设备可具备自动感知、智能识别甚至自动优化功能。嵌入式智能技术使得物体具备被智能感知或者智能识别的能力。

7.4.4.4　近距离无线通信技术

近距离无线通信技术是指通信收发双方在几十米以内的无线电波信息传输技术,支持各种高速率的多媒体应用、高质量声像配送、数兆字节音乐和图像文档传送等。低成本、低功耗和对等通信,是近距离无线通信技术的三个重要特征和优势。常用的物联网近距离无线通信技术包括 RFID、ZigBee、UWB、NFC 及蓝牙等技术。

7.4.4.5　全 IP 方式(IPv6)

由于物联网要求"一物一地址,万物皆互联",要解决物联网地址容量有限问题,需要IPv6 的普及应用。

7.4.5　物联网的体系结构

从体系结构上看,一个完整的物联网应用系统可分为三层:物联网感知层、物联网网络层和物联网应用层,如图 7-16 所示。

物联网的
体系结构

7.4.5.1　物联网感知层

物联网感知层实现对外界的感知、识别或定位物体、采集外界信息等。感知识别是物联网的核心技术,是联系物理世界和信息世界的纽带。感知层既包括 RFID 标签、无线传感器等信息自动生成设备,也包括各种智能电子产品(用来人工生成信息)。

① RFID 标签中存储着规范而具有互用性的信息,通过无线数据通信网络把它们自动采集到中央信息系统,可以实现物品的识别和管理。

② 无线传感器网络则主要利用各种类型的传感器对物质性质、环境状态、行为模式等信息进行大数据、全天候实时获取。

用户利用智能手机、智能手环等设备可以随时随地接入互联网来分享信息。信息生成方式多样化是物联网区别其他网络的重要特征。

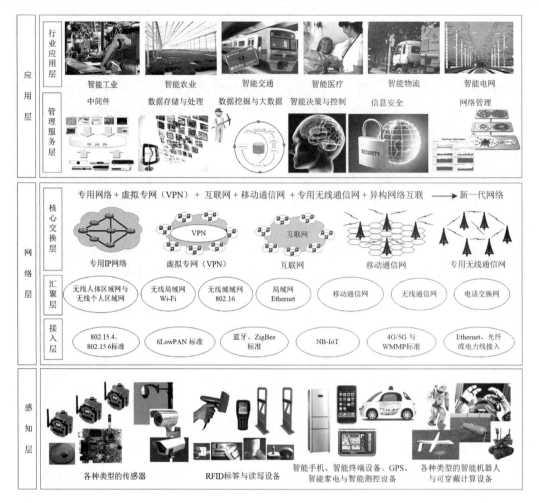

图 7-16　物联网三层结构模型

7.4.5.2　物联网网络层

互联网以及下一代互联网(包含 IPv6 等技术)是物联网的核心网络。物联网网络层将来自感知层的各类信息通过基础承载网络(Internet、专用网)传输到应用层,处在边缘的各种无线网络则提供随时随地的网络接入服务。

无线广域网包括现有的移动通信网络及其演进技术,提供广阔范围内连续的网络接入服务;无线城域网包括现有的 WiMAX 技术,提供城域范围(约 100 km)的高速数据传输服务;无线局域网包括现在广为流行的 Wi-Fi 技术,为一定区域内(家庭、校园、餐厅、机场等)的用户提供网络访问服务;无线个域网络包括蓝牙、ZigBee 等技术,这类网络的特点是低功耗、低传输速率、短通信距离(一般小于 10 m),一般用于个人电子产品互联、工业设备控制等领域。不同类型的网络适用于不同的环境,它们合力提供便捷的网络接入,是实现物物互联的重要基础设施。

7.4.5.3　物联网应用层

物联网应用层可以进一步分为管理服务层和行业应用层。

（1）管理服务层

管理服务层位于网络层与行业应用层之间，为行业应用层提供服务，主要用于对网络中的信息进行汇集、存储、分析和挖掘等。在高性能计算和海量存储技术的支撑下，管理服务层将大规模数据高效、可靠地组织起来，为上层行业应用提供智能的支撑平台。如何保证数据不被破坏、不被泄露、不被滥用成为物联网面临的重大挑战。

（2）行业应用层

行业应用层用于实现各种具体应用，并提供相应服务，如实现物品追踪、环境感知、智能物流、智能交通等。目前，物联网行业应用数量激增，呈现多样化、规模化、专业化等特点。

7.4.6　物联网的应用

物联网的应用领域涉及方方面面。物联网在工业、农业、环境、交通、物流、安保、医疗健康、教育等领域的应用，使得有限的资源得到更加合理的使用，从而提高了行业效率和效益，如图 7-17 所示。

图 7-17　物联网的应用

（1）智能交通

物联网技术在道路交通方面的应用比较成熟。利用物联网技术对道路交通状况实时监控并将信息及时传递给驾驶人，让驾驶人及时作出出行调整，从而有效缓解交通压力；在高速路口设置电子不停车收费系统（简称 ETC），免去进出口取卡、还卡的时间，提升车辆的通行效率；在公交车上安装定位系统，能及时了解公交车行驶路线及到站时间，乘客可以根据搭乘路线确定出行时间，免去不必要的时间浪费。

社会车辆增多，除了会带来交通压力外，停车难也日益成为一个突出问题。不少城市推出了智慧路边停车管理系统，该系统基于云计算平台，结合物联网技术与移动支付技术，共享车位资源，提高车位利用率，从而解决"停车难、难停车"的问题。

（2）智能家居

智能家居是物联网在家庭中的基础应用，随着宽带业务的普及，智能家居产品涉及家庭生活的方方面面。家中无人，可利用手机等设备客户端远程操控智能空调，调节室温，智能空调甚者还可以学习用户的使用习惯,从而实现全自动的温控操作,使用户在炎炎夏季回家就能享受到凉爽带来的惬意;通过客户端实现智能灯泡的开关、调控灯泡的亮度和颜色等;插座内置 Wi-Fi,可实现遥控插座定时通断电流,甚至可以监测设备用电情况,生成用电图表,让用户对用电情况一目了然,合理安排资源及开支预算。

智能体重秤内置可以监测血压、脂肪量的先进传感器,内定程序根据用户身体状态提出健康建议,可以监测用户运动效果;智能牙刷与客户端相连,可以提醒用户刷牙时间、牙刷所在位置,可根据刷牙的数据生成口腔的健康状况图表;智能摄像头、窗户传感器、智能门铃、烟雾探测器、智能报警器等都是家庭不可少的安全监控设备,应用这些设备,即使出门在外,也能在任意时间、地方查看家中任意一角的实时状况,排查安全隐患。看似烦琐的种种家居生活因为物联网变得更加轻松、美好。

（3）公共安全

近年来全球气候异常情况频发,灾害的突发性和危害性进一步加大。利用物联网技术可以智能感知大气、土壤、森林、水资源等方面各指标数据,实时监测环境的不安全因素,提前预防、实时预警、及时采取应对措施,减少灾害对人类生命财产的威胁,改善人类生活环境。

 思政课堂

　　未来的世界是万物互联的世界,我们每个人的生活都将会被类似智慧农业、智能家居、车联网等物联网技术所影响。同学们要关注前沿科技的发展并主动参与研究,开阔计算思维,学会利用先进的技术解决问题;在享受科技成果的同时,也要将这种体验内化为刻苦钻研的动力。

7.5　虚拟现实

虚拟现实(Virtual Reality,VR)利用计算机生成一种模拟环境,通过多种传感设备使用户"投入"该环境中,实现用户与该环境直接进行自然交互。虚拟现实技术作为一种综合计算机图形技术、多媒体技术、传感器技术、人机交互技术、网络技术、立体显示技术以及仿真技术等发展起来的计算机领域的新技术,目前已在包括军事、医学、心理学、教育、科研、商业、影视、娱乐、制造业、工程训练等领域广泛应用。

7.5.1　虚拟现实的基本概念

虚拟现实,顾名思义,就是虚拟和现实相互结合。从理论上来讲,虚拟现实技术是一种可以创建和体验虚拟世界的计算机仿真系统,它利用计算机生成一种模拟环境,使用户沉浸到该环境中。虚拟现实技术利用现实生活中的数据,通过计算机技术产生电子信号,将其与各种输出设备结合使其转化为

虚拟现实的基本概念

能够让人们感受到的现象;这些现象可以是现实中真真切切的物体,也可以是我们肉眼所看不到的物质,通过三维模型表现出来。这些现象不是我们能直接看到的,而是通过计算机技术模拟出来的,故称为虚拟现实。

用户可以在虚拟现实世界体验到最真实的感受,虚拟现实世界模拟环境的真实性与现实世界难辨真假,让人有种身临其境的感觉。虚拟现实具有一切人类所拥有的感知功能,比如听觉、视觉、触觉、味觉、嗅觉等感知系统;具有超强的仿真系统,真正实现了人机交互,使人在操作过程中可以得到环境最真实的反馈,如图 7-18 所示。

图 7-18　虚拟现实

7.5.2　虚拟现实的发展历史

（1）第一阶段:虚拟现实思想的萌芽阶段(1963 年以前)

1935 年,美国科幻小说家温鲍姆(S. G. Weinbaum)在他的小说中首次构想了以眼镜为基础,涉及视觉、触觉、嗅觉等全方位沉浸式体验的虚拟现实概念,这是可以追溯到的最早的关于 VR 的构想。

1957—1962 年,海利希(M. Heilig)研究发明了 Sensorama,并在 1962 年申请了专利。这种"全传感仿真器"的发明,蕴涵了虚拟现实技术的思想。

（2）第二阶段:虚拟现实技术的初现阶段(1963—1972 年)

1968 年,美国计算机图形学之父苏泽兰(I. Sutherlan)开发了第一个计算机图形驱动的头盔显示器 HMD 及头部位置跟踪系统,这是 VR 技术发展史上一个重要的里程碑。

（3）第三阶段:虚拟现实技术概念和理论产生的初期阶段(1972—1990 年)

这一时期,克鲁格(M. W. Krueger)设计了 Videoplace 系统,该系统可以产生一个虚拟图形环境,使体验者的图像投影能实时地响应自己的活动。另外,由麦格里维(M. McGreevy)领导完成了 View 系统,它是让体验者穿戴数据手套和头部跟踪器,通过语言、手势等交互方式形成的虚拟现实系统。

（4）第四阶段:虚拟现实技术理论的完善和应用阶段(1990 年至今)

1994 年,日本游戏公司世嘉和任天堂分别针对游戏产业而推出 Sega VR-1 和 Virtual Boy,但是由于设备成本高等问题,VR 的这次现身如昙花一现。

2014 年,谷歌公司发布了 Google CardBoard,三星公司发布了 Gear VR;2016 年,苹果公司发布了名为 View-Master 的 VR 头盔;另外,HTC 公司的 HTC Vive、索尼公司的 PlayStation VR 也相继出现。

这一阶段虚拟现实技术从研究型阶段转向应用型阶段,广泛运用到了科研、航空、医学、军事等领域。

7.5.3 虚拟现实的特点

7.5.3.1 多感知性

所谓感知，就是人类所具备的感觉世界的能力，包括听觉、触觉、运动觉、味觉、嗅觉等感知能力。虚拟现实利用计算机技术，让人类在虚拟环境中也能有类似的感知。由于受到相关技术的限制，特别是传感技术的限制，目前虚拟现实技术具有的感知功能仅限于视觉、听觉、力觉、触觉、运动觉等几种。

7.5.3.2 沉浸性

沉浸性又称为临场感觉，是指用户在虚拟环境中作为主角感受模拟环境时感受到的真实程度。好的模拟环境能让用户真假难辨，用户可以全身心地投入计算机营造的虚拟环境中。在这个环境中，看上去、听上去、闻上去、摸上去都像是真的，用户即可沉浸其中。

7.5.3.3 交互性

在虚拟环境中，用户需要同其所感知到的物体进行交互，用户可以发出指令，也可以从虚拟环境中得到相应的反馈。交互的便利性和反馈的自然程度是虚拟现实系统很重要的技术指标。

7.5.3.4 构想性

虚拟现实技术中的环境毕竟不是真实的环境，它可以是真实环境的再现，也可以是客观世界中根本不存在的环境。利用技术手段构想这些环境，不仅可以拓展人类的想象空间，还可以拓展人类的认知范围。

7.5.3.5 自主性

自主性是指虚拟环境中物体依据物理定律动作的程度。如当受到力的推动时，物体会沿力的方向移动、翻倒，或从桌面落到地面等。

7.5.4 虚拟现实系统

7.5.4.1 虚拟现实系统的组成

虚拟现实系统通常由虚拟环境处理器、输入部分、输出部分、虚拟环境数据库、虚拟现实软件组成。

虚拟现实
系统

用户通过头盔、手套和话筒等输入设备提供输入信号，虚拟现实软件收到信号后加以解释，然后对虚拟环境数据库进行必要更新，调整当前的虚拟环境视图，并将这一新视图及其他信息（如声音）立即传送给输出设备，以便用户及时看到效果。

虚拟环境处理器是虚拟现实系统的"心脏"，完成虚拟世界的产生和处理功能。输入设备给虚拟现实系统提供来自用户的输入，并允许用户在虚拟环境中改变自己的位置、视线方向和视野，也可以改变虚拟环境中虚拟物体的位置和方向。输出设备将虚拟现实系统产生的各种感官信息输出给用户，使用户产生一种身临其境的逼真感。

7.5.4.2　虚拟现实系统的主要研究内容

虚拟现实系统的主要研究内容包括以下几方面。

（1）动态环境建模技术

动态环境建模技术的目的是获取实际环境的三维数据，并根据应用的需要建立相应的虚拟环境模型。

（2）实时三维图形生成技术

三维图形生成技术已经较为成熟，关键是如何实现"实时"生成。为了达到实时生成图形的目的，至少要保证图形的刷新频率不低于 15 帧/s，最好高于 30 帧/s。

（3）立体显示和传感器技术

虚拟现实的交互能力依赖立体显示和传感器技术的发展，现有的设备远远不能满足需要，比如头盔式三维立体显示器有以下缺点：过重（1.5～2 kg）、图像质量差（分辨率低）、延迟大（刷新频率低）、行动不便（有线）、跟踪精度低、视场不够宽、眼睛容易疲劳等。因此，有必要开发新的三维显示技术。

（4）应用系统开发工具

虚拟现实应用的关键是寻找合适的场合和对象，即如何发挥想象力和创造性。选择适当的应用对象可以大幅度提高生产效率，减轻劳动强度，提高产品质量。

（5）系统集成技术

虚拟现实系统包括大量的感知信息和模型，因此系统集成技术起着至关重要的作用。系统集成技术包括信息的同步技术、模型的标定技术、数据转换技术、数据管理模型、识别与合成技术等。

7.5.4.3　虚拟现实系统的分类

（1）桌面式虚拟现实系统

桌面式虚拟现实系统是一种基于普通计算机的小型虚拟现实系统，可以使用中低端的图形图像工作站及显示器产生虚拟场景。在这个虚拟现实系统中，参与者可以使用位置跟踪器、数据手套、力反馈器、三维鼠标或其他手控输入设备控制系统。

（2）沉浸式虚拟现实系统

沉浸式虚拟现实系统利用头盔显示器，用户的视觉、听觉等感知被封闭起来，用户产生一种身在虚拟环境中的错觉，沉浸性更强。该类系统的环境可以是再现的，也可以是任意虚构的，用户的任何操作都不会对外在环境产生影响。沉浸式虚拟现实系统主要用于娱乐训练、模拟演练等。

（3）分布式虚拟现实系统

分布式虚拟现实系统是指位于不同物理位置的多个用户通过网络相互连接，可以同时操作虚拟显示系统，用户之间可以交互并共享信息。

（4）增强式虚拟现实系统

增强式虚拟现实系统通过计算机仿真技术，将虚拟的信息应用到真实世界，两种信息相互补充叠加，并同时存在于同一个画面或空间中；通过计算机将生成的虚拟对象与真实环境融为一体，以增强用户对真实环境的理解。

根据功能，可将虚拟现实系统分为规划设计、展示娱乐、训练演练等几类。规划设计类系统可用于城市排水、社区规划等的新设施的实验验证,可大幅度缩短研发时长,降低设计成本,提高设计效率。如 VR 模拟给排水系统,如图 7-19 所示,可大幅度减少实验验证的经费。展示娱乐类系统适用于为用户提供逼真的观赏体验,如数字博物馆(见图 7-20)、大型 3D 交互式游戏等。训练演练类系统则可应用于各种危险环境及一些难以获得操作对象或实操成本极高的领域,如外科手术训练、空间站维修训练。

图 7-19　城市给排水处理工程 VR

图 7-20　茅台数字博物馆 VR

7.5.5　虚拟现实的应用

虚拟现实的本质是人与计算机的通信技术,它几乎可以支持任何人类活动。虚拟现实已经涉及航天、军事、通信、医学、教育、娱乐、建筑和商业等各个领域。

7.5.5.1　医学领域

虚拟现实技术在医学领域的应用非常广泛,特别是在解剖教学、复杂手术过程规划、手术过程操作辅助甚至手术结果预测等方面应用前景非常值得期待,如图 7-21 所示。

7.5.5.2　航天领域

在航天领域,科学家需要解决的一大问题就是失重问题,以及在失重环境下物体的运行模拟。宇航员进入太空前,也需要在失重环境下进行长时间的训练。真实的失重环境造价

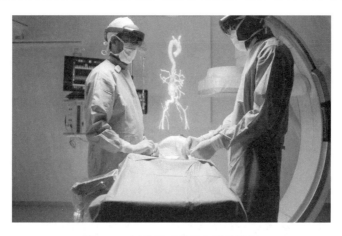

图 7-21　医学学习辅助和辅助康复

昂贵,如果能利用虚拟现实技术模拟太空失重环境,则可大幅度降低训练费用。

7.5.5.3　对象可视化领域

很多科学实验需要对难以看到的环境进行可视化展示,从而提升实验效果,加快实验进程,这就会用到虚拟现实技术。例如,虚拟风洞实验,可以让工程师分析多旋涡的复杂三维效果,以及空气循环区域、涡流被破坏时的乱流等效果。

7.5.5.4　军事领域

军事演练和操作通常是非常危险的,而且费时费力,利用虚拟现实技术可以解决这个问题。例如,在军事演练领域,采用虚拟现实技术不仅为研究战争提供了科学的方法,使研究的进程更加逼真、更加接近实战,实现作战过程的仿真模拟,而且使研究的结果更加可信,从而有利于提升指挥艺术和作战技能。如图 7-22 所示。

图 7-22　VR 军事指挥

习　　题

一、单项选择题

1. _____不是现代信息处理技术的主导技术。

A. 计算机技术　　　B. 操作技术　　　C. 传感器技术　　　D. 现代通信技术

2. 以下不属于云计算特点的是_____。

A. 虚拟化　　　　　B. 按需服务　　　C. 可伸缩性　　　D. 价格高昂

3. 以下属于典型的人工智能应用的是_____。

A. 自然语言理解　　　　　　　　B. 机器自动翻译

C. 车牌自动识别　　　　　　　　D. 发送电子邮件

4. 谷歌公司研制的阿尔法狗（AlphaGo）围棋竞赛程序所代表的计算机应用领域是_____。

A. 科学计算　　　　B. 人工智能　　　C. 数据处理　　　D. 过程控制

5. 下列有关区块链的描述中,错误的是_____。

A. 区块链中的每一笔交易都是可追溯的,且具有不可篡改性

B. 区块链中的数据由系统维护,用户无法参与

C. 区块链是去中心化的分布式账本技术

D. 从诞生到现在,区块链经历了可编程货币、可编程金融和可编程社会三个时期

6. 区块链中所谓的"去信任"特点,指的是_____。

A. 区块链采用基于协商一致的规范和协议,使得对人的信任改成了对机器的信任,任何人为干预都不起作用

B. 区块链有中心化的设备和管理机构,节点之间的数据交换通过管理中心验证,无须互相信任

C. 区块链单个节点的修改无法影响整个数据库,因此无须互相信任

D. 区块链采用分布式账本技术,数据无法集中在一起,因此无须互相信任

7. 普遍认为,发明比特币并提出区块链技术的是_____。

A. 中本聪　　　　　B. 巴贝奇　　　　C. 图灵　　　　　D. 冯·诺依曼

二、多项选择题

1. 下列有关物联网的说法中,正确的是_____。

A. 物联网的英文名称为 The Internet of Things,即"物物相连的互联网"

B. 物联网的核心和基础是 Internet,是在 Internet 基础上的延伸和扩展

C. 可以利用 RFID 技术、传感器技术、二维码技术等随时随地获取物体信息

D. 通过有线网络和无线网络,可将物体的信息实时而准确地传递给用户

2. 下列说法中正确的是_____。

A. 物联网的英文名称是 The Internet of Things,是一种计算机网络新技术

B. HTML 称为超文本传输协议,用于编写网页

C. 计算机内部各部件之间通过总线连接,包括数据总线、地址总线和命令总线

D. 在 Internet 上,URL 地址、IP 地址都是唯一的

3. 区块链具有_____特点。

A. 中心化、开放共识　　　　　　B. 不可篡改性

C. 可追溯性　　　　　　　　　　D. 去信任、匿名性

三、填空题

1. 物联网的体系结构通常分为三层:_____、网络层和应用层。

2. _____被称为继计算机、互联网之后世界信息产业发展的第三次浪潮。

四、判断题

1. 物联网具有全面感知、可靠传递、智能处理等特征,是物物相连的互联网。_____

2. 射频识别(RFID)技术是物联网随时获取物体信息的重要技术。_____

3. 云计算是一种计算机网络新技术,也称为物联网。_____

4. 机器学习是人工智能核心,是使计算机具有智能的根本途径。_____

5. 云计算是并行计算、分布式计算和网格计算的发展,是这些计算机科学概念的商业实现。_____

6. 云计算是一种基于互联网的超级计算模式,按用户的资源使用量计费。_____

7. 区块链是一种去中心化的集中式账本数据库系统。_____

8. 在区块链中,单个或多个节点的修改无法影响其他节点的数据库,除非能控制整个网络中超过 51% 的节点同时修改。_____

9. 虚拟现实技术最主要的特征是沉浸性,就是让用户成为并感受到自己是计算机系统所创造环境中的一部分。_____

10. 虚拟现实是一种可以创建和体验虚拟世界的计算机系统。_____

11. 增强现实(AR)是一种利用计算机模拟产生虚拟的三维世界,为用户提供各类感官模拟的技术。_____

五、简答题

1. 简述云计算的定义。

2. 简述区块链的分类及特点。

3. 简述人工智能的研究领域。

4. 谈谈你对 5G 通信的看法。

附　　录

附录 A　标准 ASCII 码字符集

附表　标准 ASCII 码字符集

Binary （二进制）	Octal （八进制）	Decimal （十进制）	Hexadecimal （十六进制）	缩写（字符）	解释
0000 0000	00	0	0x00	NUL(null)	空字符
0000 0001	01	1	0x01	SOH(start of headline)	标题开始
0000 0010	02	2	0x02	STX(start of text)	正文开始
0000 0011	03	3	0x03	ETX(end of text)	正文结束
0000 0100	04	4	0x04	EOT(end of transmission)	传输结束
0000 0101	05	5	0x05	ENQ(enquiry)	请求
0000 0110	06	6	0x06	ACK(acknowledge)	收到通知
0000 0111	07	7	0x07	BEL(bell)	响铃
0000 1000	010	8	0x08	BS(backspace)	退格
0000 1001	011	9	0x09	HT(horizontal tab)	水平制表符
0000 1010	012	10	0x0A	LF(line feed),NL(new line)	换行键
0000 1011	013	11	0x0B	VT(vertical tab)	垂直制表符
0000 1100	014	12	0x0C	FF(form feed),NP(new page)	换页键
0000 1101	015	13	0x0D	CR(carriage return)	回车键
0000 1110	016	14	0x0E	SO(shift out)	不用切换
0000 1111	017	15	0x0F	SI(shift in)	启用切换
0001 0000	020	16	0x10	DLE(data link escape)	数据链路转义
0001 0001	021	17	0x11	DC1(device control 1)	设备控制 1
0001 0010	022	18	0x12	DC2(device control 2)	设备控制 2
0001 0011	023	19	0x13	DC3(device control 3)	设备控制 3
0001 0100	024	20	0x14	DC4(device control 4)	设备控制 4
0001 0101	025	21	0x15	NAK(negative acknowledge)	拒绝接收
0001 0110	026	22	0x16	SYN(synchronous idle)	同步空闲
0001 0111	027	23	0x17	ETB(end of trans. block)	结束传输块
0001 1000	030	24	0x18	CAN(cancel)	取消

Binary（二进制）	Octal（八进制）	Decimal（十进制）	Hexadecimal（十六进制）	缩写（字符）	解释
0001 1001	031	25	0x19	EM(end of medium)	媒介结束
0001 1010	032	26	0x1A	SUB(substitute)	代替
0001 1011	033	27	0x1B	ESC(escape)	换码（溢出）
0001 1100	034	28	0x1C	FS(file separator)	文件分隔符
0001 1101	035	29	0x1D	GS(group separator)	分组符
0001 1110	036	30	0x1E	RS(record separator)	记录分隔符
0001 1111	037	31	0x1F	US(unit separator)	单元分隔符
0010 0000	040	32	0x20	（space）	空格
0010 0001	041	33	0x21	!	叹号
0010 0010	042	34	0x22	"	双引号
0010 0011	043	35	0x23	#	井号
0010 0100	044	36	0x24	$	美元符
0010 0101	045	37	0x25	%	百分号
0010 0110	046	38	0x26	&	和号
0010 0111	047	39	0x27	'	闭单引号
0010 1000	050	40	0x28	(	开括号
0010 1001	051	41	0x29	)	闭括号
0010 1010	052	42	0x2A	*	星号
0010 1011	053	43	0x2B	+	加号
0010 1100	054	44	0x2C	,	逗号
0010 1101	055	45	0x2D	—	减号/破折号
0010 1110	056	46	0x2E	.	句号
0010 1111	057	47	0x2F	/	斜杠
0011 0000	060	48	0x30	0	字符0
0011 0001	061	49	0x31	1	字符1
0011 0010	062	50	0x32	2	字符2
0011 0011	063	51	0x33	3	字符3
0011 0100	064	52	0x34	4	字符4
0011 0101	065	53	0x35	5	字符5
0011 0110	066	54	0x36	6	字符6
0011 0111	067	55	0x37	7	字符7
0011 1000	070	56	0x38	8	字符8
0011 1001	071	57	0x39	9	字符9
0011 1010	072	58	0x3A	:	冒号
0011 1011	073	59	0x3B	;	分号

附表（续）

Binary （二进制）	Octal （八进制）	Decimal （十进制）	Hexadecimal （十六进制）	缩写（字符）	解释
0011 1100	074	60	0x3C	<	小于号
0011 1101	075	61	0x3D	=	等号
0011 1110	076	62	0x3E	>	大于号
0011 1111	077	63	0x3F	?	问号
0100 0000	0100	64	0x40	@	电子邮件符号
0100 0001	0101	65	0x41	A	大写字母 A
0100 0010	0102	66	0x42	B	大写字母 B
0100 0011	0103	67	0x43	C	大写字母 C
0100 0100	0104	68	0x44	D	大写字母 D
0100 0101	0105	69	0x45	E	大写字母 E
0100 0110	0106	70	0x46	F	大写字母 F
0100 0111	0107	71	0x47	G	大写字母 G
0100 1000	0110	72	0x48	H	大写字母 H
0100 1001	0111	73	0x49	I	大写字母 I
0100 1010	0112	74	0x4A	J	大写字母 J
0100 1011	0113	75	0x4B	K	大写字母 K
0100 1100	0114	76	0x4C	L	大写字母 L
0100 1101	0115	77	0x4D	M	大写字母 M
0100 1110	0116	78	0x4E	N	大写字母 N
0100 1111	0117	79	0x4F	O	大写字母 O
0101 0000	0120	80	0x50	P	大写字母 P
0101 0001	0121	81	0x51	Q	大写字母 Q
0101 0010	0122	82	0x52	R	大写字母 R
0101 0011	0123	83	0x53	S	大写字母 S
0101 0100	0124	84	0x54	T	大写字母 T
0101 0101	0125	85	0x55	U	大写字母 U
0101 0110	0126	86	0x56	V	大写字母 V
0101 0111	0127	87	0x57	W	大写字母 W
0101 1000	0130	88	0x58	X	大写字母 X
0101 1001	0131	89	0x59	Y	大写字母 Y
0101 1010	0132	90	0x5A	Z	大写字母 Z
0101 1011	0133	91	0x5B	[	开方括号
0101 1100	0134	92	0x5C	\	反斜杠
0101 1101	0135	93	0x5D	]	闭方括号
0101 1110	0136	94	0x5E	ˆ	脱字符

Binary （二进制）	Octal （八进制）	Decimal （十进制）	Hexadecimal （十六进制）	缩写（字符）	解释
0101 1111	0137	95	0x5F	_	下划线
0110 0000	0140	96	0x60	'	开单引号
0110 0001	0141	97	0x61	a	小写字母 a
0110 0010	0142	98	0x62	b	小写字母 b
0110 0011	0143	99	0x63	c	小写字母 c
0110 0100	0144	100	0x64	d	小写字母 d
0110 0101	0145	101	0x65	e	小写字母 e
0110 0110	0146	102	0x66	f	小写字母 f
0110 0111	0147	103	0x67	g	小写字母 g
0110 1000	0150	104	0x68	h	小写字母 h
0110 1001	0151	105	0x69	i	小写字母 i
0110 1010	0152	106	0x6A	j	小写字母 j
0110 1011	0153	107	0x6B	k	小写字母 k
0110 1100	0154	108	0x6C	l	小写字母 l
0110 1101	0155	109	0x6D	m	小写字母 m
0110 1110	0156	110	0x6E	n	小写字母 n
0110 1111	0157	111	0x6F	o	小写字母 o
0111 0000	0160	112	0x70	p	小写字母 p
0111 0001	0161	113	0x71	q	小写字母 q
0111 0010	0162	114	0x72	r	小写字母 r
0111 0011	0163	115	0x73	s	小写字母 s
0111 0100	0164	116	0x74	t	小写字母 t
0111 0101	0165	117	0x75	u	小写字母 u
0111 0110	0166	118	0x76	v	小写字母 v
0111 0111	0167	119	0x77	w	小写字母 w
0111 1000	0170	120	0x78	x	小写字母 x
0111 1001	0171	121	0x79	y	小写字母 y
0111 1010	0172	122	0x7A	z	小写字母 z
0111 1011	0173	123	0x7B	{	开花括号
0111 1100	0174	124	0x7C	|	垂线
0111 1101	0175	125	0x7D	}	闭花括号
0111 1110	0176	126	0x7E	~	波浪号
0111 1111	0177	127	0x7F	DEL(delete)	删除

参 考 文 献

[1] 巴赫.UNIX 操作系统设计[M].陈葆钰,王旭,柳纯录,等译.北京:人民邮电出版社,2019.

[2] 陈志德,李翔宇,曾燕清.安卓编程指南及物联网开发实践[M].北京:电子工业出版社,2016.

[3] 甘勇,尚展垒,郭清蒲,等.大学计算机基础:计算思维[M].4 版.北京:人民邮电出版社,2015.

[4] 龚沛曾,杨志强.大学计算机[M].7 版.北京:高等教育出版社,2017.

[5] 李刚健,李杰,郑琦.大学计算机基础[M].北京:人民邮电出版社,2012.

[6] 林子雨.大数据技术原理与应用:概念、存储、处理、分析与应用[M].2 版.北京:人民邮电出版社,2017.

[7] 刘一道.iOS 7:iPhone/iPad 应用开发技术详解[M].北京:机械工业出版社,2013.

[8] 孟彩霞.大学计算机基础[M].2 版.北京:人民邮电出版社,2017.

[9] 孟小峰.大数据管理概论[M].北京:机械工业出版社,2017.

[10] 托马斯.Mac 功夫:OS X 的 300 多个技巧和小窍门[M].周庆成,万琦,译.北京:人民邮电出版社,2012.

[11] 谢希仁.计算机网络[M].8 版.北京:电子工业出版社,2021.

[12] 於岳.Linux 深度攻略[M].北京:人民邮电出版社,2017.

[13] 张素青,王利.SQL Server 2008 数据库应用技术[M].2 版.北京:人民邮电出版社,2019.